# 农业巡检**机器人**关键技术

◎ 王风云　等　著

中国农业科学技术出版社

**图书在版编目（CIP）数据**

农业巡检机器人关键技术 / 王风云等著 . -- 北京：中国农业科学技术出版社，2024. 10. -- ISBN 978-7-5116-6995-7

Ⅰ. S24；TP242. 3

中国国家版本馆 CIP 数据核字第 202468ZV05 号

**责任编辑** 李冠桥
**责任校对** 王 彦
**责任印制** 姜义伟 王思文

**出 版 者** 中国农业科学技术出版社
北京市中关村南大街 12 号 邮编：100081
**电 话** (010) 82106632 (编辑室) (010) 82106624 (发行部)
(010) 82109709 (读者服务部)
**网 址** https://castp.caas.cn
**经 销 者** 各地新华书店
**印 刷 者** 北京捷迅佳彩印刷有限公司
**开 本** 185 mm×260 mm 1/16
**印 张** 14. 5
**字 数** 305 千字
**版 次** 2024 年 10 月第 1 版 2024 年 10 月第 1 次印刷
**定 价** 88. 00 元

# 《农业巡检机器人关键技术》

# 著者名单

**主　著：** 王风云

**副主著：** 穆元杰　梁志超

**参　著：** 宋　茜　王　帅　齐康康　宋华鲁

# 前　言

农业一直以来都是中国的第一产业，也是最重要的产业。中国农业的进步不仅对推动本国国民经济的发展具有深远意义，同时对世界经济的发展也具有重要影响作用。中共中央在1982—1986年连续五年发布以农业、农村和农民为主题的中央一号文件，对农村改革和农业发展作出具体部署；2004—2024年又连续二十一年发布以“三农”（农业、农村、农民）为主题的中央一号文件，强调了“三农”问题在中国式现代化建设时期“重中之重”的地位。

2023年9月，习近平总书记在黑龙江考察调研期间首次提出了“新质生产力”的概念，新质生产力是对现有生产力的一次整体跃升，在强国建设民族复兴新征程上，推进中国式现代化，最根本的是要实现生产力的现代化。随着科学技术的发展，以农业信息化、农业机械化、农业机器人为标志的智慧农业逐渐成为农业发展的必然趋势，特别是随着人工智能的发展，机器人技术被广泛应用于农业生产的方方面面，成为转变农业生产方式、提高农村生产力、实现农业现代化的重要途径。

过去20年中，在人口老龄化、城镇化进程、生育意愿下降的交互影响下，中国农村劳动力总量加速减少，“谁来种地”成为摆在农业强国建设征程上的一个现实问题，中国经济增长动力从劳动要素驱动转向全要素生产率驱动，尤其是科技创新驱动，在现代信息技术驱动下，大数据、云计算和人工智能等新兴技术正与农业产业深度融合，农业机器人取得长足进步，农业生产中机器换人、人机协同正逐步成为科技新农人的主要趋势。耕作机器人、施肥机器人、除草机器人、采摘机器人等应用型农业机器人得到广泛关注与研究，复杂的农业生产环境下，查看并记录作物长势、病虫害状况、畜禽状态等单调且重复的巡检工作，特别需要机器人进行智能巡检，以减少劳动成本，降低工作强度。

巡检机器人是一种应用自动导航、机器视觉、模式识别等技术，自主移动到指定位置工作的机器人。通过各种传感器收集外界各种信息数据后，上报给云端服务器或者就地进行信息处理分析。它适用于多种复杂环境，是代替人工的多功能移动巡检设备，可以代替人类前去很多无法前往或者危险性较高的地域完成各类复杂的任务，减少人力成本并降低工作的风险。

本书针对农业生产场景，对巡检机器人的关键技术进行了介绍，本书共分五章。第一章为巡检机器人感知技术，主要包括实时动态载波相位差分技术、IMU 惯性测量技术、航位推测法、激光雷达技术和双目成像技术。第二章为巡检机器人决策硬件技术，包括图像处理单元、边缘计算平台以及 4G 无线工业路由器。第三章为巡检机器人执行驱动技术，主要包括伺服电机、伺服传感技术、伺服控制技术和功率变换器。第四章为巡检机器人模型算法，主要包括定位模型算法、路径规划算法、运动控制算法和 SLAM 算法。第五章为巡检机器人软件集成开发技术，主要包括 ROS 概述、ROS2 的核心概念、巡检机器人运动学基础和基于 ROS2 的巡检机器人导航实现。

本书的出版是多方支持和帮助的结果，凝聚了众多同志的智慧和见解。感谢山东省农业科学院农业智慧化生产团队、中国农业科学院农业资源与农业区划研究所智慧农业创新团队成员在工作过程中的付出和努力。

由于本书内容涉猎面广，加之现代信息技术、人工智能以及控制理论创新和实践应用发展迅速，限于著者的知识水平，不妥之处在所难免，诚恳希望同行和专家批评指正，以便今后完善和提高。

著　者

2024 年 5 月

# 目　录

# 第一章　巡检机器人感知技术

巡检机器人感知就是指巡检机器人在工作中实时精准感知周围环境，以便进行自主移动，其技术主要包括实时动态载波相位差分技术、IMU惯性测量技术、航位推测法、激光雷达技术和双目成像技术。具体的农业生产场景不同，应用的感知技术也不尽相同，比如室内巡检机器人，就不会使用到实时动态载波相位差分技术，在实际应用中，根据不同情况进行技术的集成应用。

## 第一节　实时动态载波相位差分技术

实时动态（Real-time kinematic，RTK）载波相位差分技术，是实时处理两个测量站载波相位观测值的差分方法，将基准站采集的载波相位发给用户接收机，进行求差解算坐标。这是一种新的常用的卫星定位测量方法，以前的静态、快速静态、动态测量都需要事后进行解算才能获得厘米级的精度，而RTK是能够在野外实时得到厘米级定位精度的测量方法，它采用了载波相位动态实时差分方法，是GPS应用的重大里程碑，它的出现为工程放样、地形测图，各种控制测量带来了新的测量原理和方法，极大地提高了作业效率。实时动态载波相位差分技术与全球导航卫星系统（Global Navigation Satellite System，GNSS）定位原理紧密相关。

### 一、GNSS概述

GNSS泛指所有的卫星导航系统，包括全球的、区域的和增强的，如美国的GPS（Global Positioning System）、俄罗斯的GLONASS（格洛纳斯）、欧洲的Galileo、中国的北斗卫星导航系统，以及相关的增强系统，如美国的WAAS（广域增强系统）、欧洲的EGNOS（欧洲星基增强系统）和日本的MSAS（多功能运输卫星增强系统）等，还涵盖在建和以后要建设的其他卫星导航系统。国际GNSS系统是个多系统、多层面、多模式的复杂组合系统，如图 1-1 所示。

| 全球系统 | 区域系统 | 增强系统 |
| --- | --- | --- |
| 美国　GPS | 日本　QZSS | 美国　WAAS |
| 俄罗斯　GLONASS | 印度　IRNSS | 日本　MSAS |
| 欧盟　Galileo | | 欧盟　EGNOS |
| 中国　COMPASS | | 印度　GAGAN |
| | | 尼日利亚　NIGCOMSAT-1 |

**图 1-1　国际 GNSS 系统**

根据后方交会定位原理，要实现 GNSS 定位，需要解决两个问题：一是观测瞬间卫星的空间位置；二是观测站点和卫星之间的距离，即卫星在某坐标系中的坐标。为此首先要建立适当的坐标系来表征卫星的参考位置，而坐标又往往与时间联系在一起，因此，GNSS 定位是基于坐标系统和时间系统进行的。

**1. 坐标系统与时间系统**

卫星导航系统中，坐标系用于描述与研究卫星在其轨道上的运动、表达地面观测站的位置以及处理定位观测数据。根据应用场合的不同，选用的坐标系也不相同。坐标系统大概分为以下几类：地理坐标系、惯性坐标系、地球坐标系、地心坐标系和参心坐标系。

国内常用的坐标系统有：1954 年北京 54 坐标系（Beijing54 Coordinate System，P54）、1980 年国家大地坐标系（National Geodetic Coordinate System1980，C80）、1984 年世界大地坐标系统（World Geodetic System-1984 Coordinate System，WGS-84）、2000 国家大地坐标系（China Geodetic Coordinate System 2000，CGCS2000）。

时间系统在卫星导航中是最重要、最基本的物理量之一。首先，高精度的原子钟控制卫星发送的所有信号。其次，在大多数卫星导航系统中，距离的测量都是通过精确测定信号传播的时间来实现的。时间系统主要包括世界时、历书时、力学时、原子时、协调世界时、儒略日、卫星导航时间系统。其中 GNSS 采用了一个独立的时间系统作为导航定位计算的依据，称为 GNSS 时间系统，简称 GNSST。GNSST 属于原子时系统，其秒长与原子时秒长相同。

**2. 定位原理**

GNSS 的设计思想是将空间的人造卫星作为参照点，确定一个物体的空间位置。根据几何学理论可以证明，通过精确测量地球上某个点到 3 颗人造卫星之间的距离，能对此点的位置进行三角形的测定，以确定某个点的位置。

假设地面测得某点 $P$ 到卫星 $S_1$的距离为 $r_1$，那么从几何学可知，$P$ 点所在的空间可能位置集缩到这样一个球面上，此球面的球心为卫星 $S_1$，半径为 $r_1$。再假设测得 $P$ 点到第二颗卫星 $S_2$的距离为 $r_2$，同样意味着 $P$ 点处于以第二颗卫星 $S_2$为球心、半径为 $r_2$的球面上。如果同时测得 $P$ 点到第三颗卫星 $S_3$的距离为 $r_3$，意味着 $P$ 点也处于以第三颗卫星 $S_3$为球心、半径为 $r_3$ 的球面上，这样就可以确定 $P$ 点的位置，也就是三个球面的交会处，如图 1-2所示。

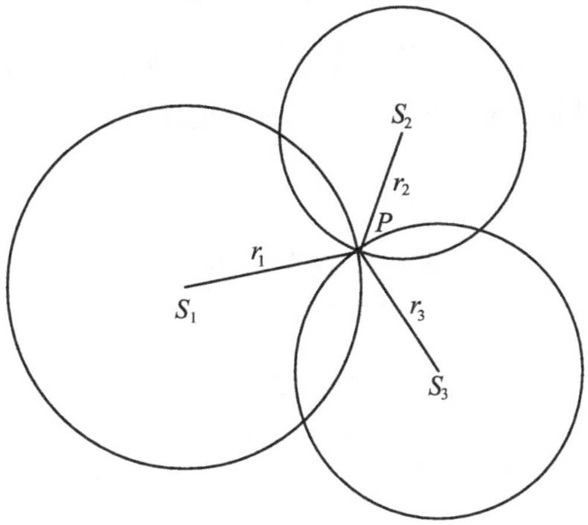


**图 1-2　三球定位原理图**

从 GNSS 进行定位的基本原理可以看出，GNSS 定位方法的实质，即测量学的空间后方交会。由于 GNSS 采用单程测距，且难以保证卫星钟与用户接收机钟的严格同步，因此观测站和卫星之间的距离均受两种时钟不同步的影响。卫星钟差可用导航电文中所给的有关钟差参数进行修正，而接收机的钟差大多难以精准确定，通常采用的优化做法是将其作为一个未知参数，与观测站的坐标一并求解，即一般在一个观测站上需求解 4 个未知参数（3 个点位坐标分量和一个钟差参数），因此至少需要 4 个同步伪距观测值，即需要同时观测 4 颗卫星。

根据用户站的运动状态可将 GNSS 分为静态定位和动态定位。静态定位是将待定点固定不变，将接收机安置在待定点上进行大量的重复观测。动态定位是指待定点处于运动状态，测定待定点在各观测时刻运动中的点位坐标，以及运动载体的状态参数，如速度、时间和方位等。此外，还可以根据定位模式分为绝对定位和相对定位。绝对定位只用一台接收机来进行定位，又称作单点定位，它所确定的是接收机天线在坐标系统中的绝对位置。相对定位是指将两台接收机安置于两个固定不变的待定点上，或将一个点固定于已知点上，另一个点作为流动待定点，经过一段时间的同步观测，可以确定两个点之间的相对位置，从而获得高精度的位置坐标。

## 二、GNSS 数据误差

卫星导航系统的误差从来源上可以分为 4 类：与信号传播有关的误差、与卫星有关的误差、与接收机有关的误差以及与地球转动有关的误差。

与信号传播有关的误差包括电离层延迟误差、对流层延迟误差及多径效应误差。与卫星有关的误差包括卫星星历误差、卫星时钟误差、相对论效应等。与接收机有关的误差包括接收机时钟误差、（接收机天线相位中心相对于测站标识中心的）位置误差和天线相位中心位置的偏差。与地球转动有关的误差包括来自地球潮汐、地球自转的影响。误差分类如表 1-1 所示。

**表 1-1　误差分类及影响**

| 误差来源 | | 对测距的影响（m） |
|---|---|---|
| 与信号传播有关的误差 | 电离层延迟误差 | 1.5~15.0 |
| | 对流层延迟误差 | |
| | 多径效应误差 | |
| 与卫星有关的误差 | 卫星星历误差 | 1.5~15.0 |
| | 卫星时钟误差 | |
| | 相对论效应 | |
| 与接收机有关的误差 | 接收机时钟误差 | 1.5~15.0 |
| | 位置误差 | |
| | 天线相位中心位置的偏差 | |
| 与地球转动有关的误差 | 地球潮汐 | 1 |
| | 地球自转的影响 | |

**1. 电离层延迟误差**

电离层是处于地球上空 50~1 000km 高度的大气层。该大气层中的中性分子受太阳辐射的影响发生电离，产生大量的正离子与电子。在电离层中，电磁波的传输速率与电子密度有关。因此直接将真空中电磁波的传播速度乘以信号的传播时间得到的距离，很大可能与卫星至接收机间的真实几何距离不相等，这两种距离上的偏差叫电离层延迟误差。

电离层延迟误差是影响卫星定位的主要误差源之一，它引起的距离误差较大，一般在白天可以达到 15m 的误差，在夜晚则可以达到 3m 的误差；并且在天顶方向引起的误差最大可达 50m，水平方向引起的误差最大可达 150m。

针对电离层延迟误差的改进措施通常包括利用双频观测、利用电离层模型辅以修正和利用同步观测值求差。

**2. 多径效应误差**

接收机接收信号时，如果接收机周围物体所反射的信号也进入天线，并且与来自卫星的信号通过不同路径传播且于不同时间到达接收端，反射信号和来自卫星的直达信号相互叠加干扰，使原本的信号失真或者产生错误，造成衰落。这种由于多径信号传播所引起的衰落被称作多径效应，也称多路径效应。

多径效应误差是卫星导航系统中一种主要的误差源，可造成卫星定位精确度的损害，严重时还将引起信号的失锁。改进措施通常包括将接收机天线安置在远离强发射面的环境、选择抗多径天线、适当延长观测时间、降低周期性影响、改进接收机的电路设计、改进抗多径信号处理和自适应抵消技术。

**3. 卫星星历误差**

由星历所给出的卫星位置与卫星实际位置之差称为卫星星历误差。卫星星历误差主要由钟差、频偏、频漂等产生。针对卫星在运动中受到的多种摄动力的综合影响，对于目前的技术来说，要求地面监测站实现准确、可靠地测出这些作用力，并掌握其作用规律是比较困难的，因此卫星星历误差的估计和处理尤为关键。

改进措施通常包括忽略轨道误差、通过轨道改进法处理观测数据、采用精密星历和同步观测值求差。

## 三、差分 GNSS 定位技术

减少甚至消除上述提到的误差是提高定位精度的措施之一，而差分 GNSS 可有效利用已知位置的基准站将公共误差估算出来，通过相关的补偿算法削弱或消除部分误差，从而提高定位精度。

差分 GNSS 的基本原理主要是在一定地域范围内设置一台或多台接收机，将一台已知精密坐标的接收机作为差分基准站，基准站连续接收 GNSS 信号，与基准站已知的位置和距离数据进行比较，从而计算出差分校正量。然后，基准站就会将此差分校正量发送到其范围内的流动站进行数据修正，从而减少甚至消除卫星时钟、卫星星历、电离层延迟与对流层延迟所引起的误差，提高定位精度。

流动站与差分基准站的距离直接影响差分 GNSS 的效果，流动站与差分基准站的距离越近，两站点之间测量误差的相关性就越强，差分 GNSS 系统性能就越好。

根据差分校正的目标参量的不同，差分 GNSS 主要分为位置差分、伪距差分和载波相位差分。

**1. 位置差分**

位置差分系统如图 1-3 所示。

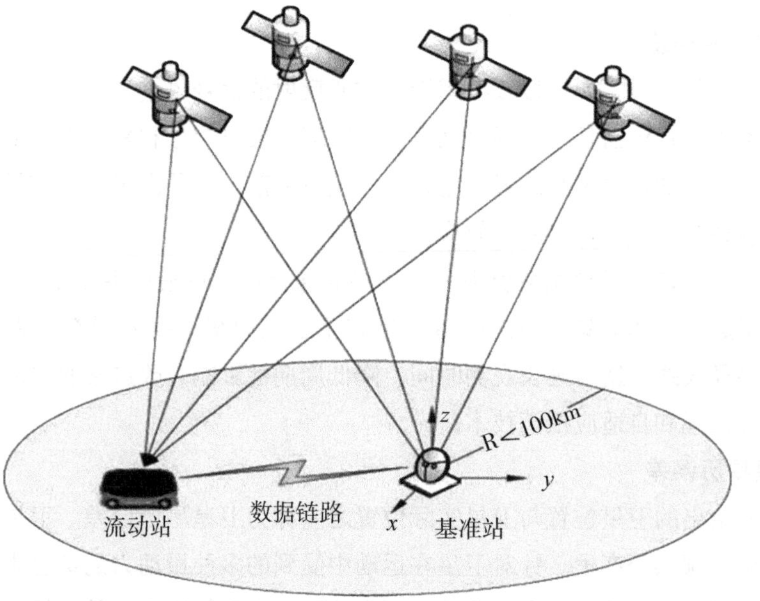


图 1-3　位置差分系统

通过在已知坐标点的基准站上安装 GNSS 接收机来对 4 颗或 4 颗以上的卫星进行实时观测，便可以进行定位，得出当前基准站的坐标测量值。实际上由于误差的存在，通过 GNSS 接收机接收的消息解算出来的坐标与基准站的已知坐标是不同的。

然后将坐标测量值与基准站实际坐标值的差值作为差分校正量。基准站利用数据链将所得的差分校正量发送给流动站，流动站利用接收到的差分校正量与自身 GNSS 接收机接收到的测量值进行坐标修改。位置差分是一种最简单的差分方法，其传输的差分改正数少，计算简单，并且任何一种 GNSS 接收机均可改装和组成这种差分系统。

但由于流动站与基准站必须观测同一组卫星，因此位置差分法的应用范围受到距离上的限制，通常流动站与基准站间距离不超过 100km。

**2. 伪距差分**

如图 1-4 所示，伪距差分技术是在一定范围的定位区域内，设置一个或多个安装 GNSS 接收机的已知点作为基准站，连续跟踪、观测所有在信号接收范围内的 GNSS 卫星伪距，通过在基准站上利用已知坐标求出卫星到基准站的真实几何距离，并将其与观测所得的伪距比较，然后通过滤波器对此差值进行滤波并获得其伪距修正值。接下来，基准站将所有的伪距修正值发送给流动站，流动站利用这些误差值来改正 GNSS 卫星传输测量伪距。最后，用户利用修正后的伪距进行定位。伪距差分的基准站与流动站的测量误差与距离存在很强的相关性，故在一定区域范围内，流动站与基准站的距离越小，其使用 GNSS 差分得到的定位精度就会越高。

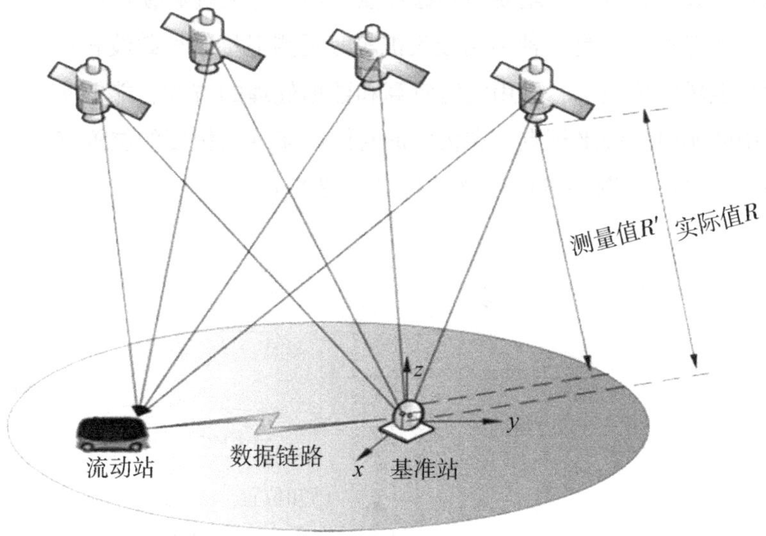


图 1-4 伪距差分系统

**3. 载波相位差分**

GNSS 位置差分技术与伪距差分技术都能基本满足定位导航等的定位精度需求，但应用在自动驾驶中还远远不够，因此需要更加精准的 GNSS 差分技术，即载波相位差分技术。载波相位实现差分的方法有修正法和差分法。

修正法与伪距差分类似，由基准站将载波相位修正量发送给流动站，以改正其载波相位观测值，然后得到自身的坐标。

差分法是将基准站观测的载波相位测量值发送给流动站，使其自身求出差分修正量，从而实现差分定位。

载波差分技术的根本是实时处理两个测站的载波相位。与其他差分技术相比，载波相位差分技术中基准站不直接传输关于 GNSS 测量的差分校正量，而是发送 GNSS 的测量原始值。流动站收到基准站的数据后，与自身观测卫星的数据组成相位差分观测值，利用组合后的测量值求出基线向量完成相对定位，进而推算出测量点的坐标。

然而，在使用载波差分法进行相位测量时，每一个相位的观测值都包含有无法直接观测载波的未知整周期数，称为相位整周模糊度。如何正确确定相位整周模糊度是载波相位测量求解中最重要，也是最棘手的问题。求解相位整周模糊度分为有初始化方法和无初始化方法。前者要求具有初始化过程，即对流动站进行一定时间的固定观测，一般需要 15min，利用静态相对测量软件进行求解，得到每颗卫星的相位整周模糊度并固定此值，便于在以后的动态测量中将此相位整周模糊度作为已知量进行求解。后者虽然称作无初始化，但实际上仍需要时间较短的初始化过程，一般只需 3～5min，随后快速求解相位整周模糊度。因此两种求解相位整周模糊度的方法都需要具备初始化过程，并且在初始化后必须保持卫星信号不失锁，否则，就要回到起算点重新进行捕捉和锁定。

RTK（实时动态测量）是一种利用接收机实时观测卫星信号载波相位的技术，结合了数据通信技术与卫星定位技术，采用实时解算和数据处理的方式，能够实现为流动站提供在指定坐标系中的实时三维坐标点，在极短的时间内实现高精度的位置定位。常用的 RTK 定位技术分为常规 RTK（图 1-5）和网络 RTK（图 1-6）。

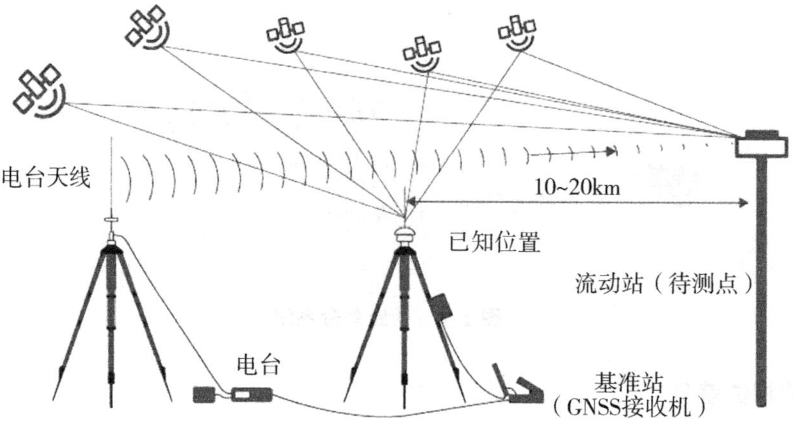


**图 1-5　常规 RTK 工作原理**

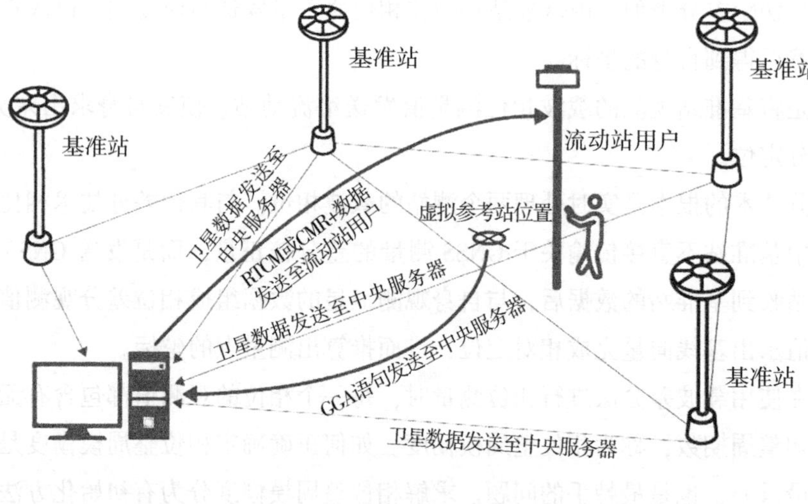


**图 1-6　网络 RTK 工作原理**

在常规 RTK 工作模式下，只有一个基准站（GNSS 接收机），基准站和流动站之间的距离有限制。基准站将接收到的测量数据与设置基准站的数据进行计算得出差分数据，然后将差分数据通过电台发送给流动站（用户接收机）。流动站也能通过电台接收基准站发送的差分数据，并进行计算，最终得出所需要的坐标数据，并提高定位精度。

在网络 RTK 中，有多个基准站，用户不需要建立自己的基准站，用户与基准站的距离可以扩展到上百千米，网络 RTK 减少了误差源，尤其是与距离相关的误差。首先，多个基准站同时采集观测数据并将数据传送到数据处理中心，数据处理中心有 1 台主控电脑能够通过网络控制所有的基准站。所有从基准站传来的数据先经过粗差剔除，然后主控电脑对这些数据进行联网解算。最后，播发改正信息给用户。网络 RTK 至少要有 3 个基准站才能计算出改正信息。改正信息的可靠性和精度会随基准站数目的增加而得到改善。当存在足够多的基准站时，如果某个基准站出现故障，系统仍然可以正常运行并且提供可靠的改正信息。

相比传统 RTK，网络 RTK 对误差估算得更加准确。网络 RTK 的精度和稳定性，要高于传统 RTK。

## 四、RTK 系统组成

RTK 系统由基准站子系统、管理控制中心子系统、数据通信子系统、用户数据中心子系统、用户应用子系统组成。

**1. 基准站子系统**

基准站子系统是网络 RTK 系统的数据源，该子系统的稳定性和可靠性将直接影响到系统的性能。基准站子系统的功能及特性有：

（1）基准站为无人值守型，设备少，连接可靠，分布均匀，稳定。

（2）基准站具有数据保存能力，GNSS 接收机内存可保留最近 7d 的原始观测数据。

（3）断电情况下，基准站可依靠自身的 UPS（不间断电源）支持运行 72h 以上，并向中心报警。

（4）按照设定的时间间隔自动将 GNSS 观测数据等信息通过网络传输给管理中心。

（5）具备设备完好性检测功能，定时自动对设备进行轮检，出现问题时向管理中心报告。

（6）有雷电及电涌自动防护的功能。

（7）管理中心通过远程方式，设定、控制、检测基准站的运行。

**2. 管理控制中心子系统**

系统管理控制中心是整个网络 RTK 系统的核心，网络 RTK 体系是以系统管理控制中心为中心节点的星形网络，其中各基准站是网络 RTK 系统网络的子节点，系统管理控制中心是系统的中心节点，主要由内部网络、数据处理软件、服务器等组成，通过 ADSL（非对称数字用户线路）、SDH（同步数字体系）专网等网络通信方式实现与基准站间的连接。系统管理控制中心具有数据处理、系统监控、信息服务、网络管理、用户管理等功能。具体来讲，系统管理控制中心的主要功能有：

（1）数据处理。对各基准站采集并传输过来的数据进行质量分析和评价，进行多站数据综合、分流，形成系统统一的满足 RTK 定位服务的差分修正数据。

（2）系统监控。对整个 GNSS 基准网子系统进行自动、实时、动态的监控管理。

（3）信息服务。生成用户需要的服务数据，如 RTK 差分数据、完备性信息等。

（4）网络管理。整个系统管理控制中心具有多种网络接入形式，通过网络设备实现整个系统的网络管理。

（5）用户管理。系统管理控制中心通过数据库和系统管理软件实现对各类用户的管理，包括用户测量数据管理、用户登记、注册、撤销、查询、权限管理。

（6）其他功能。系统管理中心还具备自动控制、系统的完备性监测等功能。

**3. 数据通信子系统**

数据通信子系统由多个基准站与管理控制中心的网络连接和管理控制中心与用户的网络连接共同组成。网络 RTK 系统运行需要大量的数据交换，因此需要一个高速、稳定的网络平台即数据通信子系统。数据通信子系统建设包括两方面：一是选择合理的网络通信方式，实现管理控制中心对基准站的有效管理和快速可靠的数据传输；二是对基准站资源的集中管理，为用户提供一个覆盖本地区所有基准站资源的管理方案，实现各基准站、管理中心不同网络节点之间的系统互访和资源共享。这也是数据通信子系统的功能所在。

**4. 用户数据中心子系统**

用户数据中心子系统一般安置于管理中心，其功能包括实时网络数据服务和事后数据服务。用户数据中心所处理的数据可分为实时数据和事后数据两类。实时数据包括 RTK 定位需要的改正数据、系统的完备性信息和用户授权信息。事后数据包括各基准站采集的数据结果，供用户事后精密差分使用；其他应用类包括坐标系转换、海拔高程计算、控制点坐标。其主要功能有：

（1）实时数据发送。采用 CDMA（码分多址）、GPRS 通信方式与中心连接，采用包括用户名密码验证、手机号码验证、IP 地址验证、GPUID（图形处理器 ID）验证等不同认证手段及其组合，安全地、多途径发播 RTK 改正数。

（2）信息下载。用户用 FTP（文件传输协议）的方式登录网络服务器，根据时段选择下载基准站数据。

**5. 用户应用子系统**

网络 RTK 系统用户设备主要配置有 GNSS 接收机及天线、GNSS 接收机手簿或 PDA（个人数字助理）、GPRS/CDMA 通信设备。其应用领域十分广泛，如测绘、国土资源调查、导航等。此外，网络 RTK 技术还可以用于地籍和房地产的测量。

## 第二节　IMU 惯性测量技术

惯性测量单元（Inertial Measurement Unit，IMU）是测量物体三轴姿态角（或角速率）以及加速度的装置，一般包括陀螺仪、加速度计和磁力计等传感器。

## 一、陀螺仪

陀螺仪，又叫角速度传感器，是用高速回转体的动量矩敏感壳体相对惯性空间绕正交于自转轴的一个或二个轴的角运动检测装置。

**1. 陀螺仪名字由来**

陀螺仪名字的来源具有悠久的历史。据考证，1850 年法国的物理学家莱昂·傅科为了研究地球自转，首先发现高速转动中的转子（rotor），由于它具有惯性，它的旋转轴永远指向一固定方向，因此傅科用希腊字 gyro（旋转）和 skopein（看）两字合为“gyro scopei”一字来命名该仪器仪表。

最早的陀螺仪的简易制作方式如下：即将一个高速旋转的陀螺放到一个万向支架上，靠陀螺的方向来计算角速度，简易图如图 1–7 所示。

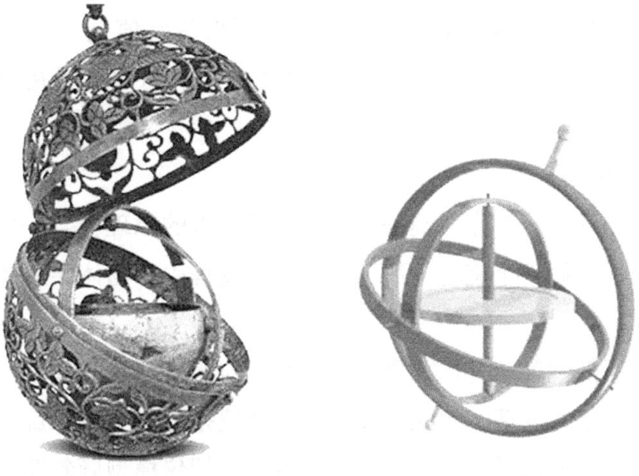

**图 1–7　古代陀螺仪香熏炉及其简易图**

其中，中间金色的转子即为陀螺，它因为惯性作用是不会受到影响的，周边的 3 个“钢圈”则会因为设备姿态的改变而跟着改变，以此来检测设备当前的状态，而这 3 个“钢圈”所在的轴，也就是三轴陀螺仪里面的“三轴”，即 $X$ 轴、$Y$ 轴、$Z$ 轴，3 个轴围成的立体空间联合检测各种动作，然后用多种方法读取轴所指示的方向，并自动将数据信号传给控制系统。因此一开始，陀螺仪的最主要的作用在于可以测量角速度。

**2. 陀螺仪的基本组成**

从力学的观点近似地分析陀螺的运动时，可以把它看成是一个刚体，刚体上有一个万向支点，而陀螺可以绕着这个支点作三个自由度的转动，所以陀螺的运动是属于刚体绕一个定点的转动运动，更确切地说，一个绕对称轴高速旋转的飞轮转子叫陀螺。将陀螺安装在框架装置上，使陀螺的自转轴有角转动的自由度，这种装置的总体叫作陀螺仪（图 1-8）。

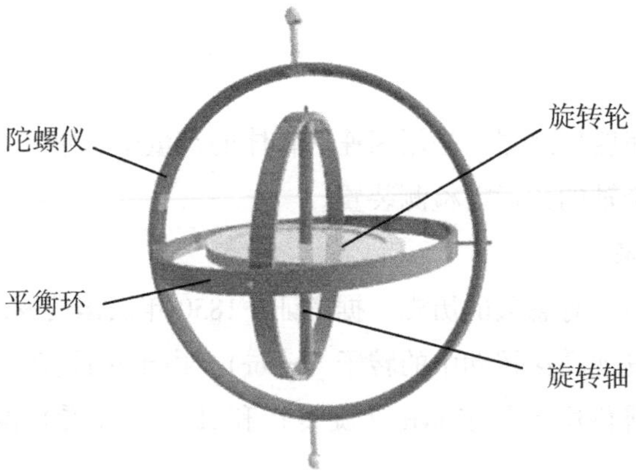


**图 1-8　陀螺仪的组成**

陀螺仪的基本部件有：陀螺转子（常采用同步电机、磁滞电机、三相交流电机等拖动方法来使陀螺转子绕自转轴高速旋转，并将其转速近似为常值）；内、外框架（或称内、外环，它是使陀螺自转轴获得所需角转动自由度的结构）；附件（是指力矩马达、信号传感器等）。

**3. 陀螺仪工作原理**

陀螺仪检测的是角速度。工作原理是基于科里奥利力的原理：当一个物体在坐标系中直线移动时，假设坐标系做一个旋转，那么在旋转的过程中，物体会感受到一个垂直的力和垂直方向的加速度。

陀螺仪是一个圆形的中轴结合体。事实上，静止与运动的陀螺仪本身并无区别，如果静止的陀螺仪本身绝对平衡的话，抛除外在因素陀螺仪是可以不依靠旋转便能立定的。而如果陀螺仪本身尺寸不平衡的话，在静止下就会造成陀螺仪模型倾斜跌倒，因此不均衡的陀螺仪必然依靠旋转来维持平衡。

陀螺仪本身与引力有关，因为引力的影响，不均衡的陀螺仪，重的一端将向下运行，而轻的一端向上。在引力场中，重物下降的速度是需要时间的，物体坠落的速度远远慢于陀螺仪本身旋转的速度时，将导致陀螺仪偏重点在旋转中不断地改变陀螺仪自身的平衡，并形成一个向上旋转的速度方向。当然，如果陀螺仪偏重点太大，陀螺仪自身的左右互作用力也将失效。

而在旋转中，陀螺仪如果遇到外力，导致陀螺仪转轮某点受力，陀螺仪会立刻倾斜，而陀螺仪受力点的势能如果低于陀螺仪旋转时速，这时受力点会因为陀螺仪倾斜，在旋转的推动下，陀螺仪受力点将从斜下角滑向斜上角。而在向斜上角运行时，陀螺仪受力点的势能还在向下运行。这就导致陀螺仪到达斜上角时，受力点的剩余势能将会将在位于斜上角时，势能向下推动。

而与受力点相反的直径另一端，同样具备了相应的势能，这个势能与受力点运动方向相反，受力点向下，而它向上，且管这个点叫“联动受力点”。当联动受力点旋转 180°，从斜上角到达斜下角，这时联动受力点，将陀螺仪向上拉动。在受力点与联动受力互作用力下，陀螺仪回归平衡。

高速旋转物体的旋转轴，对于改变其方向的外力作用有趋向于垂直方向的倾向。而且，旋转物体在横向倾斜时，重力会向增加倾斜的方向作用，而轴则向垂直方向运动，就产生了摇头的运动（岁差运动）。当陀螺仪的陀螺旋转轴以水平轴旋转时，由于地球的旋转而受到铅直方向旋转力，陀螺的旋转体向水平面内的子午线方向产生岁差运动。当轴平行于子午线而静止时可加以应用。

**4. 陀螺仪的两大动力特性**

陀螺仪是一种既古老而又很有生命力的仪器，从第一台真正实用的陀螺仪器问世以来，陀螺仪吸引着人们对它进行研究，这是由于它本身具有的特性所决定的。陀螺仪最主要的基本特性是它的定轴性（inertia or rigidity）和进动性（precession），这两种特性都是建立在角动量守恒的原则下。人们从儿童玩的地陀螺中早就发现高速旋转的陀螺可以竖直不倒而保持与地面垂直，这就反映了陀螺的定轴性。研究陀螺仪运动特性的理论是绕定点运动刚体动力学的一个分支，它以物体的惯性为基础，研究旋转物体的动力学特性。

（1）定轴性（inertia or rigidity）。当陀螺转子以高速旋转时，在没有任何外力矩作用在陀螺仪上时，陀螺仪的自转轴在惯性空间中的指向保持稳定不变，即指向一个固定的方向；同时反抗任何改变转子轴向的力量。这种物理现象称为陀螺仪的定轴性或稳定性。其稳定性随以下的物理量而改变：转子的转动惯量愈大，稳定性愈好；转子角速度愈大，稳定性愈好。

（2）进动性（precession）。当转子高速旋转时，若外力矩作用于外环轴，陀螺仪将绕内环轴转动；若外力矩作用于内环轴，陀螺仪将绕外环轴转动。其转动角速度方向与外力矩作用方向互相垂直，这种特性叫作陀螺仪的进动性。进动角速度的方向取决于动量矩 $H$ 的方向（与转子自转角速度矢量的方向一致）和外力矩 $M$ 的方向，而且是自转角速度矢量以最短的路径追赶外力矩。

**5. 常见的陀螺仪**

（1）陀螺罗盘。供航行和飞行物体作方向基准用的寻找并跟踪地理子午面的三自由度陀螺仪。其外环轴铅直，转子轴水平置于子午面内，正端指北；其重心沿铅垂轴向下或向上偏离支承中心。转子轴偏离子午面时同时偏离水平面而产生重力矩使陀螺旋进到子午面，这种利用重力矩的陀螺罗盘称摆式罗盘。21 世纪发展为利用自动控制系统代替重力摆的电控陀螺罗盘，并创造出能同时指示水平面和子午面的平台罗盘。

（2）速率陀螺仪。用以直接测定运载器角速率的二自由度陀螺装置。把均衡陀螺仪的外环固定在运载器上并令内环轴垂直于要测量角速率的轴。当运载器连同外环以角速度绕测量轴旋进时，陀螺力矩将迫使内环连同转子一起相对运载器旋进。陀螺仪中有弹簧限制这个相对旋进，而内环的旋进角正比于弹簧的变形量。由平衡时的内环旋进角即可求得陀螺力矩和运载器的角速率。积分陀螺仪与速率陀螺仪的不同处只在于用线性阻尼器代替弹簧约束。当运载器做任意变速转动时，积分陀螺仪的输出量是绕测量轴的转角（即角速度的积分）。以上两种陀螺仪在远距离测量系统或自动控制、惯性导航平台中使用较多。

（3）陀螺稳定平台。以陀螺仪为核心元件，使被稳定对象相对惯性空间的给定姿态保持稳定的装置。稳定平台通常利用由外环和内环构成制平台框架轴上的力矩器，以产生力矩与干扰力矩平衡，使陀螺仪停止旋进的稳定平台称为动力陀螺稳定器。陀螺稳定平台根据对象能保持稳定的转轴数目分为单轴、双轴和三轴陀螺稳定平台。陀螺稳定平台可用来稳定那些需要精确定向的仪表和设备，如测量仪器、天线等，并已广泛用于航空和航海的导航系统及火控、雷达的万向支架支承。根据不同原理方案使用各种类型陀螺仪为元件。其中利用陀螺旋进产生的陀螺力矩抵抗干扰力矩，然后输出信号控制、照相系统。

（4）陀螺仪传感器。陀螺仪传感器是一个简单易用的基于自由空间移动和手势的定位和控制系统。在假象的平面上挥动鼠标，屏幕上的光标就会跟着移动，并可以绕着链接画圈和点击按键。当你正在演讲或离开桌子时，这些操作都能够很方便地实现。陀螺仪传感器原本是运用到直升机模型上的，现已被广泛运用于手机这类移动便携设备上（iPhone 的三轴陀螺仪技术）。

（5）光纤陀螺仪。光纤陀螺仪是以光导纤维线圈为基础的敏感元件，由激光二极管发射出的光线朝两个方向沿光导纤维传播。光传播路径的变化，决定了敏感元件的角位移。光纤陀螺仪与传统的机械陀螺仪相比，优点是全固态，没有旋转部件和摩擦部件，寿命长，动态范围大，瞬时启动，结构简单，尺寸小，重量轻。与激光陀螺仪相比，光纤陀螺仪没有闭锁问题，也不用在石英块精密加工出光路，成本低。

（6）激光陀螺仪。激光陀螺仪的原理是利用光程差来测量旋转角速度（Sagnac 效应）。在闭合光路中，由同一光源发出的沿顺时针方向和逆时针方向传输的两束光和光干涉，利用检测相位差或干涉条纹的变化，就可以测出闭合光路旋转角速度。

（7）微机电（MEMS）陀螺仪。微机电（Micro Electro Mechanical Systems，MEMS），基于 MEMS 的陀螺仪利用了科里奥利力。科里奥利力（Coriolis force）简称为科氏力，是对旋转体系中进行直线运动的质点由于惯性相对于旋转体系产生的直线运动的偏移的一种描述，科里奥利力来自物体运动所具有的惯性，是旋转物体在有径向运动时所受到的切向力。

旋转体系中质点的直线运动科里奥利力是以牛顿力学为基础的。1835 年，法国气象学家科里奥利提出，为了描述旋转体系的运动，需要在运动方程中引入一个假想的力，这就是科里奥利力。引入科里奥利力之后，人们可以像处理惯性系中的运动方程一样简单地处理旋转体系中的运动方程，大大简化了旋转体系的处理方式。由于人类生活的地球本身就是一个巨大的旋转体系，因而科里奥利力很快在流体运动领域的应用取得了成功。

在空间设立动态坐标系（图 1-9）。用以下方程计算加速度可以得到三项，分别来自径向加速、科里奥利加速度和切向加速度。

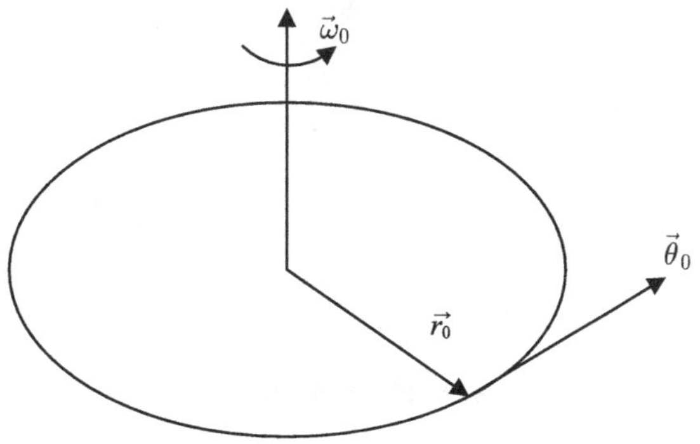


**图 1-9 动态坐标系**

$$\vec{r}=\vec{r}_0$$

$$\vec{\omega}=\omega\vec{\omega}_0$$

$$\vec{\theta}=\vec{\omega}_0\times\vec{r}_0$$

$$\frac{d\vec{r}}{dt}=v_r\vec{r}_0+r\frac{d\vec{r}_0}{dt}=v_r\vec{r}_0-r\vec{r}_0\times\vec{\omega}$$

$$\frac{d^2\vec{r}}{dt^2}=a_r\vec{r}_0-2v_r\vec{r}_0\times\vec{\omega}-\omega^2 r\vec{r}_0$$

$$\vec{a}Coriolis=-2v_r\vec{r}_0\times\vec{\omega}$$

如果物体在圆盘上没有径向运动，科里奥利力就不会产生。因此，在 MEMS 陀螺仪的设计上，这个物体被驱动，不停地来回做径向运动或者震荡，与此对应的科里奥利力就是不停地在横向来回变化，并有可能使物体在横向作微小震荡，相位正好与驱动力差 90°。（图 1-10）MEMS 陀螺仪通常有两个方向的可移动电容板。径向的电容板加震荡电压迫使物体作径向运动（有点像加速度计中的自测试模式），横向的电容板测量由于横向科里奥利运动带来的电容变化（就像加速度计测量加速度）。因为科里奥利力正比于角速度，所以由电容的变化可以计算出角速度。

MEMS 陀螺仪价格相比光纤或者激光陀螺便宜很多，但使用精度非常低，需要使用参考传感器进行补偿，以提高使用精度。MEMS 陀螺仪采用的是依赖于相互正交的震动和转动引起的交变科里奥利力，MEMS 陀螺仪利用利里奥利力，将旋转物体的角速度转换成与角速度成正比直流电压信号，其核心部件通过掺杂技术、光刻技术、腐蚀技术、LIGA 技术、封装技术等批量生产的。

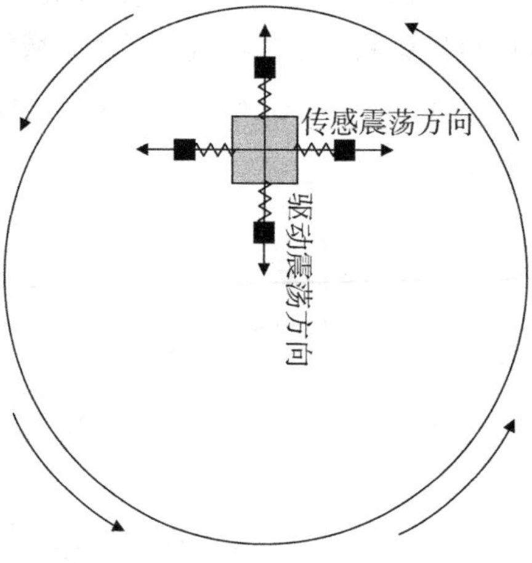


**图 1–10　科里奥利力**

**6. 陀螺仪的作用**

（1）导航。陀螺仪自被发明开始，就用于导航，先是德国人将其应用在 V1、V2 火箭上，因此，如果配合 GPS，手机的导航能力将达到前所未有的水准。实际上，目前很多专业手持式 GPS 上也装了陀螺仪，如果手机上安装了相应的软件，其导航能力绝不亚于目前很多船舶、飞机上用的导航仪。

（2）相机防抖。陀螺仪可以和手机上的摄像头配合使用，如防抖，这会让手机的拍照摄像能力得到很大提升。

（3）提升游戏体验。各类游戏的传感器，比如飞行游戏，体育类游戏，甚至包括一些第一视角类射击游戏，陀螺仪完整监测游戏者手的位移，从而实现各种游戏操作效果。

（4）输入设备。陀螺仪还可以用作输入设备，它相当于一个立体的鼠标，这个功能和第三大用途中的游戏传感器很类似，甚至可以认为是同一种类型。

（5）增强现实的功能。增强现实和虚拟现实一样，是计算机的一种应用。大意是可以通过手机或者电脑的处理能力，让人们对现实中的一些物体有更深入的了解。比如前面有一个大楼，用手机摄像头对准它，马上就可以在屏幕上得到这座大楼的相关参数，比如楼的高度、宽度、海拔，如果连接到数据库，甚至可以得到这座大厦的物主、建设时间、现在的用途、可容纳的人数等。

这种增强现实技术可不是用来满足大家的好奇心，在实际生产上，其用途非常广泛，比如盖房子，用手机一照，就知道墙是否砌歪了？歪了多少？再比如，假如一位战士，只需要一部此类手机，去敌方基地那里转转，出来什么坦克、装甲车或者直升机，用手机对准拍下，马上就能判断出武器的型号、速度、运动方向。

**7. 陀螺仪的应用**

（1）在航天航空中的应用。陀螺仪最早是用于航海导航，但随着科学技术的发展，它在航空和航天事业中也得到广泛的应用。陀螺仪不仅可以作为指示仪表，而更重要的是它可以作为自动控制系统中的一个敏感元件，即可作为信号传感器。根据需要，陀螺仪能提供准确的方位、水平、位置、速度和加速度等信号，以便驾驶员或用自动导航仪来控制飞机、舰船或航天飞机等航行体按一定的航线飞行，而在导弹、卫星运载器或空间探测火箭等航行体的制导中，则直接利用这些信号完成航行体的姿态控制和轨道控制。作为稳定器，陀螺仪能使列车在单轨上行驶，能减小船舶在风浪中的摇摆，能使安装在飞机或卫星上的照相机相对地面稳定等。作为精密测试仪器，陀螺仪能够为地面设施、矿山隧道、地下铁路、石油钻探以及导弹发射井等提供准确的方位基准。

（2）在消费电子领域的创新应用。陀螺仪的出现，给了消费电子很大的应用发挥空间。比如就设备输入的方式来说，在键盘、鼠标、触摸屏之后，陀螺仪又给我们带来了手势输入，由于它的高精度，甚至还可以实现电子签名；还比如让智能手机变得更智慧：除了移动上网、快速处理数据外，还能“察言观色”，并提供相应的服务。

## 二、加速度计

加速度是物体速度的变化率，是矢量。加速度计是一种电子传感器，可以测量作用在物体上的加速度，以确定物体在空间中的位置并监视物体的运动。在飞行控制系统中，加速度计是重要的动态特性校正元件，在惯性导航系统中，高精度的加速度计是最基本的敏感元件。在各类飞行器的飞行试验中，加速度计是研究飞行器颤振和疲劳寿命的重要工具。

有两种类型的加速力：静态力和动态力。静态力是不断施加到对象上的力（例如摩擦力或重力）。动态力是以各种速率（例如振动或在台球游戏中施加在母球上的力）“移动”施加到对象的力。这就是在汽车碰撞安全系统中使用加速度计的原因。当汽车在强大的动态力作用下行驶时，加速度计（感测到快速减速）会将电子信号发送到嵌入式计算机，进而展开安全气囊。

### （一）基本模型

加速度计由检测质量（也称敏感质量）、支承、电位器、弹簧、阻尼器和壳体组成。检测质量受支承的约束只能沿一条轴线移动，这个轴常称为输入轴或敏感轴。当仪表壳体随着运载体沿敏感轴方向做加速运动时，根据牛顿定律，具有一定惯性的检测质量力图保持其原来的运动状态不变。它与壳体之间将产生相对运动，使弹簧变形，于是检测质量在弹簧力的作用下随之加速运动。当弹簧力与检测质量加速运动时产生的惯性力相平衡时，检测质量与壳体之间便不再有相对运动，这时弹簧的变形反映被测加速度的大小。电位器作为位移传感元件把加速度信号转换为电信号，以供输出。加速度计本质上是一个一自由度的振荡系统，须采用阻尼器来改善系统的动态品质（图 1-11）。

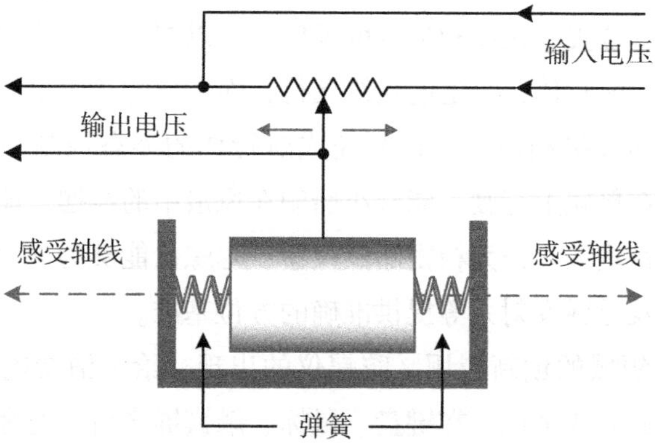


**图 1-11　加速度计示意图**

## （二）工作原理

### 1. 重锤式加速度计

当基座以加速度 $a$ 运动时，由于惯性质量块 $m$ 相对于基座后移，质量块的惯性力拉伸前弹簧，压缩后弹簧，直到弹簧的回复力 $F_t = K\Delta s$ 等于惯性力时，质量块相对于基座的位移量才不再增大（图 1-12）。忽略摩擦阻力不计，质量块和基座有相同的加速度，即 $a = a'$。根据牛顿定律：

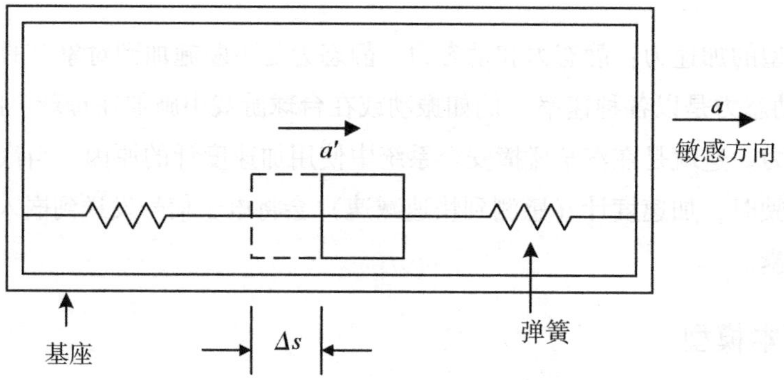


**图 1-12　重锤式加速度计原理**

$F_t = ma'$

因此 $a = a' = F_t/m = K\Delta s/m$

即 $a = k'\Delta s$，式中 $k' = K/m$

式中，$F_t$ 为弹簧恢复力；$m$ 为质量块质量；$a'$ 为质量块加速度；$a$ 为基座加速度；$K$ 为弹簧的弹性系数；$k'$ 为系数；$\Delta s$ 为质量块位移量。

所以，测出质量块的位移量$\Delta s$，便知道基座的加速度。

重锤式加速度计由惯性体（重锤）、弹簧片、阻尼器、电位器和锁定装置组成。惯性体悬挂在弹簧片上，弹簧片与壳体固连，锁定装置是一个电磁机构，在导弹发射前，用衔铁端部的凹槽将重锤固定在一定位置上。导弹发射后，锁定装置解锁，使重锤能够活动，阻尼器的作用是给重锤的运动引入阻力，消除重锤运动过程中的振荡。敏感轴与弹体的某一个轴平行，来测量导弹飞行时沿该轴产生的加速度（图 1-13）。

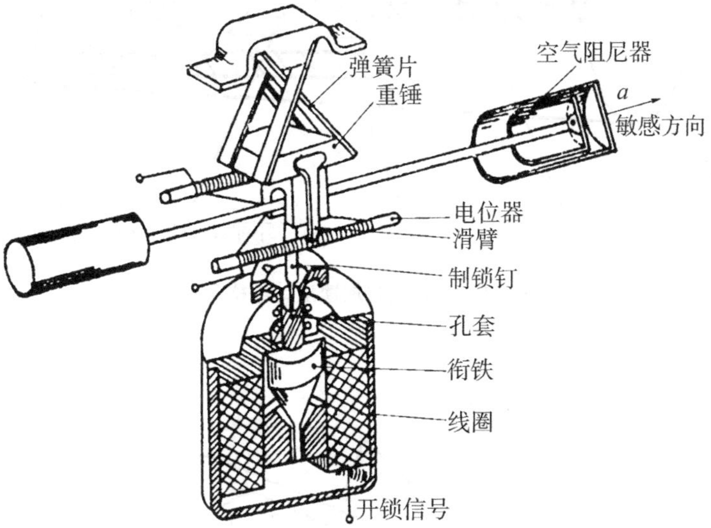


**图 1-13　重锤式加速度计结构示意图**

**2. 液浮摆式加速度计（图 1-14）**

当仪表壳体沿输入轴做加速运动时，检测质量 $m$ 因惯性而绕输出轴转动，偏离旋转轴的距离 $L$，敏感方向为图 1-15 中 $z$ 方向传感元件将这一转角 $\theta$ 变换为电信号 $I_a$，经放大后 $u_a$ 馈送到力矩器构成闭环。力矩器产生的反馈力矩与检测质量所受到的惯性力矩相平衡。输送到力矩器中的电信号 $I_a$（电流的大小或单位时间内脉冲数）就被用来度量加速度的大小和方向。摆组件放在一个浮子内，浮液产生的浮力能卸除浮子摆组件对宝石轴承的负载，减小支承摩擦力矩，提高仪表的精度。浮液不能起定轴作用，因此在高精度摆式加速度计中，同时还采用磁悬浮方法把已经卸荷的浮子摆组件悬浮在中心位置上，使它与支承脱离接触，进一步消除摩擦力矩。浮液的黏性对摆组件有阻尼作用，能减小动态误差，提高抗振动和抗冲击的能力。波纹管用来补偿浮液因温度而引起的体积变化。为了使浮液的比重、黏度基本保持不变，以保证仪表的性能稳定，一般要求有严格的温控装置。

**3. 挠性摆式加速度计**

挠性摆式加速度计与液浮加速度计的主要区别在于它的摆组件不是悬浮在液体中，而是弹性地连接在挠性支承上，挠性支承消除了轴承的摩擦力矩。摆组件用两根挠性杆与仪

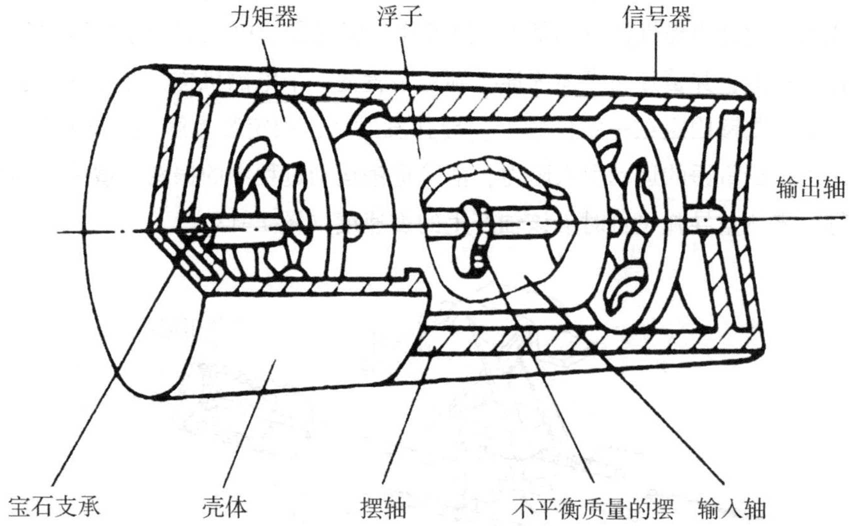


**图 1-14　液浮摆式加速度计结构示意图**

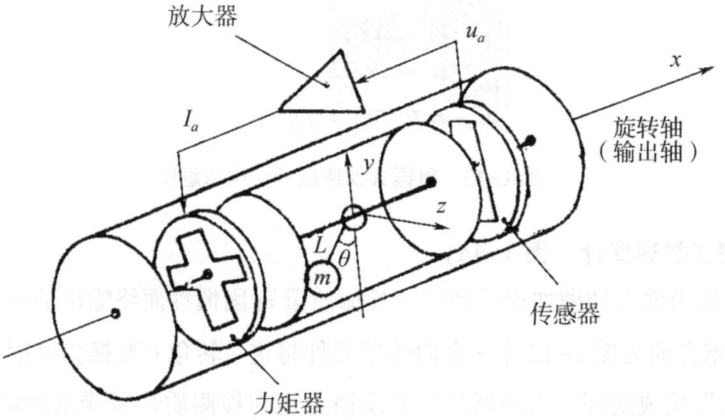


**图 1-15　液浮摆式加速度计原理**

表壳体连接。挠性杆绕输出轴的弯曲刚度很低，而其他方向的刚度很高。它的基本工作原理与液浮摆式加速度计类似。这种系统有一高增益的伺服放大器，使摆组件始终工作在零位附近。这样挠性杆的弯曲很小，引入的弹性力矩也微小，因此仪表能达到很高的精度。这类加速度计有充油式和干式两种。充油式的内部充以高黏性液体作为阻尼液体，可改善仪表动态特性和提高抗振动、抗冲击能力。干式加速度计采用电磁阻尼或空气膜阻尼，便于小型化、降低成本和缩短启动时间，但精度比充油式低（图 1-16）。

**4. 振弦式加速度计**

由两根相同的弦丝作为支承的线性加速度计。两根弦丝在永久磁铁的气隙磁场中作等

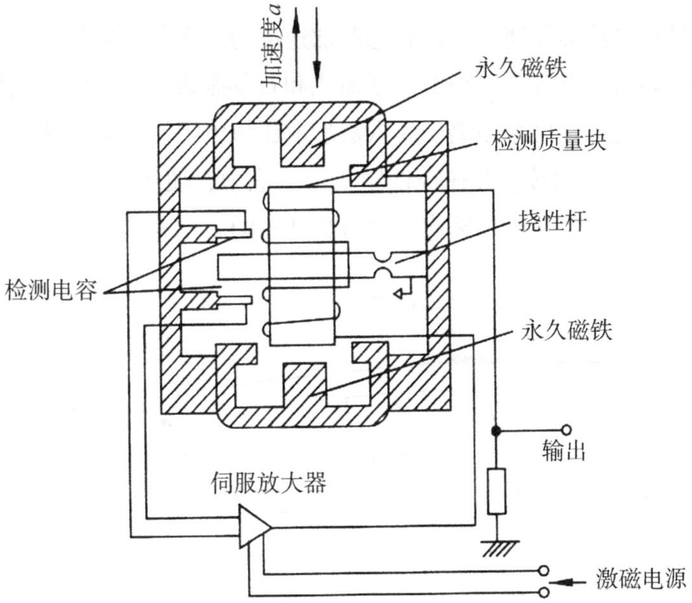


**图 1-16　挠性加速度计**

幅正弦振动。弦丝的振动频率与弦丝张力的平方根成比例。不存在加速度作用时，两根弦丝的张力相等，振动频率也相等，频率差等于零。当沿输入轴有加速度作用时，作用在检测质量块上的惯性力使一根弦丝的张力增大，振动频率升高；而另一根弦丝的张力则减小，振动频率降低。仪表中设有和频控制装置，保持两根弦丝的振动频率之和不变。这样两根弦丝的振动频率之差就与输入加速度成正比。这一差频经检测电路转换为脉冲信号，脉冲频率与加速度成正比，而脉冲总数与速度成正比，因此这种仪表也是一种积分加速度计。弦丝张力受材料特性和温度影响较大，因此需要有精密温控装置和弦丝张力调节机构（图 1-17）。

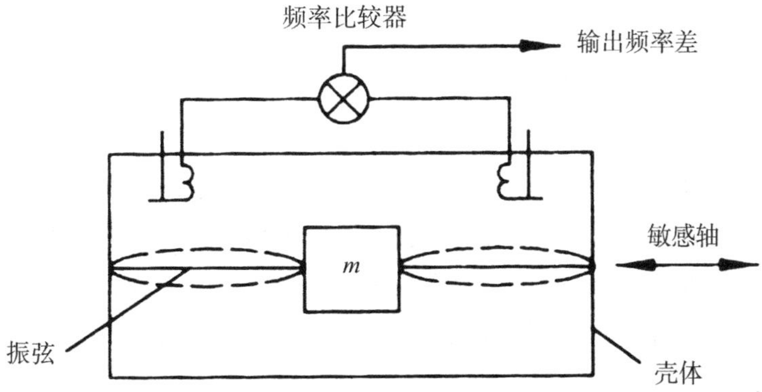


**图 1-17　振弦加速度计原理图**

**5. 微机械加速度计**

微机械加速度计又称硅加速度计，它感测加速度的原理与一般的加速度计相同。微机械加速度计分为压阻式、电容式、静电力平衡式和石英振梁式。硅制检测质量由单挠性臂或双挠性臂支撑，在挠性臂处采用离子注入法形成压敏电阻。当有加速度 $a$ 输入时，检测质量受惯性力 $F$ 作用产生偏转，并在挠性臂上产生应力，使压敏电阻的电阻值发生变化，从而提供一个正比于输入加速度的输出信号（图 1-18）。

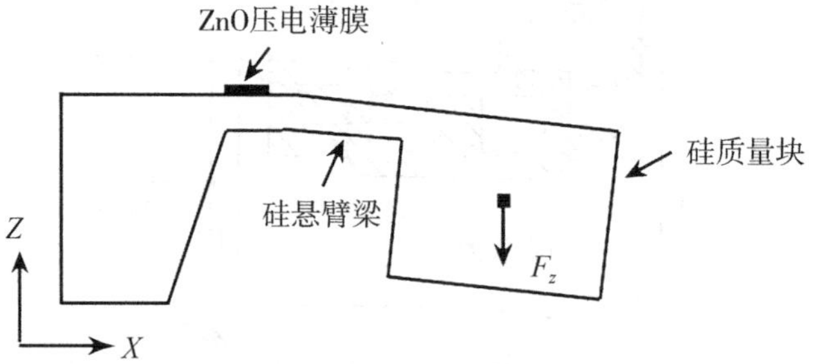


**图 1-18　电容式微机械加速计**

**6. 摆式积分陀螺加速度计**

利用自转轴上具有一定摆性的双自由度陀螺仪来测量加速度的仪表。陀螺转子的质心偏离内环轴，形成摆性。如果转子不转动，陀螺组件部分基本上是一个摆式加速度计。当沿输入轴（即陀螺外环轴）有加速度作用时，摆绕输出轴（即内环轴）转动，使轴上的角度传感器输出信号，经放大后反馈送到外环轴力矩电机，迫使陀螺组件绕外环轴移动，在内环轴上产生一个陀螺力矩。它与惯性力矩平衡，使角度传感器保持在零位附近。陀螺组件绕外环轴转动的角速度正比于输入加速度，转动角度的大小就是输入加速度的积分，即速度值。通常在外环轴上安装一个脉冲输出装置，用以得到加速度计测量的加速度和速度信息：脉冲频率表示加速度；脉冲总数表示速度。这种加速度计靠陀螺力矩来平衡惯性力矩，它能在很大的量程内保持较高的测量精度，但结构复杂、体积较大、价格较贵。

## （三）加速度计的应用

**1. 智能产品**

微信的“摇一摇”功能。手机里面集成的加速度传感器，它能够分别测量 $X$、$Y$、$Z$ 3 个方向的加速度值，$X$ 方向值的大小代表手机水平移动，$Y$ 方向值的大小代表手机垂直移动，$Z$ 方向值的大小代表手机的空间垂直方向，天空的方向为正，地球的方向为负，然后把相关的加速度值传输给操作系统，通过判断其大小变化，就能知道同时玩微信的朋友。

**2. 汽车安全**

加速度传感器可以用于汽车安全气囊、防抱死系统、牵引控制系统等安全性能方面。

在安全应用中，加速度计的快速反应非常重要。安全气囊应在什么时候弹出要迅速确定，所以加速度计必须在瞬间做出反应。通过采用可迅速达到稳定状态而不是振动不止的传感器设计可以缩短器件的反应时间。其中，压阻式加速度传感器由于在汽车工业中的广泛应用而发展最快。

**3. 计步器功能**

加速度传感器可以检测交流信号以及物体的振动，人在走动的时候会产生一定规律性的振动，而加速度传感器可以检测振动的过零点，从而计算出人所走的步或跑步所走的步数，从而计算出人所移动的位移。并且利用一定的公式可以计算出能量的消耗。

## 三、磁力计

在国际单位制中描述磁场的物理量是磁感应强度，磁感应强度是矢量，具有大小和方向特征，只测量磁感应强度大小的磁强计称为标量磁强计，而能够测量特定方向磁场大小的磁强计称为矢量磁强计。磁力计（Magnetic、M-Sensor）也叫地磁、磁感器，可用于测试磁场强度和方向，定位设备的方位，磁力计的原理跟指南针原理类似，可以测量出当前设备与东南西北四个方向上的夹角。

### （一）原理

由于地球重力场相当于已知信息，因而当载体处于平稳运动时，完全可以依靠采集自加表的测量信息来推算得到载体除了航向外的其他两个姿态信息，而若将加表与其他传感器如磁力计结合使用，就能实现在多种运动情况下测得完整的载体姿态信息。

磁力计的基本工作原理如下：设磁力计三轴磁分量的数据为［$M_{bx、by、bz}$］载体的横滚角和俯仰角分别为 $\varphi$ 和 $\theta$。则有

$$X_h = M_{bx}\times\cos\theta + M_{by}\times\sin\varphi\times\sin\theta + M_{bz}\times\cos\varphi\times\sin\theta$$

$$X_h = M_{by}\times\cos\varphi - M_{bz}\times\sin\varphi$$

式中，$X_h$为磁力计在水平方向 $X$ 轴上的分量；$Y_h$为磁力计在水平方向 $Y$ 轴上的分量，具体如图 1-19 所示。

方位角可以根据上面求得的两个分量按下面的公式计算：

$$\varphi_{M0} = \begin{cases} 180° - \arctan(Y_h/X_h) & X_h<0,\ Y_h<0 \\ \arctan(Y_h/X_h) & X_h>0,\ Y_h<0 \\ 360° - \arctan(Y_h/X_h) & X_h>0,\ Y_h>0 \\ 180° + \arctan(Y_h/X_h) & X_h<0,\ Y_h>0 \\ 90° & X_h=0,\ Y_h<0 \\ 270° & X_h=0,\ Y_h>0 \end{cases}$$

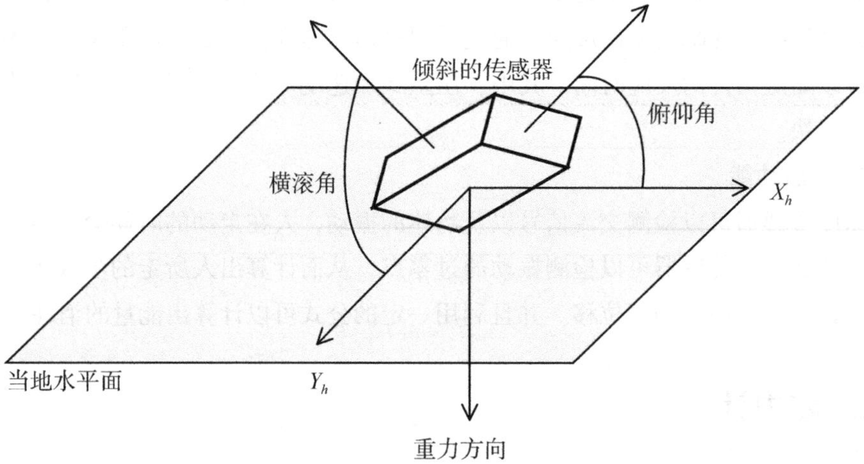


**图 1-19　倾角、重力及水平分量的关系**

式中，$\varphi_{M0}$为磁方位角，载体的方位角 $\varphi_M$需要经过磁偏角修正后才能得到，即 $\varphi_M = \varphi_{M0}-\varphi_0$；$\varphi_0$为磁偏角，可以根据地球磁场模型 WMM2005 以及载体所处的位置查得。

## （二）磁力计类别

磁力勘探仪器经历了由简单到复杂，由利用机械原理到现代电子技术的发展过程。当今的电子时代，磁传感器在电机、电力电子技术、汽车工业、工业自动控制、机器人、办公自动化、家用电器及各种安全系统等方面都有着广泛的应用。本章着重讲述机械式磁力仪、质子旋进磁力仪和磁传感器。

### 1. 机械式磁力仪

机械式磁力仪是磁力勘探中最早使用的一类仪器。1915 年阿道夫 · 施密特刃口式磁秤问世，20 世纪 30 年代末出现凡斯洛悬丝式磁秤，它们成为广泛使用的两种地面磁测仪器。都是相对测量的仪器。悬丝式磁力仪（Torsion-type Magnetometer），又称"悬丝式磁秤"，是一种机械式磁力仪。它是用一根水平的金属丝悬挂一特制的磁铁，使其在垂直于悬丝的铅垂面内摆动，根据作用于磁铁的重力矩和磁力矩机械平衡的原理来观测磁场强度的变化。因其测量地磁场要素的不同，又分为垂直磁力仪和水平磁力仪，垂直磁力仪测定 $z$ 的相对差值；水平磁力仪测定平面矢量 $H$ 在两个方位上的相对值。下面以悬丝式垂直磁力仪工作原理进行说明（图 1-20）。

悬丝式垂直磁力仪主要由磁系、光系、扭鼓和弹簧以及夹固开关四部分组成。磁系是核心部分，包括磁棒、灵敏度螺丝、温度螺丝、悬丝、反光镜和铝框架。磁系主要是一根圆柱形磁棒，它悬吊在铬、镍、钛合金恒弹性扁平丝的中央，丝的一端固定于扭鼓，另一端固定于弹簧，用于感受地磁场变化。

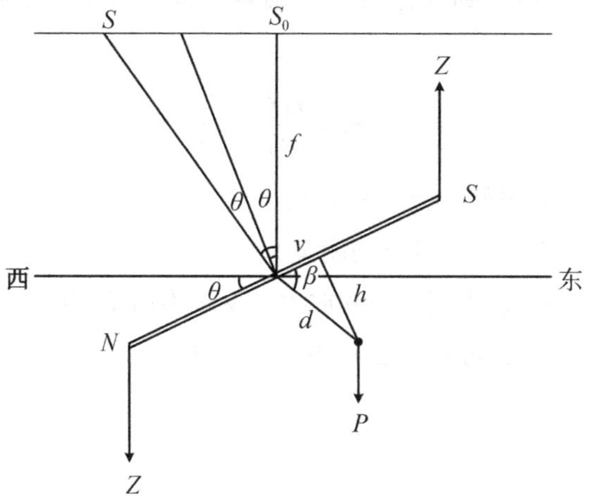


**图 1-20　悬丝式垂直磁力计工作原理图**

工作原理：工作时磁系旋转轴（悬丝）应是水平的，磁棒摆动面严格垂直于磁子午面。打开仪器开关后，磁棒绕轴摆动。建立在静态平衡基础上。平衡条件：

（1）磁系旋转轴（悬丝）水平，倾斜角 $\alpha=0°$

（2）磁棒放置于磁东西方向，即磁棒的摆动面严格垂直于磁子午面。磁棒的摆动面垂直于水平分量，故不受水平分量的影响，即 $H$ 的作用力矩=0

（3）磁系重心位置位于磁棒下方偏向 $S$ 面一侧。

磁系受到地磁场垂直强度磁力（$Z$）、重力（$g$）及悬丝扭力（$\tau$）三个力矩的作用，当力矩相互平衡时，磁棒会停止摆动。

当力矩相互作用，处于静态平衡时，磁棒停止摆动，三个力矩的大小和作用方向为：

磁力矩：$mz\cos\theta$，逆时针。

重力矩：$Pd\cos(\beta-\theta)$，顺时针。

扭力矩：$2\tau\theta$，顺时针。

磁棒停止摆动时的力矩平衡方程式为：

$$mz\cos\theta=Pd\cos(\beta-\theta)+2\tau\theta$$

式中，

$\tau$ 为扭力系数；

$z$ 为地磁场垂直分量；

$m$ 为磁棒的磁矩；

$P$ 为磁系受到的重力；

$\theta$ 为磁棒偏转角；

$d$ 为磁系重心到支点的距离；

$\beta$ 为 $d$ 与磁轴的夹角。

上式经变换整理，并考虑到仪器设计中偏转角范围很小，不超过 2°，可视 $\theta=\tan\theta$，则得

$$\tan\theta=\frac{mZ-Pa}{Ph+2\tau}$$

$a=d\cos\beta$（重心到支点沿磁轴方向距离）；

$h=d\sin\beta$（重心到支点垂直磁轴方向距离）。

在仪器结构上，利用光系将偏转角 $\theta$ 放大并反映为活动标线在标尺上的偏离格数。根据原理图并考虑到 $\theta$ 角很小，可是 $\tan2\theta=2\tan\theta$，则有：

$$\tan\theta=\frac{s-s_0}{2f}$$

$f$ 为光系物镜的焦距；

$s$ 为磁棒偏转 $\theta$ 角时光系标尺的读格；

$s_0$ 为磁棒水平时光系标尺的读格。

设在某一点上，地磁场垂直分量为 $Z_1$，读数为 $S_1$；在另一点上垂直分量为 $Z_2$，读数为 $S_2$。则它们之间的垂直分量差值，根据上述公式推导得：

$$\Delta Z=Z_2-Z_1=\frac{Ph+2\tau}{2fm}(S_2-S_1)=\varepsilon(S_2-S_1)$$

由上式表明，悬丝式垂直磁力仪，只能用于相对测量。式中（$Ph+2\tau$）/$2fm$ 是一个常数，它代表每一读格的磁场值，叫作格值，以符号 $\varepsilon$ 表示。格值的倒数是灵敏度，通过调节 $h$ 以改变灵敏度。

**2. 质子旋进磁力仪**

20 世纪 50 年代中期，帕卡德和互里安首先发现在一线圈内装满水溶液并向线圈通以强电流，当极化电流突然中断后大约 1s 内，在线圈上就可测出音频信号。信号的频率正比于外磁场。据此发明了 V-4910 质子旋进磁力仪，这种仪器在航空、航海及地面磁测等领域均得到了应用。质子旋进磁力仪属于电子式磁力仪，灵敏度和准确度高；可测量地磁场总强度的绝对值，或相对值、梯度值；精度高，稳定性好，使用方便，机内能存储上万组数据，能和计算机进行数据通信。

质子旋进及测量原理：目前质子磁力仪都是利用氢原子旋进的特点来达到测量地磁场的目的。蒸馏水、酒精、煤油、苯等富含氢的液体中氢原子核（质子）在地磁场中产生一定频率的旋进。

质子旋进式磁敏传感器的测磁原理：质子旋进式磁敏传感器是利用质子在地磁场中的旋进现象，根据磁共振原理研制成功的。物理学业已证明物质是具有磁性的。若以水分子（$H_2O$）而言，从其分子结构、原子排列和化合价的性质分析得知：水分子磁矩（即氢质子磁矩）在磁场作用下绕地磁场旋进，如图 1-21 所示。

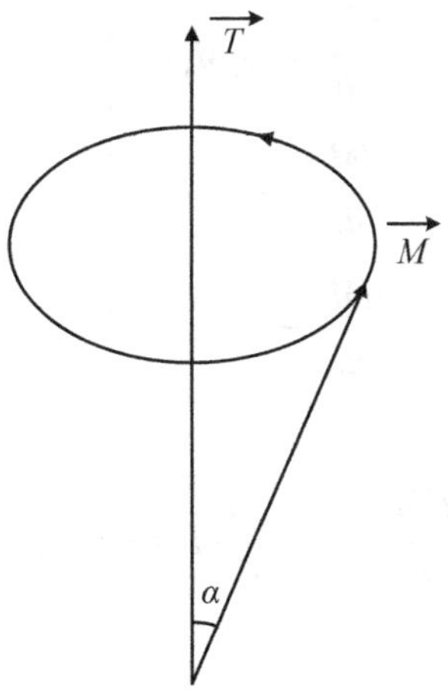


**图 1-21 质子磁矩旋进示意图**

它的旋进频率 $f$ 服从公式 $f=\gamma_p T/2\pi$ 的（式中，$\gamma_p$为质子旋磁比；$T$ 为地磁场强）。不管从经典力学观点，还是从量子力学观点，此公式的来源均能得以论证。为方便起见，采用经典力学的观点，分析直角坐标系中质子磁矩的旋进情况。

设质子磁矩 $M$ 在地磁场 $T$ 作用下有一力矩 $M\times T$，于是，它和陀螺一样，其动量矩的变化率等于外加力矩，即：

$$\frac{d\vec{p}}{dt}=\vec{M}\times\vec{T}$$

$$\frac{d\vec{p}}{dt}=\vec{M}\times\vec{T} \tag{1-1}$$

$$\vec{M}=\gamma_P\vec{P} \tag{1-2}$$

$$\frac{d\vec{M}}{dt}=\gamma_p\frac{d\vec{p}}{dt}=\gamma_p[\vec{M}\times\vec{T}]=\begin{vmatrix}\vec{i} & \vec{j} & \vec{k}\\ M_x & M_y & M_z\\ T_x & T_y & T_z\end{vmatrix} \tag{1-3}$$

磁矩的三个分量为：

$$\left.\begin{aligned}\frac{dM_x}{dt}&=\gamma_p[M_yT_z-M_zT_y]\\ \frac{dM_y}{dt}&=\gamma_p[M_zT_x-M_xT_z]\\ \frac{dM_z}{dt}&=\gamma_p[M_xT_y-M_yT_x]\end{aligned}\right\} \tag{1-4}$$

为分析方便，设 $T_z=T$（地磁场）；$T_x=0$；$T_y=0$，将此条件代入式（1-4），便得：

$$\left.\begin{aligned}\frac{dM_x}{dt}&=\gamma_p M_y T\\ \frac{dM_y}{dt}&=-\gamma_p M_x T\\ \frac{dM_z}{dt}&=0\end{aligned}\right\}\tag{1-5}$$

对于式（1-5）中的第一微分，得

$$\frac{d^2M_x}{dt^2}=\gamma_p\frac{dM_y}{dt}T=-\gamma_P^2M_x$$

即

$$\frac{d^2M_x}{dt^2}+\gamma_p^2T^2M_x=0\tag{1-6}$$

显然，式（1-6）为简谐运动方程，其解为：

$$\left.\begin{aligned}M_x&=A\cos(\gamma_p T_t+\varphi)\\ M_y&=-A\sin(\gamma_p T_t+\varphi)\\ M_z&=\text{常数}\end{aligned}\right\}\tag{1-7}$$

同理：

$$|M|=\sqrt{M_x^2+M_y^2}=A=\text{常数}\tag{1-8}$$

从式（1-7）可看出，$M_z$是常数，磁矩 $M$ 在 $z$ 轴上的投影是不变的；磁矩 $M$ 在 $x$ 轴的投影是按余弦规律变化的；磁矩 $M$ 在 $y$ 轴是按正弦规律变化的。由图 1-22 可以看出：磁矩 $M$ 在 $xy$ 平面上的绝对值是一个常数，并且在 $xy$ 平面上旋进。

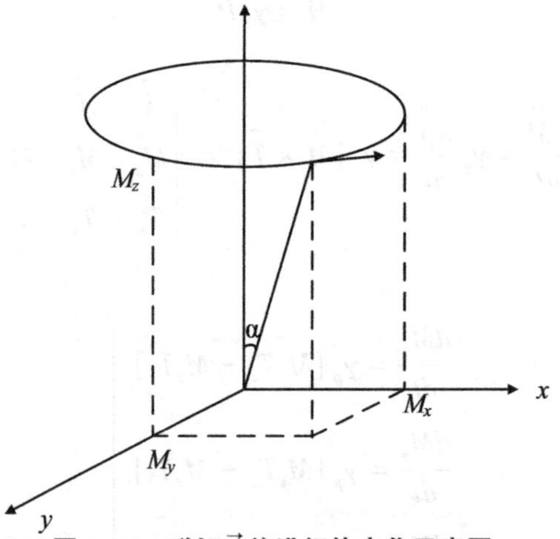


**图 1-22　磁矩$\vec{M}$旋进规律变化示意图**

综合起来看，质子磁矩 $M$ 在地磁场 $T$ 的作用下，绕地磁场 $T$ 旋进，它的轨迹描绘出一个圆锥体，旋进的角频率为 $\omega$，称为拉莫尔频率。根据简谐运动方程，可得到：$\omega=\gamma_p$

$T$；$\omega=2\pi f$，即

$$f=\frac{\gamma_p}{2\pi}T \tag{1-9}$$

式中，$\gamma_p$为质子旋磁比，常数；$f$为旋进频率；$T$为磁场强度。

由上式可看出，频率$f$与地磁场成正比，只要能测出频率$f$，即可间接求出地磁场$T$的大小，从而达到测量地磁场的目的。

**3. 磁传感器**

磁传感器是一种把磁场、电流、应力应变、温度、光等外界因素引起的敏感元件磁性能变化转换成电信号，以这种方式来检测相应物理量的器件。用于感测速度、运动和方向，应用领域包括汽车、无线和消费电子、军事、能源、医疗和数据处理等。主要分为四大类：霍尔效应（Hall Effect）传感器、各向异性磁阻（AMR）传感器、巨磁阻（GMR）传感器和隧道磁阻（TMR）传感器。

（1）霍尔效应（Hall Effect）传感器。1879 年，美国物理学家霍尔在研究金属导电机制时发现了霍尔效应。但因金属的霍尔效应很弱而一直没有实际应用案例，直到发现半导体的霍尔效应比金属强很多，才利用这种现象制作了霍尔元件。

在半导体薄膜两端通以控制电流$I$，并在薄膜的垂直方向施加磁感应强度为$B$的匀强磁场，半导体中的电子与空穴受到不同方向的洛伦兹力而在不同方向上聚集，在聚集起来的电子与空穴之间会产生电场，静电场对电子的作用力$F_E$与洛伦兹力$F_L$产生平衡之后，不再聚集，这个现象叫作霍尔效应。在垂直于电流和磁场的方向上，将产生的内建电势差，称为霍尔电压$U$。

霍尔电压$U$与半导体薄膜厚度$d$，电场$B$和电流$I$的关系为$U=k\ (IB/d)$。这里$k$为霍尔系数，与半导体磁性材料有关（图 1-23）。

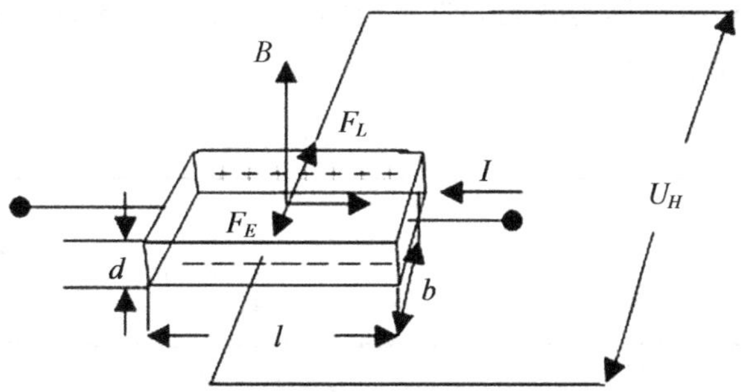


**图 1-23 霍尔效应示意图**

霍尔效应磁力计是利用霍尔效应产生的电势差来测算外界磁场的大小和极性。磁力计是采用 CMOS 工艺的平面器件。工艺相对一般 IC 更为简单，一般采用 P 型衬底上 N 阱上形成传感器件，通过金属电极将传感器与其他电路（如放大器、调节处理器等）相连。但这样设

计的霍尔传感器只能感知垂直于管芯表面的磁场变化，因此增加了磁通集中器（Magnetic flux concentrator），工艺上来讲就是在原来的管芯上增加一层坡莫合金，可探测平行于管芯方向的磁场。由此，霍尔传感器实现了从单轴到三轴磁力计的跨越式发展。霍尔效应磁力计广泛应用于智能手机、平板电脑和导航设备等移动终端，拥有巨大的市场前景。同时，霍尔效应磁力计可以与加速度计组成6轴电子罗盘，三种惯性传感器（加上陀螺仪）组合在一起还能实现9轴组合传感器，构成更强大的惯性导航产品（图1-24、图1-25）。

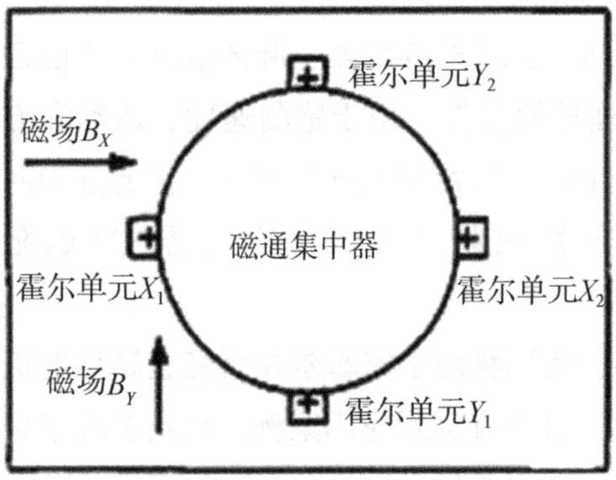


**图1-24　增加磁通集中器的霍尔传感器的顶视图**

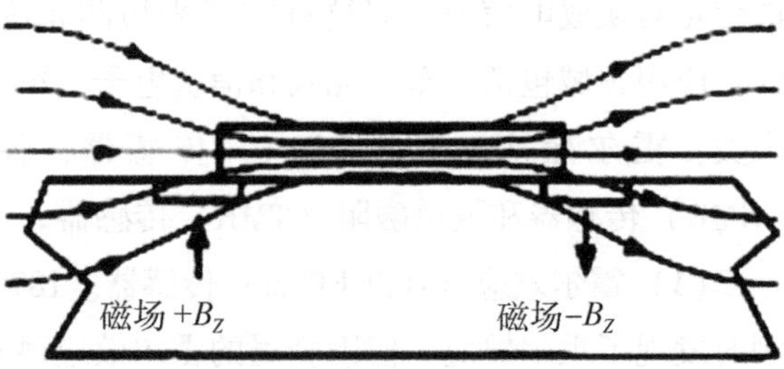


**图1-25　增加磁通集中器的霍尔传感器的剖面图**

（2）各向异性磁阻（AMR）传感器。某些金属或半导体在遇到外加磁场时，其电阻值会随着外加磁场的大小发生变化，这种现象叫作磁阻效应，磁阻传感器利用磁阻效应制成。

1857年，Thomson发现坡莫合金的各向异性磁阻效应。对于有各向异性特性的强磁性金属，磁阻的变化是与磁场和电流间夹角有关的。我们常见的这类金属有铁、钴、镍及其合金等。

当外部磁场与磁体内建磁场方向成0°角时，电阻是不会随着外加磁场变化而发生改变的；但当外部磁场与磁体的内建磁场有一定角度的时候，磁体内部磁化矢量会偏移，薄膜电阻降低，我们对这种特性称为各向异性磁电阻效应（Anisotropic Magnetoresistive Sensor，简称AMR）。磁场作用效果如图1-26所示。

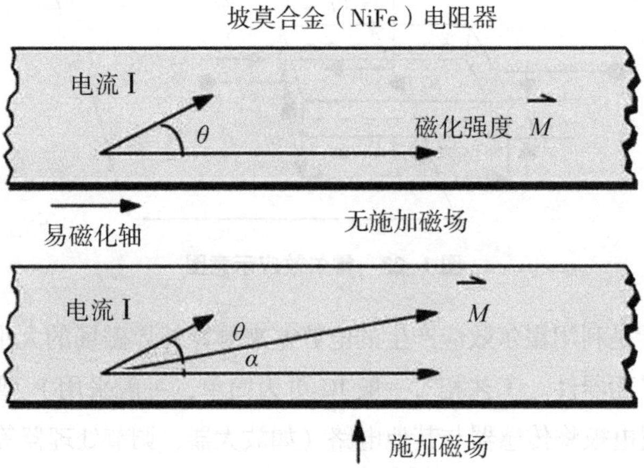


**图1-26　坡莫合金的AMR效应**

薄膜合金的电阻 $R$ 就会因角度变化而变化，电阻与磁场特性是非线性的，且每一个电阻并不与唯一的外加磁场值成对应关系。从图 1-27 中，我们可以看到，当电流方向与磁化方向平行时，传感器最敏感，在电流方向和磁化方向成 45°角时，一般磁阻工作于图中线性区附近，这样可以实现输出的线性特性。

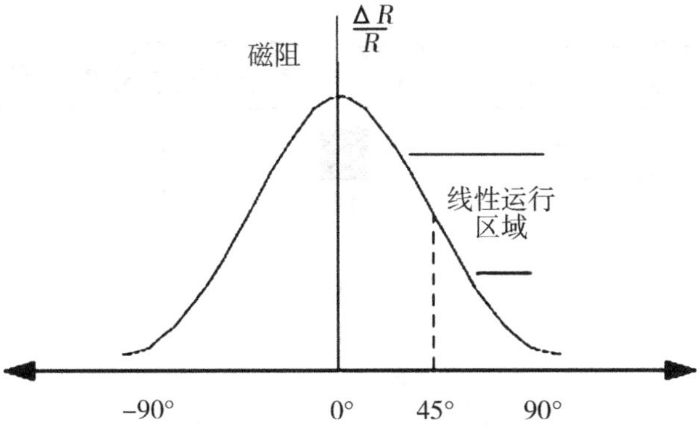


**图 1-27 磁阻变化值与角度变化的关系**

AMR 磁传感器的基本结构由四个磁阻组成了惠斯通电桥。其中供电电源为 $V_b$，电流流经电阻。当施加一个偏置磁场 $H$ 在电桥上时，两个相对放置的电阻的磁化方向就会朝着电流方向转动，这两个电阻的阻值会增加；而另外两个相对放置的电阻的磁化方向会朝与电流相反的方向转动，该两个电阻的阻值则减少。通过测试电桥的两输出端输出差电压信号，可以得到外界磁场值（图 1-28）。

AMR 技术的优势有以下几点：

①AMR 技术最优良性能的磁场范围是以地球磁场为中心，对于以地球磁场作为基本操作空间的传感器应用来说，具有广大的运作空间，无需像霍尔元件那样增加聚磁等辅助手段。

②AMR 技术是唯一被验证可以在地球磁场中测量方向精确度为一度的半导体工艺技术。其他可达到同样精度技术都是无法与半导体集成的工艺。因此，AMR 可与 CMOS 或 MEMS 集成在同一硅片上并提供足够的精确度。

③AMR 技术只需一层磁性薄膜，工艺简单，成本低，不需要昂贵的制造设备，具有成本优势。

④AMR 技术具有高频、低噪和高信噪比特性，在各种应用中尚无局限性。

AMR 磁阻传感器可以很好地感测地磁场范围内的弱磁场测量，制成各种位移、角度、转速传感器，各种接近开关，隔离开关，用来检测一些铁磁性物体如飞机、火车、汽车。其他应用包括各种导航系统中的罗盘，计算机中的磁盘驱动器，各种磁卡机、旋转位置传感、电流传感、钻井定向、线位置测量、偏航速率传感器和虚拟实景中的头部轨迹跟踪。

（3）巨磁阻（GMR）传感器。与霍尔传感器和 AMR 传感器相比，巨磁阻（Giant Magneto Resistance，GMR）传感器要年轻得多。这是因为 GMR 效应的发现比霍尔效应

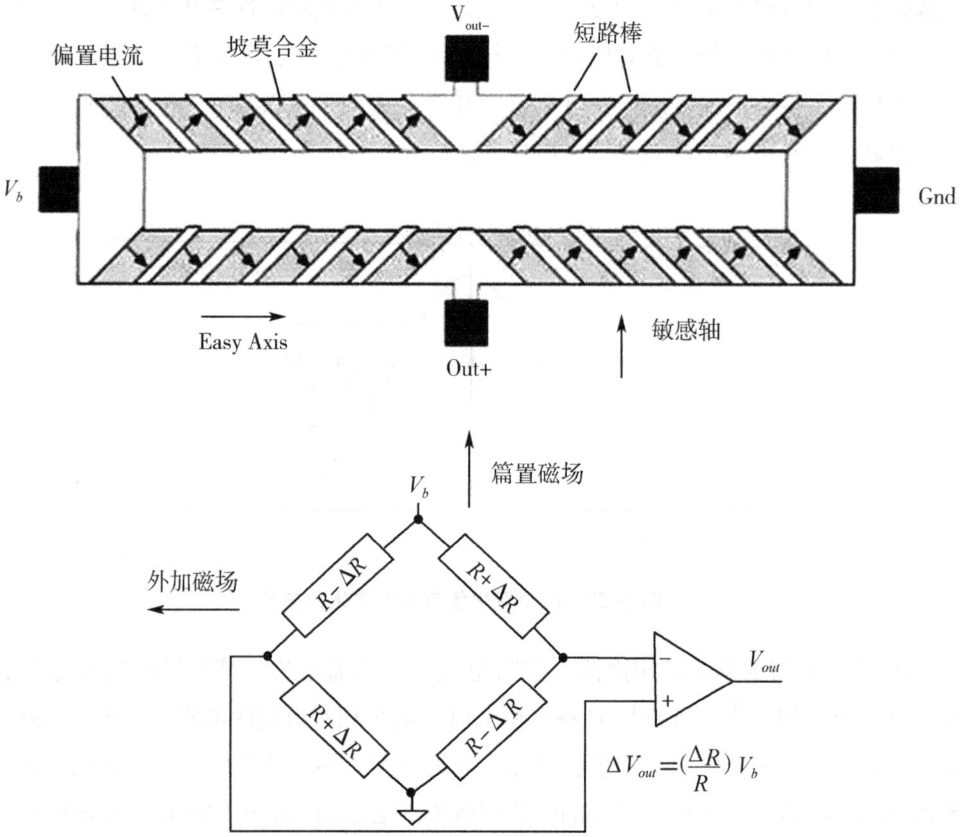


**图 1-28　AMR 磁传感器基本结构**

和 AMR 效应晚了 100 多年。

1988 年，德国科学家格林贝格尔发现了一特殊现象：非常弱小的磁性变化就能导致磁性材料发生非常显著的电阻变化。同时，法国科学家费尔在铁、铬相间的多层膜电阻中发现，微弱的磁场变化可以导致电阻大小的急剧变化，其变化的幅度比通常高十几倍。费尔和格林贝格尔也因发现巨磁阻效应而共同获得 2007 年诺贝尔物理学奖。

一般的磁铁金属，在加磁场和不加磁场下电阻率的变化为 1%~3%，但铁磁金属/非磁性金属/铁磁金属构成的多层膜，在室温下可以达到 25%，低温下更加明显，这也是巨磁阻效应的命名缘由（图 1-29）。

“巨”（giant）来描述此类磁电阻效应，并非仅来自表观特性，还由于其形成机理不同。常规磁电阻源于磁场对电子运动的直接作用，呈各向异性磁阻，即电阻与磁化强度和电流的相对取向有关。相反，GMR 磁阻呈各向同性，与磁化强度和电流的相对取向基本无关。

巨磁阻效应仅依赖于相邻磁层的磁矩的相对取向，外磁场的作业只是为了改变相邻铁磁层的磁矩的相对取向。除此以外，GMR 效应更重要的意义是为进一步探索新物理，比如隧穿磁阻效应（Tunneling Magnetoresistance，TMR）、自旋电子学（Spintronics）以及新

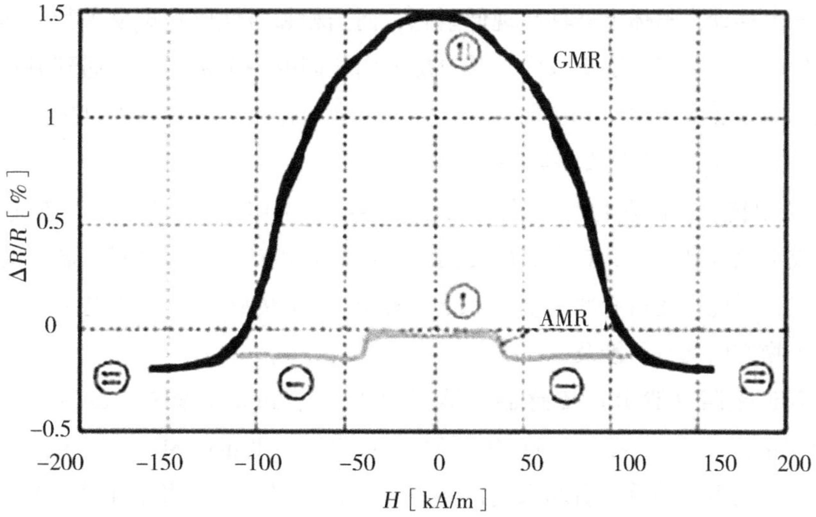


图 1-29 GMR 和 AMR 在外加磁场下电阻率变化示意图

的传感器技术奠定了基础。

GMR 效应的首次商业化应用是 1997 年，由 IBM 公司投放市场的硬盘数据读取探头。到目前为止，巨磁阻技术已经成为全世界几乎所有电脑、数码相机、MP3 播放器的标准技术。

GMR 传感器的材料结构：具有 GMR 效应的材料主要有多层膜、颗粒膜、纳米颗粒合金薄膜、磁性隧道结合氧化物、超巨磁电阻薄膜 5 种材料。其中自旋阀型多层膜的结构在当前的 GMR 磁阻传感器中应用比较广泛。

自旋阀主要有自由层（磁性材料 FM）、隔离层（非磁性材料 NM）、钉扎层（磁性材料 FM）和反铁磁层（AF）4 层结构（图 1-30）。

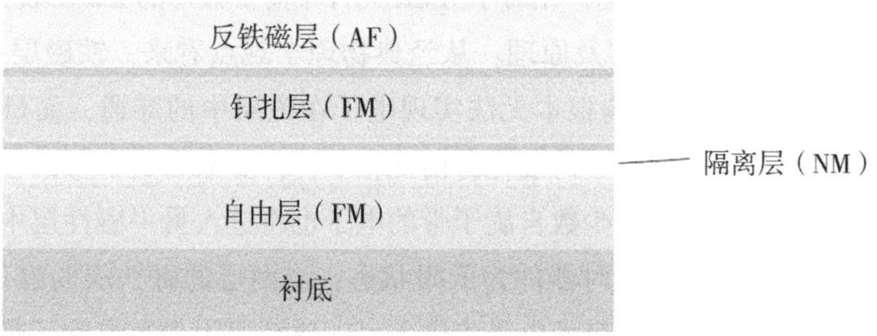


图 1-30 自旋阀 GMR 磁阻传感器基本结构

GMR 磁阻传感器由四个巨磁电阻构成惠斯通电桥结构，该结构可以减少外界环境对传感器输出稳定性的影响，增加传感器灵敏度。当相邻磁性层磁矩平行分布，两个 FM/

NM 界面呈现不同的阻态，一个界面为高阻态，一个界面为低阻态，自旋的传导电子可以在晶体内自由移动，整体上器件呈现低阻态；而当相邻磁性层磁矩反平行分布，两种自旋状态的传导电子都在穿过磁矩取向与其自旋方向相同的一个磁层后，遇到另一个磁矩取向与其自旋方向相反的磁层，并在那里受到强烈的散射作用，没有哪种自旋状态的电子可以穿越 FM/NM 界面，器件呈现高阻态。

GMR 磁阻传感器商业化时间晚于霍尔传感器和 AMR 磁阻传感器，制造工艺相对复杂，生产成本也较高。但其具有灵敏度高、能探测到弱磁场且信号好，温度对器件性能影响小等优点，因此市场占有率呈稳定状态。GMR 磁阻传感器在消费电子、工业、国防军事及医疗生物方面均有所涉及。

（4）隧道磁阻（TMR）传感器。早在 1975 年，Julliere 就在 Co/Ge/Fe 磁性隧道结（Magnetic Tunnel Junctions，MTJs）中观察到了 TMR（Tunnel Magneto-Resistance）效应。但是，这一发现当时并没有引起人们的重视。在此后的十几年里，有关 TMR 效应的研究进展十分缓慢。在 GMR 效应的深入研究下，同为磁电子学的 TMR 效应才开始得到重视。2000 年，MgO 作为隧道绝缘层的发现为 TMR 磁阻传感器的发展契机。

2001 年，Butler 和 Mathon 各自做出理论预测：以铁为铁磁体和 MgO 作为绝缘体，隧道磁电阻率变化可以达到百分之几千。同年，Bowen 等首次用实验证明了磁性隧道结（Fe/MgO/FeCo）的 TMR 效应。2008 年，日本东北大学的科研团队实验发现磁性隧道结 CoFeB/MgO/CoFeB 的电阻率变化在室温下达到 604%，在 4.2K 温度下将超过1 100%。TMR 效应具有如此大的电阻率变化，因此业界越来越重视 TMR 效应的研究和商业产品开发。

TMR 元件在近年才开始工业应用的新型磁电阻效应传感器，其利用磁性多层膜材料的隧道磁电阻效应对磁场进行感应，比之前所发现并实际应用的 AMR 元件和 GMR 元件具有更大的电阻变化率。我们通常也用磁隧道结（Magnetic Tunnel Junction，MTJ）来代指 TMR 元件，MTJ 元件具有更好的温度稳定性，更高的灵敏度，更低的功耗，更好的线性度，相对于霍尔元件不需要额外的聚磁环结构，相对于 AMR 元件不需要额外的 set/reset 线圈结构。

TMR 磁阻传感器的材料结构及原理：从经典物理学观点看来，铁磁层（F1）+绝缘层（I）+铁磁层（F2）的三明治结构根本无法实现电子在磁层中的穿通，而量子力学却可以完美解释这一现象。当两层铁磁层的磁化方向互相平行，多数自旋子带的电子将进入另一磁性层中多数自旋子带的空态，少数自旋子带的电子也将进入另一磁性层中少数自旋子带的空态，总的隧穿电流较大，此时器件为低阻状态；当两层的磁铁层的磁化方向反平行，情况则刚好相反，即多数自旋子带的电子将进入另一磁性层中少数自旋子带的空态，而少数自旋子带的电子也进入另一磁性层中多数自旋子带的空态，此时隧穿电流较小，器件为高阻状态（图 1-31）。

可以看出，隧道电流和隧道电阻依赖于两个铁磁层磁化强度的相对取向，当磁化方向发生变化时，隧穿电阻发生变化，因此称为隧道磁电阻效应。

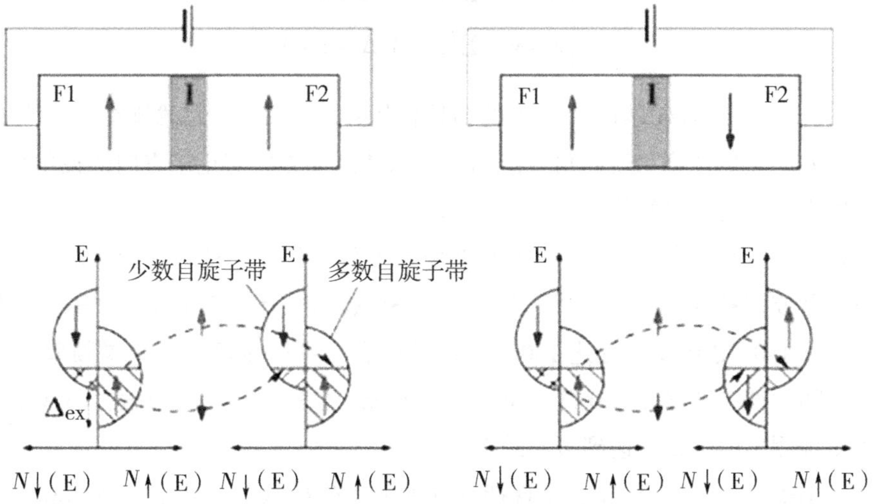


**图 1-31　TMR 磁化方向平行和反平行时的双电流模型**

# 第三节　航位推测法

航位推测法（Dead Reckoning，DR）指的是在知道当前时刻位置的条件下，通过测量移动的位置和方位，推算下一时刻位置的方法。通过在设备上加装加速度传感器和陀螺仪传感器，DR 算法可以自主确定定位信息，具有短时间内实现局部高精度定位的特点。

航位推算原理是利用载体的速度、航向以及上一时刻的位置来估计下一时刻载体的位置。利用载体的速度和航向能够得出速度在当地水平坐标轴上分向速度，将分向速度和载体所经过的时间相乘便可以得到载体在坐标轴上增加的坐标值，与前一时刻的坐标值求和便可以得到此时的坐标值。原理如图 1-32 所示。推算公式如下：

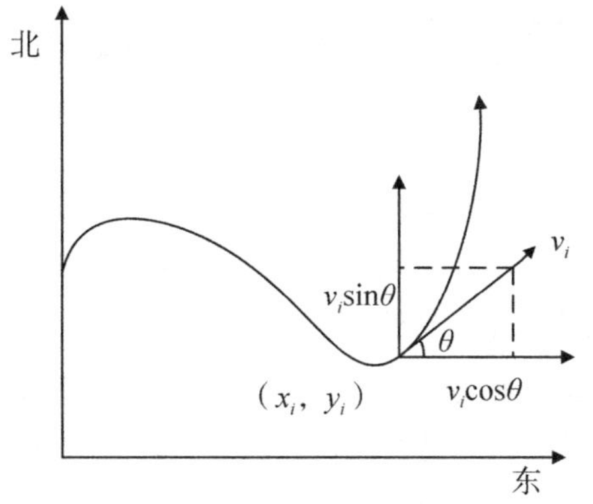


**图 1-32　航位推算原理**

$$\begin{cases} x_k = x_0 + \sum_{i=1}^{k} (V_i \Delta t_i \cos\theta_i) \\ y_k = y_0 + \sum_{i=1}^{k} (V_i \Delta t_i \sin\theta_i) \end{cases}$$

式中，($x_0$，$y_0$）为载体在 $t_0$ 时刻的初始位置；（$x_k$，$y_k$）为载体在 $t_k$ 时刻位置；$v_i$、$\theta_i$ 为载体在 $t_i$ 时刻的速度与航向角（航向角为载体运动方向与正东方向的夹角)；$\Delta t_i$ 为罗盘相邻两次推算所用的时间差。

GNSS 定位在遮挡环境、多路径较严重场景下效果较差，此时结合 DR 算法，就可以推测出下一秒或多秒内的定位结果。另外，GNSS 数据更新频率通常为 1Hz，不能满足高动态需求，而 IMU 更新频率可达 100Hz，借助组合，可以显著提高结果频率。但是，DR 算法精准度随滤波深度增加而变差，所以需要 GNSS 对其进行实时纠偏，确保以实际数据不断地更新推测出的位置，达到最好的效果。

GNSS、DR、IMU 组合定位，实现持续导航的工作模式如下：上一点估算位置 + IMU 数据→预测下一点位置；预测的位置 + GPS 定位 → 更新当前位置；循环。

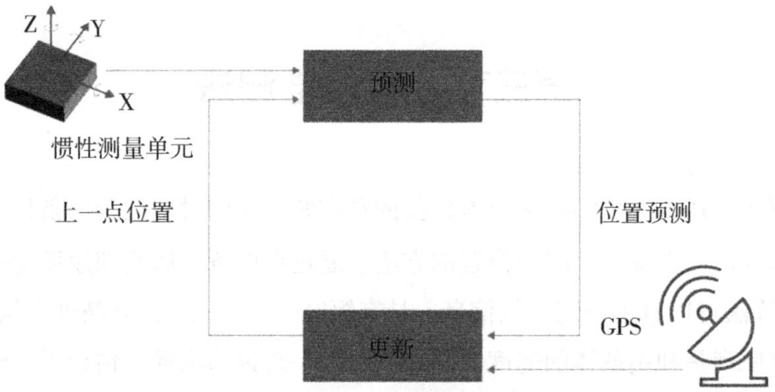


**图 1-33　组合定位工作模式图**

## 第四节　激光雷达技术

激光雷达（Laser Radar)，是以发射激光束探测目标的位置、速度等特征量的雷达系统。其工作原理是向目标发射探测信号（激光束)，然后将接收到的从目标反射回来的信号（目标回波）与发射信号进行比较，作适当处理后，就可获得目标的有关信息，如目标距离、方位、高度、速度、姿态、甚至形状等参数，从而对飞机、导弹等目标进行探测、跟踪和识别。它由激光发射机、光学接收机、转台和信息处理系统等组成，激光器将电脉冲变成光脉冲发射出去，光接收机再把从目标反射回来的光脉冲还原成电脉冲，送到显示器。

激光雷达是用激光器作为发射光源，采用光电探测技术手段的主动遥感设备，是激光技术与现代光电探测技术结合的先进探测方式。由发射系统、接收系统 、信息处理等部分组成。发射系统是各种形式的激光器，如二氧化碳激光器、掺钕钇铝石榴石激光器、半导体激光器及波长可调谐的固体激光器以及光学扩束单元等组成；接收系统采用望远镜和各种形式的光电探测器，如光电倍增管、半导体光电二极管、雪崩光电二极管、红外和可见光多元探测器件等组合。激光雷达采用脉冲或连续波 2 种工作方式，探测方法按照探测的原理不同可以分为米散射、瑞利散射、拉曼散射、布里渊散射、荧光、多普勒等激光雷达。

## 一、测距方法分类

激光测距方法分为脉冲测距和相位测距。

脉冲测距法：测距仪发出光脉冲，经被测目标反射后，光脉冲回到测距仪接收系统，测量其发射和接收光脉冲的时间间隔，即光脉冲在待测距离上的往返传播时间 $t$。脉冲法测距精度大多为米的量级。

相位测距法：它是通过测量连续调制的光波在待测距离上往返传播所发生的相位变化，间接测量时间 $t$。这种方法测量精度较高，因而在大地和工程测量中得到了广泛的应用。

**1. 脉冲激光测距**

由激光器对被测目标发射一个光脉冲，然后接收系统接收目标反射回来的光脉冲，通过测量光脉冲往返的时间来算出目标的距离：

$$d = \frac{ct}{2}$$

式中，$c$ 代表光速，是一个常数，即 $c$ = 300 000 km/s；$t$ 为光信号由发射到被接收的时间。$t$ 的测量如图 1–34 所示，为在确定时间起始点之间用时钟脉冲填充计数。

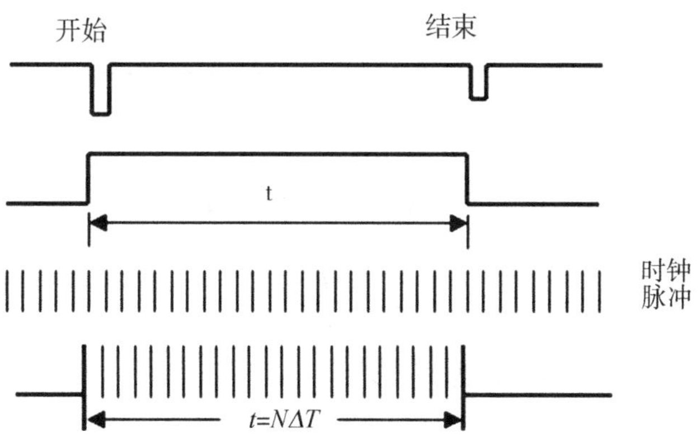


**图 1–34　$t$ 的测量**

这种测距方法测程远，精度与激光脉宽有关，普通的纳秒激光测距精度在米的量级。激光脉冲测距仪的简化结构如图 1-35 所示。

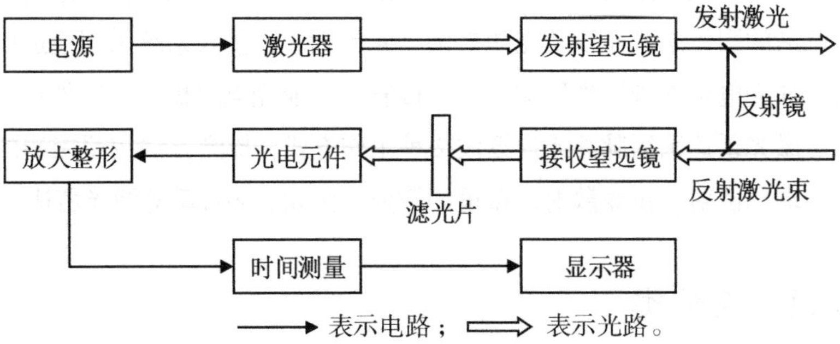


**图 1-35　激光脉冲测距仪的简化结构**

测距仪要求光脉冲应具有足够的强度、方向性要好、单色性要好和宽度要窄。用于激光测距的激光器包括红宝石激光器、钕玻璃激光器、二氧化碳激光器和半导体激光器。

**2. 相位激光测距**

采用无线电波段的频率对激光束进行幅度调制并测定调制光往返一次所产生的相位延迟，再根据调制光的波长，换算此相位延迟所代表的距离，即用间接方法测定出光经往返所需的时间。这种测距适于短距离、高精度场合，精度可达毫米级。相位激光测距原理如图 1-36 所示。

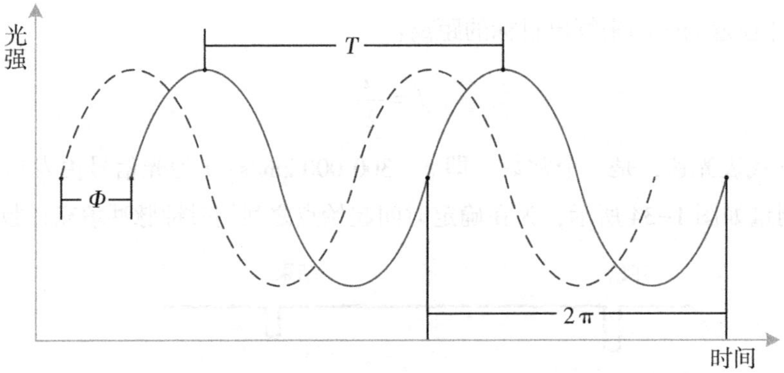


**图 1-36　相位激光测距原理示意图**

$$D = \frac{cT\phi}{4\pi}$$

式中，$c$ 为光速；$T$ 为周期；$\phi$ 为相位差。

## 二、扫描方式分类

按扫描方式分为机械旋转式激光雷达、半固态激光雷达和全固态激光雷达三大类。

**1. 机械旋转式激光雷达**

机械旋转式激光雷达以一定的速度旋转，在水平方向采用机械结构进行 360°的旋转扫描，在垂直方向采用定向分布式扫描。机械式激光雷达的发射器、接收器都跟随扫描部件一同旋转，原理如图 1-37 所示。

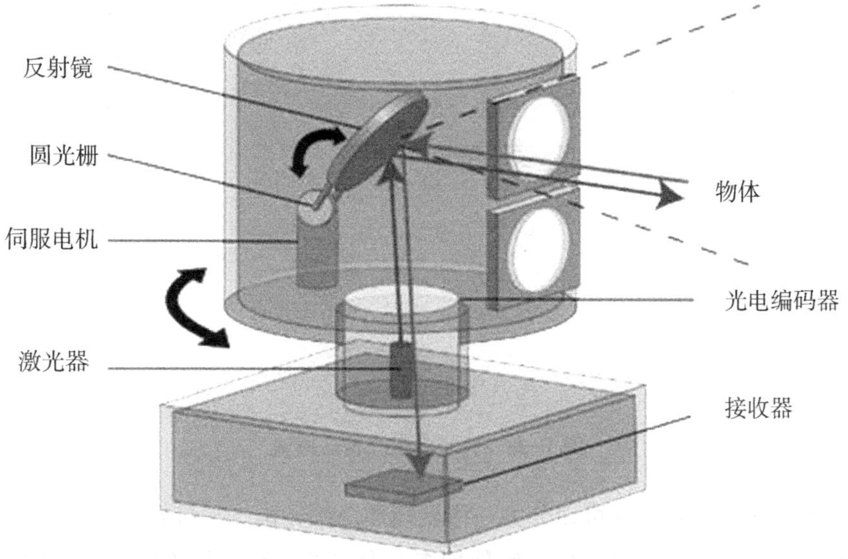


**图 1-37　普通激光雷达光学扫描器部分**

优点：快速扫描，扫描速度仅取决于发射模块的电子响应速度，不受材料特性的影响，扫描频率高于光学相控阵；接收视场小，扫描技术是一种用于发送和接收的同步扫描技术，接收视场较小，抗光干扰能力强，信噪比高；能够承受高激光功率，扫描技术完全在自由空间中进行，使用峰值功率激光脉冲可以检测高信噪比。

缺点：重型结构，重型电机和多面体棱镜，体积大，容易造成机械磨损，不利于长期运行。随着时间的推移，可靠性逐渐降低了“安全性”；当光通过每个棱镜表面时，它将在短时间内接收不到光信号，从而降低了反射信号接收比，并大大降低了信号接收比；大量的组装和调整工作，发射和接收模块需要精确的光学对准和组装，导致组装和调整比较复杂，难以大规模生产。

**2. 半固态激光雷达**

半固态激光雷达的发射器和接收器固定不动，只通过少量运动部件实现激光束的扫描。半固态激光雷达由于既有固定部件又有运动部件，因此也被称为混合固态激光雷达。

根据运动部件类型不同，半固态激光雷达又可以细分为转镜类半固态激光雷达、MEMS 半固态激光雷达和棱镜类半固态激光雷达。

（1）转镜类半固态激光雷达。转镜类激光雷达主要依靠一个旋转的反射镜，实现激光的扫描，原理如图 1-38 所示。转镜类激光雷达中运动部件主要是电机和镀膜反射镜。其中，镀膜反射镜可以对特定波长的激光（905nm、940nm、1 550nm 等）实现高反射率，反射镜一般为 3 面或者 4 面。通常转镜只需保证匀速旋转即可，一般无须变速或其他特殊控制。

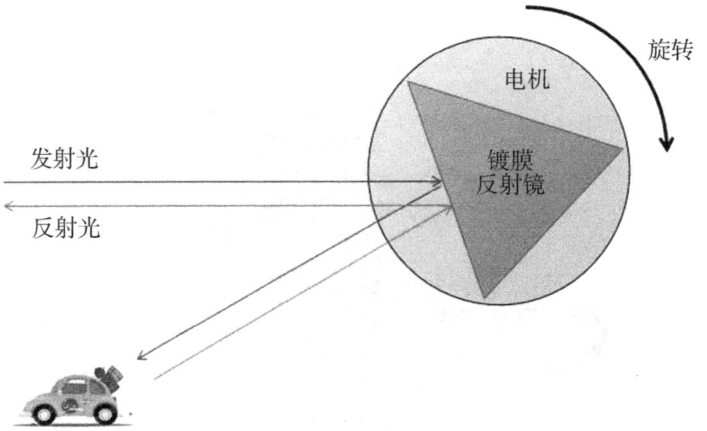


**图 1-38　转镜类激光雷达原理**

根据转镜使用的数量，还可以分为一维转镜和二维转镜。一维转镜结构中只有 1 个转镜实现水平方向的扫描，垂直方向一般使用多个激光器，用于覆盖发射不同的目标高度。二维转镜同时采用转镜+振镜，实现水平方向和垂直方向的扫描。

优点：转镜式激光雷达的激光发射和接收装置是固定的，所以即使有旋转机构，也可以把产品体积做小，进而降低成本；并且旋转机构只有反射镜，整体重量轻，电机轴承的负荷小，系统运行起来更稳定，寿命更长，是符合量产的优势条件。

缺点：因为有旋转机构这样的机械形式的存在，便不可避免地在长期运行之后，激光雷达的稳定性、准确度会受到影响。

（2）MEMS 半固态激光雷达。微机电系统（Micro Electro Mechanical Systems，MEMS）振镜类激光雷达，主要是通过 MEMS 振镜，进行水平方向和垂直方向的振动，实现激光束的扫描。

MEMS 振镜是一种硅基半导体元器件，属于固态电子元件；它是在硅基芯片上集成了体积十分精巧的微振镜，其核心结构是尺寸很小的悬臂梁——反射镜悬浮在前后左右各一对扭杆之间以一定谐波频率振荡，由旋转的微振镜来反射激光器的光线，从而实现扫描。硅基 MEMS 微振镜可控性好，可实现快速扫描，其等效线束能高达 100～200 线，因此，要同样的点云密度时，硅基 MEMS 激光雷达的激光发射器数量比机械式旋转激光雷达少很多，体积小很多，系统可靠性高很多。

优点：MEMS 微振镜摆脱了笨重的马达、多发射/接收模组等机械运动装置，毫米级尺寸的微振镜大大减少了激光雷达的尺寸，提高了稳定性；MEMS 微振镜可减少激光发射器和探测器数量，极大地降低成本。

缺点：有限的光学口径和扫描角度限制了激光雷达的测距能力和 FOV（视野），大视场角需要多子视场拼接，这对点云拼接算法和点云稳定度要求都较高；抗冲击可靠性存疑。

（3）棱镜类半固态激光雷达。棱镜类半固态激光雷达也称为双楔形棱镜式激光雷达，内部包括两个楔形棱镜，激光在通过第一个楔形棱镜后发生一次偏转，通过第二个楔形棱镜后再一次发生偏转。控制两面棱镜的相对转速便可以控制激光束的扫描形态。工作原理如图 1-39 所示，收发模块的脉冲激光二极管（Pulsed Laser Diode，PLD）发射出激光，通过反射镜和凸透镜变成平行光，扫描模块的两个旋转的棱镜改变光路，使激光从某个角度发射出去。激光打到物体上，反射后从原光路回来，被 APD（雪崩光电二极管）接收。

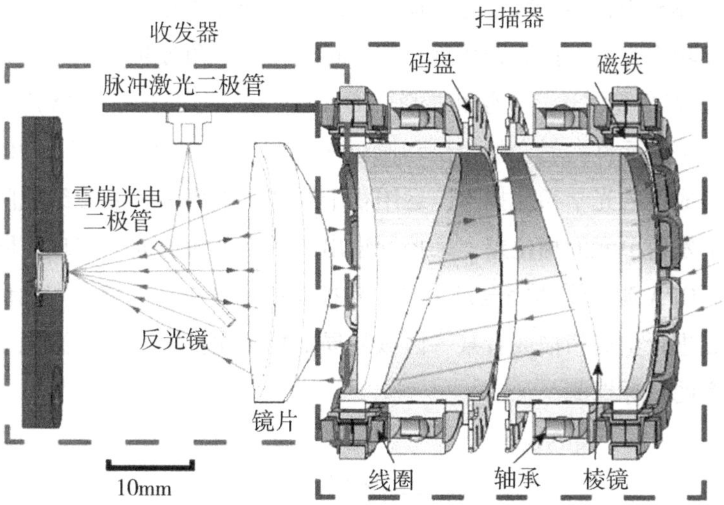


**图 1-39 棱镜类半固态激光雷达工作原理**

优点：减少了激光发射和接收的线数以实现一帧之内更高的线数，也随之降低了对焦与标定的复杂度，因此生产效率得以大幅提升，并且相比于传统机械式激光雷达，棱镜式的成本有了大幅的下降；只要扫描时间够久，就能得到精度极高的点云以及环境建模，分辨率几乎没有上限，且可达到近 100%的视场覆盖率；没有电子元器件的旋转磨损，可靠性更高。

缺点：棱镜式激光雷达 FOV 相对较小，且视场中心的扫描点非常密集，雷达的视场边缘扫描点比较稀疏，在雷达启动的短时间内会有分辨率过低的问题；独特的扫描方式使其点云的分布不同于传统机械旋转激光雷达，需要算法适配。

**3. 全固态激光雷达**

全固态激光雷达内部完全没有运动部件，使用半导体技术实现光束的发射、扫描和接收。全固态激光雷达又可分为快闪（Flash）固态激光雷达和光学相控阵（OPA）固态激光雷达。

（1）Flash 固态激光雷达。Flash 激光雷达采用类似摄像机的工作模式，但感光元件与普通相机不同，每个像素点可记录光子飞行时间。由于物体具有三维空间属性，照射到物体不同部位的光具有不同的飞行时间，被焦平面探测器阵列探测，输出为具有深度信息的“三维”图像。

Flash 激光雷达和半固态激光雷达的主要区别是，Flash 激光雷达在短时间内发射出一大片覆盖探测区域的激光，再以高度灵敏的接收器，来完成对环境周围图像的绘制。而半固态激光雷达发射模块发射出来的激光是线状的，通过扫描部件往复运动，把线变成面打在需要探测的物体表面，完成目标探测。

优点：一次性实现全局成像来完成探测，无须考虑运动补偿；无扫描器件，成像速度快；集成度高，体积小；芯片级工艺，适合量产；全固态优势，易过车规。

缺点：激光功率受限，探测距离近；抗干扰能力差；角分辨率低。

（2）OPA 固态激光雷达。光学相控阵（Optical Phased Array，OPA）雷达由元件阵列组成，通过控制每个元件发射光的相位和振幅来控制光束。原理如图 1-40 所示，OPA 雷达采用了高度集成化的光学相控技术，运用相干原理，采用多个光源组成阵列，通过调节发射阵列中每个发射单元的相位差，来控制输出的激光束的方向，实现不同角度的光束对物体进行扫描。OPA 激光雷达完全是由电信号控制扫描方向，能够动态地调节扫描角度范围，对目标区域进行全局扫描或者某一区域的局部精细化扫描，一个激光雷达就可能覆盖近、中、远距离的目标探测。

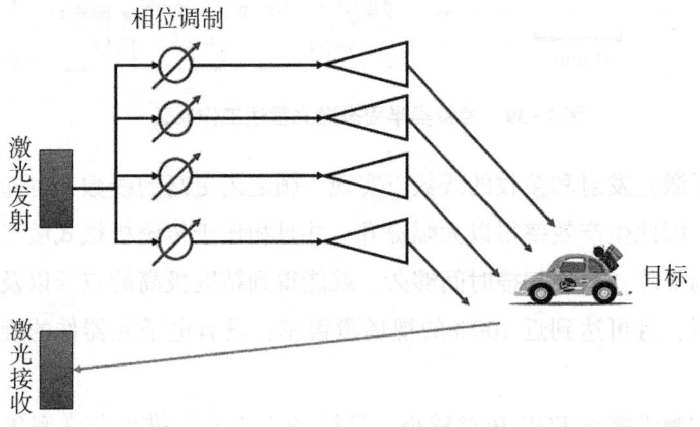


**图 1-40　OPA 固态激光雷达工作原理**

优点：纯固态激光雷达，体积小，易于车规；扫描速度快（一般可达到 MHz 量级以上）；精度高（可以做到 μrad 量级以上）；可控性好（可以在感兴趣的目标区域进行高密度扫描）。

缺点：易形成旁瓣，影响光束作用距离和角分辨率，使激光能量被分散；加工难度高，光学相控阵要求阵列单元尺寸必须不大于半个波长；探测距离很难做到很远。

## 三、机载激光雷达（LiDAR）

机载激光雷达是一种集激光测距、GPS（全球定位系统）和 INS（惯性导航系统）3 种技术于一体的空间测量系统。机载激光雷达测量系统是一种主动航空遥感装置，是实现地面三维坐标和影像数据同步、快速、高精确获取，并快速、智能化实现地物三维实时、变化、真实形态特性再现的一种国际领先的测绘高新技术。

激光束发射的频率能从每秒几个脉冲到每秒几万个脉冲，接收器将会在 1min 内记录 60 万个点。结合 GPS 得到的激光器位置坐标信息，INS 得到的激光方向信息，可以准确地计算出每一个激光点的大地坐标 $X$、$Y$、$Z$，大量的激光点聚集成激光点云，组成点云图像（图 1-41）。

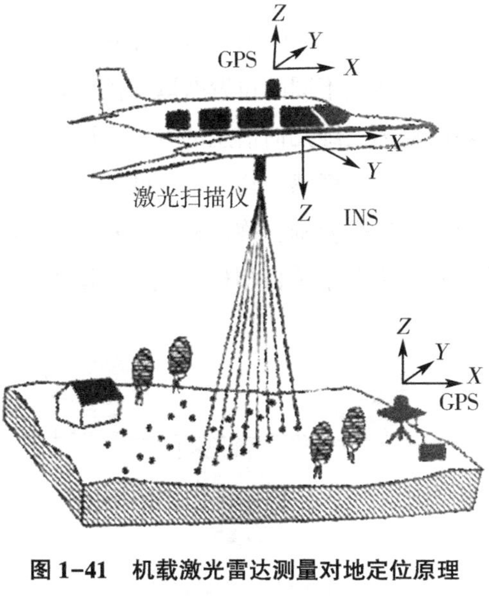


**图 1-41　机载激光雷达测量对地定位原理**

机载激光雷达测量系统主要包括机载激光扫描仪、航空数据相机、定向定位系统 POS（包括全球定位系统 GPS 和惯性导航仪 IMU）。

机载激光扫描仪部件采集三维激光点云数据，测量地形同时记录回波强度及波形激光扫描仪，是 LiDAR 的核心，一般由激光发射器、接收器、时间间隔测量装置、传动装置、计算机和软件组成。

航空数码相机部件拍摄采集航空影像数据。利用高分辨率的数码相机获取地面的地物地貌真彩或红外数字影像信息，经过纠正、镶嵌可形成彩色正射数字影像，可对目标进行分类识别，或作为纹理数据源。

POS 系统部件测量设备在每一瞬间的空间位置与姿态，其中 GPS 确定空间位置，IMU 惯导测量仰俯角、侧滚角和航向角数据。

机载 LiDAR 采用动态载波相位差分 GPS 系统，利用与机载 LiDAR 相连接的流动站和设在一个或多个基准站的至少两台 GPS 信号接收机同步而连续地观测 GPS 卫星信号、同时记录瞬间激光和数码相机开启脉冲的时间标记，再进行载波相位测量差分定位技术的离线数据后处理，获取 LiDAR 的三维坐标。

惯导的基本工作原理是以牛顿力学定律为基础，通过测量载体在惯性参考系的加速度，将它对实践进行积分，且把它变换到导航坐标系中，就能够得到在导航坐标系中的速度、偏航角和位置等信息。

## 第五节　双目成像技术

双目相机，即双目立体视觉（Binocular Stereo Vision），是机器视觉的一种重要形式，它是基于视差原理并利用成像设备从不同的位置获取被测物体的两幅图像，通过计算图像对应点间的位置偏差，来获取物体三维几何信息的方法。融合两只眼睛获得的图像并观察它们之间的差别，可以获得明显的深度感，建立特征间的对应关系，将同一空间物理点在不同图像中的映像点对应起来，这个差别，称作视差（Disparity）图。

双目相机，可以简单理解为由两个单目相机组成，如图 1-42 所示。

**图 1-42　双目相机**

双目立体视觉原理包括摄像机标定、图像获取、特征提取、立体匹配、3-D 信息恢复和后处理 6 个模块。双目立体视觉三维测量是基于视差原理，如图 1-43 所示。计算公式：

$$\frac{T-(x^l-x^r)}{Z-f}=\frac{T}{Z}\Rightarrow Z=\frac{fT}{x^l-x^r}$$

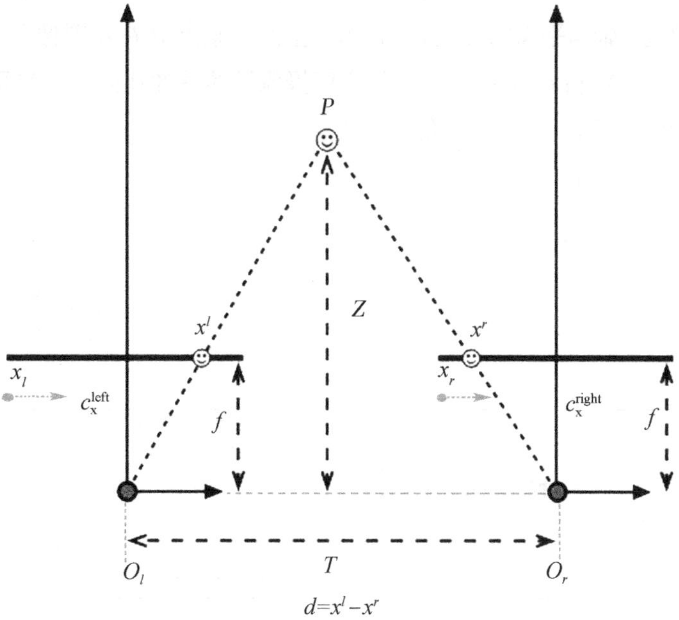


**图 1-43 视差原理**

式中，$T$ 表示基线长度，即左右摄像机的光学中心（$O_l$ 和 $O_r$）之间的距离；$x^l$ 表示左图中点 $P$ 的 $x$ 坐标；$x^r$ 表示右图中点 $P$ 的 $x$ 坐标；$Z$ 表示点 $P$ 在摄像机坐标系中的深度，即距离；$f$ 表示摄像机的焦距。

$x^l$ 和 $x^r$ 分别是左图中点 $P$ 的 $x$ 坐标和右图中点 $P$ 的 $x$ 坐标，$c_x^{left}$ 为左摄像机坐标系的 $x$ 方向坐标轴，$c_x^{right}$ 右摄像机坐标系的 $x$ 方向坐标轴。注意在计算的时候，是要用已知行列坐标减去光学中心坐标才是 $x$，而不是直接获取的行列坐标。线矫正后的图像对应点坐标只在 $X$ 方向上有水平视差，$Y$ 方向的垂直视差为 0，所以平行双目模型中点 $P$ 的视差就是 $d=x^l-x^r$。通过三角几何关系，结合摄像机的焦距 $f$ 和基线长度 $T$，利用视差，可以计算出点 $P$ 的深度，即 $Z=\frac{fT}{d}$。

上图为双目立体视觉模型经过极线校正后为理想的平行几何模型，在双目立体图像对中，$O_l$、$O_r$ 分别为左右摄像机的光学集合中心，$O_l$ 和 $O_r$ 之间的距离为基线长度（用 $T$ 表示）。注意在计算的时候，是要用已知行列坐标减去光学中心坐标才是 $x$，而不是直接获取的行列坐标。线矫正后的图像对应点坐标只在 $X$ 方向上有水平视差，$Y$ 方向的垂直视差为 0，所以平行双目模型中点 $P$ 的视差就是 $d=x^l-x^r$。

图 1-44 所示为简单的平视双目立体成像原理图，两摄像机的投影中心连线的距离，即基线距为 $b$。摄像机坐标系的原点在摄像机镜头的光心处。事实上摄像机的成像平面在镜头的光心后，将左右成像平面绘制在镜头的光心前 $f$ 处，这个虚拟的图像平面坐标系 $O_{luv}$ 的 $u$

轴和 $v$ 轴与和摄像机坐标系的 $x$ 轴和 $y$ 轴方向一致，这样可以简化计算过程。左右图像坐标系的原点在摄像机光轴与平面的交点 $O_1$ 和 $O_2$。空间中某点 $P$ 在左图像和右图像中相应的坐标分别为 $P_1$（$u_1$，$v_1$）和 $P_2$（$u_2$，$v_2$）。假定两摄像机的图像在同一个平面上，则点 $P$ 图像坐标的 $Y$ 坐标相同，即 $v_1=v_2$。由三角几何关系得到：

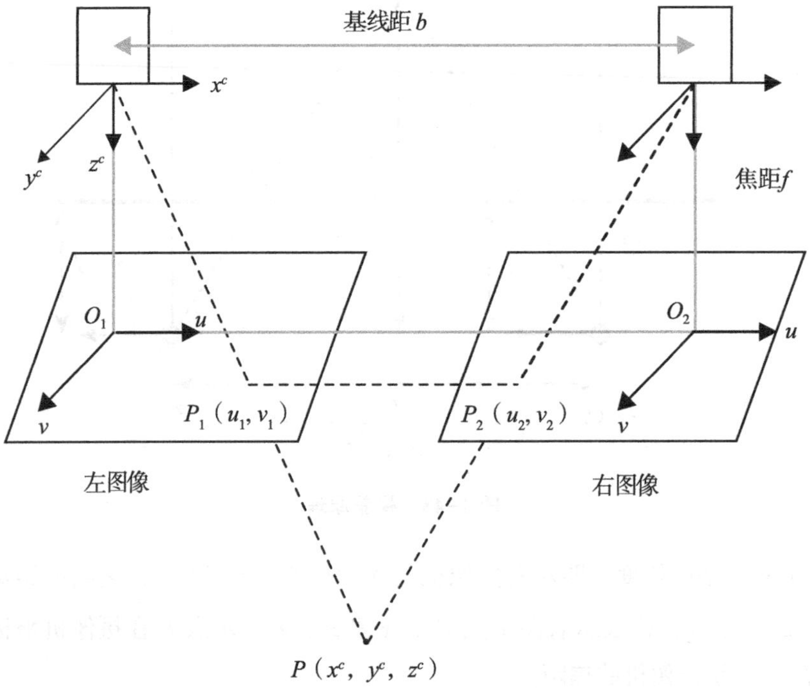


**图 1-44　双目立体成像原理图**

$$u_1 = f\frac{x^c}{z^c}$$

$$u_2 = f\frac{(x^c - b)}{z^c}$$

$$v_1 = v_2 = f\frac{y^c}{z^c}$$

上式中（$x^c$，$y^c$，$z^c$）为点 $P$ 在左摄像机坐标系中的坐标，$b$ 为基线距，$f$ 为两个摄像机的焦距，（$u_1$，$v_1$）和（$u_2$，$v_2$）分别为点 $P$ 在左图像和右图像中的坐标。

根据视差原理，在两幅图像中相应点的位置差 $d$ 为：

$$d = (u_1 - u_2) = \frac{f \times b}{z^c}$$

由此可计算出空间中某点 $P$ 在左摄像机坐标系中的坐标为：

$$x^c = \frac{b \times u_1}{d}$$

$$y^c = \frac{b \times v}{d}$$

$$z^c = \frac{b \times f}{d}$$

因此，只要能够找到空间中某点在左右两个摄像机像面上的相应点，并且通过摄像机标定获得摄像机的内外参数，就可以确定这个点的三维坐标。

双目立体视觉测量方法具有效率高、精度合适、系统结构简单、成本低等优点，非常适合于制造现场的在线、非接触产品检测和质量控制。对运动物体（包括动物和人体形体）测量中，由于图像获取是在瞬间完成的，因此立体视觉方法是一种更有效的测量方法。双目立体视觉系统是计算机视觉的关键技术之一，获取空间三维场景的距离信息也是计算机视觉研究中最基础的内容。

# 第二章　巡检机器人决策硬件技术

巡检机器人决策硬件技术主要是为巡检机器的智能决策提供硬件支持，包括图像处理单元、边缘计算平台以及4G无线工业路线器。图像处理单元是专门用于处理图形相关计算的芯片，能够同时处理大量信息。边缘计算平台是在靠近物或数据源头的网络边缘侧，融合网络、计算、存储、应用核心能力的分布式开放平台，就近提供边缘智能服务。4G无线工业路线器基于多样的硬件接口、强大的软件功能、灵活的组网方式，用户可以快速组建自己的应用网络，在巡检机器人中主要用于数据和指令的传输。

## 第一节　图像处理单元

图像处理单元（Graphics Processing Unit，GPU）是专门用于处理图形相关计算的芯片，可以在PC、工作站、游戏主机、手机、平板等多种智能终端设备上运行。图像处理单元使用NVIDIA® Jetson Xavier™ NX，NVIDIA ®已经将GPU发展成为许多计算密集型应用的世界领先的并行处理引擎，通过外形小巧的模组系统（SOM）将超级计算机的性能带到了边缘端。GPU是由数百或数千个小型的处理单元组成，每个处理单元可以执行简单的算术或几何运算。GPU的优势在于它可以同时处理大量的数据，对于图形渲染等需要高速浮点运算的任务，它的效率很高。GPU的缺点是它的功能相对单一，对于复杂的指令和逻辑运算，它的能力不足。

在核心架构中，图灵显著提升图形性能的关键因素是一个新的GPU处理器（流式多处理器SM）架构，它提高了着色器执行效率，以及一个新的内存系统架构，其中包括对最新GDDR6内存技术的支持。

### 一、图像处理单元组成

GPU通常与CPU一起用作协处理器。这样，CPU就可以更高的频率执行通用的科学和工程计算。在这里，代码中耗时且计算密集的部分被转移到 GPU 上，而其余代码仍然在 CPU 上运行。GPU 对代码进行并行处理，从而提高系统的性能。这种类型的计算称为混合计算。

图 2-1 中浅灰色代表的是可计算单元（computational units）或者称为核心（cores），深灰色代表内存（memories），白色代表的是控制单元（control units）。

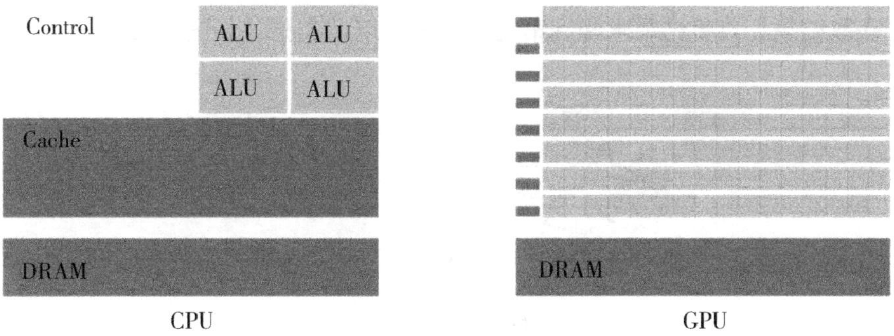


**图 2-1　CPU 与 GPU 架构**

### 1. 计算单元（cores）

CPU 的计算单元是“大”而“少”的，然而 GPU 的计算单元是“小”而“多”的，其中大小是指的计算能力，多少指的是设备中的数量。从图 2-1 显然可以看出，计算单元（浅灰色的部分），CPU“大少”，GPU“小多”的特点。

与包含 2~8 个 CPU 核心的 CPU 不同，GPU 由数百个较小的核心组成。所有这些核心以并行处理方式协同工作。为了有效利用 GPU 并行计算架构的功能，NVIDIA 的应用程序开发人员设计了一种名为“CUDA”的并行编程模型。

### 2. 内存

CPU 的内存系统一般是基于 DRAM 的，在桌面 PC 中，一般来说是 8G，在服务器中能达到数百 G（如 256G）。CPU 内存系统中有个重要的概念就是高速缓冲存储器，是用来减少 CPU 访问 DRAM 的时间。高速缓冲存储器是一片小的内存区域，但是访问速度更快，更加靠近处理器核心的内存段，用来储存 DRAM 中的数据副本。高速缓冲存储器一般有一个分级，通常分为三个级别 L1、L2、L3 高速缓冲存储器，高速缓冲存储器离核心越近就越小访问越快，例如 L1 可以是 64kB，L2 就是 256kB，L3 是 4MB。

从图 2-1 可以看到 GPU 中有一大片深灰色的内存，名称为 DRAM，这一块被称为全局内存或者 GMEM。GMEM 的内存大小要比 CPU 的 DRAM 小得多，在最便宜的显卡中一般只有几个 G 的大小，在最好的显卡中 GMEM 可以达到 24G。在图 2-1 中左上角的小深灰色块就是 GPU 的高速缓冲存储器段。然而 GPU 的缓存机制和 CPU 是存在一定的差异，将在下面详细讲述。

**3. 流处理器（SM）**

在图 2-1 中可以看出一个显卡中绝大多数都是计算核心 core 组成的海洋。在图像缩放的例子中，core 与 core 之间不需要任何协作，因为他们的任务是完全独立的，然而，GPU 解决的问题不是这么简单。假设需要对一个数组里的数进行求和，这样的运算属于 reductuin family（约简族）类型，因为这样的运算试图将一个序列“reduce”简化为一个数。计算数组的元素总和的操作看起来是顺序的，只需要获取第一个元素，求和到第二个元素中，获取结果，再将结果求和到第三个元素，以此类推，如图 2-2。

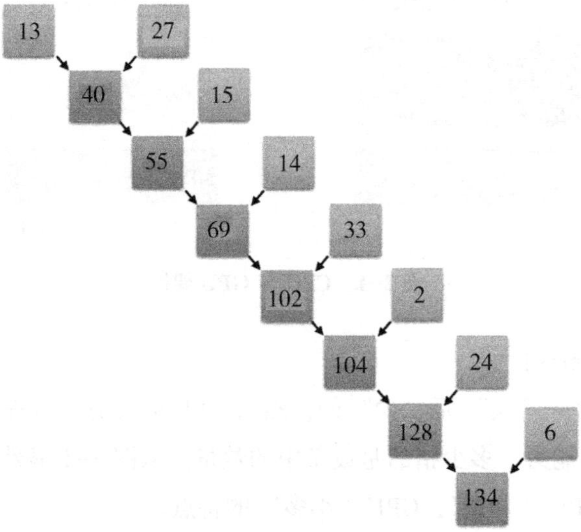


图 2-2　顺序约简运算

看起来本质是顺序的运算，其实可以在并行算法中转化。假设一个长度为 8 的数组，在第一步中完全可以并行执行两个元素和两个元素的求和，从而同时获得四个元素，两两相加的结果，以此类推，通过并行的方式加速数组求和的运算速度。具体的操作如图 2-3 所示。

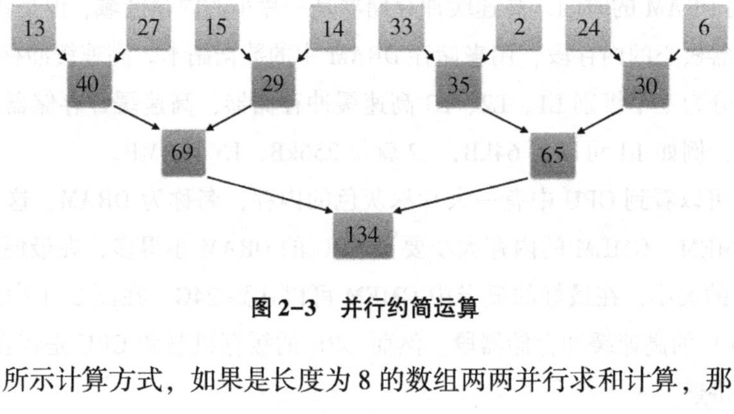


图 2-3　并行约简运算

如图 2-3 所示计算方式，如果是长度为 8 的数组两两并行求和计算，那么只需要三次就可以计算出结果。如果是顺序计算需要 8 次。如果按照两两并行相加的算法，N 个数字相加，那么仅需要 log2（N）次就可以完成计算。

从 GPU 的角度来讲，只需要四个 core 就可以完成长度为 8 的数组求和算法，将四个 core 编号为 0，1，2，3。第一个时钟下，两两相加的结果通过 0 号 core 计算，放入了 0 号 core 可以访问到的内存中，另外两对分别由 1 号 2 号 3 号 core 来计算，第二个时钟继续按照之前的算法计算，只需要 0 号和 1 号两个 core 即可完成。以此类推，最终的结果将在第三个时钟由 0 号 core 计算完成，并储存在 0 号 core 可以访问到的内存中。这样实际三次就能完成长度为 8 的数组求和计算，如图 2-4 所示。

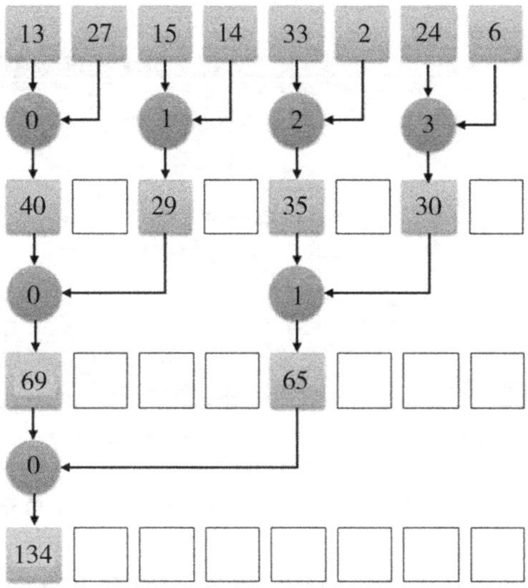


**图 2-4　GPU 数组求和过程**

如果 GPU 想要完成上述的推理计算过程，显然，多个 core 之间要可以共享一段内存空间，以此来完成数据之间的交互，需要多个 core 可以在共享的内存空间中完成读/写的操作。希望每个 core 都有交互数据的能力，但是不幸的是，一个 GPU 里面可以包含数以千计的 core，如果使得这些 core 都可以访问共享的内存段是非常困难和昂贵的。出于成本的考虑，折中的解决方案是将各类 GPU 的 core 分类为多个组，形成多个流处理器（Streaming Multiprocessors，简称为 SMs）。

## 二、图灵 TU102 GPU 架构

图灵 TU102 GPU 具有 144 个 FP64 单元（每平方米 2 个）（图 2-5）。FP64 TFLOP 速率是 FP32 操作的 TFLOP 速率的 1/32 。包含少量的 FP64 硬件单元，以确保任何使用 FP64 代码的程序都能正确运行。英伟达（NVLink）允许每个 GPU 直接访问其他连接的

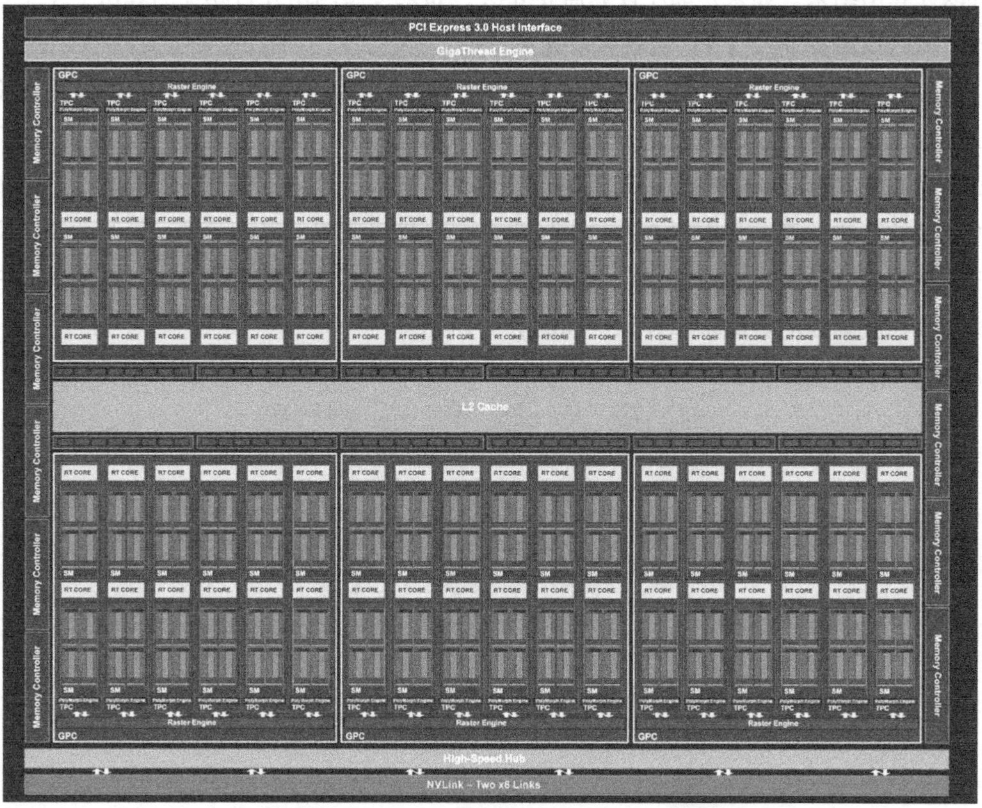


图 2-5　图灵 TU102 全 GPU 带 72 个 SM 单元

GPUs 的内存，提供更快的 GPU-GPU 通信，并允许组合来自多个 GPUs 的内存以支持更大的数据集和更快的内存计算。TU102 包括两个 NVLink x8 链路，每个链路在每个方向上的传输速率高达 25Gbps，双向总带宽为 100Gbps 。

单个 SM 的图灵架构如图 2-6 所示。每个 TPC（纹理处理集群）包括两个 SMs ，每个 SM 共有 64 个 FP32 核和 64 个 INT32 核。图灵 SM 支持 FP32 和 INT32 操作的并发执行，每个图灵 SM 还包括 8 个混合精度的图灵张量核心和一个 RT 核心。

**1. FP32 Cores**

执行单进度浮点运算，在 TU102 卡中，每个 SM 由 64 个 FP32 核，图灵 102 由 72 个 SM，因此，FP32 Core 的数量是 72×64。

**2. FP64 Cores**

实际上每个 SM 都包含了 2 个 64 位浮点计算核心 FP64 Cores，用来计算双精度浮点运算，虽然上图没有画出，但是实际是存在的。

**3. Integer Cores**

这些 core 执行一些对整数的操作，例如地址计算，可以和浮点运算同时执行指令。在前几代 GPU 中，执行这些整型操作指令都会使得浮点运算的管道停止工作。TU102 总共

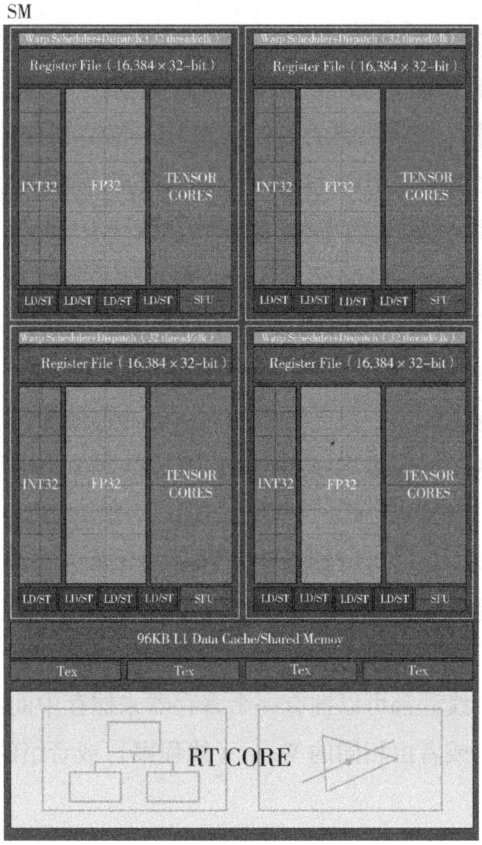


**图 2-6　图灵 TU102 流处理器（SM）**

有 4 608 个 Integer Cores，每个 SM 有 64 个 integer Cores。

**4. Tensor Cores**

Tensor Cores（张量 core）是 FP16 单元的变种，认为是半精度单元，致力于张量积算加速常见的深度学习操作。

图灵 Tensor Core 还可以执行 INT8 和 INT4 精度的操作，用于可以接受量化而且不需要 FP16 精度的应用场景，在 TU102 中，每个 SM 有 8 个张量 Tensor Cores，一共有 8×72 个 Tensor Cores。

在大致描述了 GPU 的执行部分之后，回到上文提出的问题，各个核心之间如何完成彼此的协作？

在 4 个 SM 块的底部有 1 个 96kB 的 L1 Cache。这个高速缓冲存储器段是允许各个 core 都可以访问的段，在 L1 Cache 中每个 SM 都有一块专用的共享内存。

作为芯片上的 L1 Cache，它的大小是有限的，但非常快，肯定比访问 GMEM（全局存储）快得多。

实际上 L1 Cache 拥有两个功能，一个是用于 SM 上 Core 之间相互共享内存，另一个则是普通的 cache 功能。

当 core 需要协同工作，并且彼此交换结果的时候，编译器编译后的指令会将部分结果储存在共享内存中，以便于不同的 core 获取到对应数据。

当用作普通高速缓冲存储器功能的时候，当 core 需要访问 GMEM 数据的时候，首先会在 L1 中查找，如果没找到，则回去 L2 cache 中寻找，如果 L2 cache 也没有，则会从 GMEM 中获取数据，L1 访问最快 L2 以及 GMEM 递减。

缓存中的数据将会持续存在，除非出现新的数据做替换。从这个角度来看，如果 core 需要从 GMEM 中多次访问数据，那么编程者应该将这块数据放入功能内存中，以加快他们的获取速度。

其实可以将共享内存理解为一段受控制的高速缓冲存储器，事实上 L1 cache 和共享内存是同一块电路中实现的。编程者有权决定 L1 的内存多少是用作高速缓冲存储器多少是用作共享内存。

最后，也是比较重要的是，可以储存各个 core 的计算中间结果，用于各个核心之间共享的内存段不仅仅可以是共享内存 L1，也可以是寄存器，寄存器是离 core 最近的内存段，但是也非常小。

最底层的思想是每个线程都可以拥有一个寄存器来储存中间结果，每个寄存器只能由相同的一个线程来访问，或者由相同的 Warp（线程束）或者组的线程访问。

## 第二节　边缘计算平台

### 一、边缘计算概念

边缘计算是在靠近物或数据源头的网络边缘侧，融合网络、计算、存储、应用核心能力的分布式开放平台，就近提供边缘智能服务，满足行业数字化在敏捷连接、实时业务、数据优化、应用智能、安全与隐私保护等方面的关键需求。它可以作为连接物理和数字世界的桥梁，使能智能资产、智能网关、智能系统和智能服务。

### 二、基本特点和属性

**1. 连接性**

连接性是边缘计算的基础。所连接物理对象的多样性及应用场景的多样性，需要边缘计算具备丰富的连接功能，如各种网络接口、网络协议、网络拓扑、网络部署与配置、网络管理与维护。连接性需要充分借鉴吸收网络领域先进研究成果，如 TSN（时效性网络）、

SDN（软件定义网络）、NFV（网络功能虚拟化）、Network as a Service（网络即服务）、WLAN（无线局域网）、NB-IoT（窄带物联网）、5G 等，同时还要考虑与现有各种工业总线的互联互通。

**2. 数据第一入口**

边缘计算作为物理世界到数字世界的桥梁，是数据的第一入口，拥有大量、实时、完整的数据，可基于数据全生命周期进行管理与价值创造，将更好地支撑预测性维护、资产效率与管理等创新应用；同时，作为数据第一入口，边缘计算也面临数据实时性、确定性、多样性等挑战。

**3. 约束性**

边缘计算产品需适配工业现场相对恶劣的工作条件与运行环境，如防电磁、防尘、防爆、抗振动、抗电流/电压波动等。在工业互联场景下，对边缘计算设备的功耗、成本、空间也有较高的要求。边缘计算产品需要考虑通过软硬件集成与优化，以适配各种条件约束，支撑行业数字化多样性场景。

**4. 分布性**

边缘计算实际部署天然具备分布式特征。这要求边缘计算支持分布式计算与存储、实现分布式资源的动态调度与统一管理、支撑分布式智能、具备分布式安全等能力。

**5. 融合性**

操作技术（Operation Technology，OT）与信息通信技术（Information and Communication Technology，ICT）的融合是行业数字化转型的重要基础。边缘计算作为“OICT”融合与协同的关键承载，需要支持在连接、数据、管理、控制、应用、安全等方面的协同。

## 三、边缘计算 CROSS 价值

**1. 连接的海量与异构（Connection）**

网络是系统互联与数据聚合传输的基石。伴随连接设备数量的剧增，网络运维管理、灵活扩展和可靠性保障面临巨大挑战。同时，工业现场长期以来存在大量异构的总线连接，多种制式的工业以太网并存，如何兼容多种连接并且确保连接的实时可靠是必须解决的现实问题。

**2. 业务的实时性（Real-time）**

工业系统检测、控制、执行的实时性高，部分场景实时性要求在 10ms 以内。如果数据分析和控制逻辑全部在云端实现，难以满足业务的实时性要求。

**3. 数据的优化（Optimization）**

当前工业现场存在大量的多样化异构数据，需要通过数据优化实现数据的聚合、数据的统一呈现与开放，以灵活高效地服务于边缘应用的智能。

**4. 应用的智能性（Smart）**

业务流程优化、运维自动化与业务创新驱动应用走向智能，边缘侧智能能够带来显著的效率与成本优势。以预测性维护为代表的智能化应用场景正推动行业向新的服务模式与商业模式转型。

**5. 安全与隐私保护（Security）**

安全跨越云计算和边缘计算之间的纵深，需要实施端到端防护。网络边缘侧由于更贴近万物互联的设备，访问控制与威胁防护的广度和难度因此大幅提升。边缘侧安全主要包含设备安全、网络安全、数据安全与应用安全。此外，关键数据的完整性、保密性，大量生产或人身隐私数据的保护也是安全领域需要重点关注的内容。

## 四、边缘计算与云计算协同

云计算适用于非实时、长周期数据、业务决策场景，而边缘计算在实时性、短周期数据、本地决策等场景方面有不可替代的作用。

边缘计算与云计算是行业数字化转型的两大重要支撑，两者在网络、业务、应用、智能等方面的协同将有助于支撑行业数字化转型更广泛的场景与更大的价值创造（表2-1）。

**表2-1　边缘计算与云计算协同**

| 协同点 | 边缘计算 | 云计算 |
|---|---|---|
| 网络 | 数据聚合 | 数据分析 |
| 业务 | Agent | 业务编排 |
| 应用 | 微应用 | 应用生命周期管理 |
| 智能 | 分布式管理 | 集中式训练 |

## 五、边缘计算参考架构

### （一）模型驱动的参考架构

参考架构基于模型驱动的工程方法（Model-Driven Engineering，MDE）进行设计。基于模型可以将物理和数字世界的知识模型化，从而实现：

**1. 物理世界和数字世界的协作**

对物理世界建立实时、系统的认知模型。在数字世界预测物理世界的状态、仿真物理世界的运行、简化物理世界的重构，然后驱动物理世界优化运行。能够将物理世界的全生命周期数据与商业过程数据建立协同，实现商业过程和生产过程的协作。

**2. 跨产业的生态协作**

基于模型化的方法，ICT 和各垂直行业可以建立和复用本领域的知识模型体系。ICT 行业通过水平化的边缘计算领域模型和参考架构屏蔽 ICT 技术复杂性，各垂直行业将行业 Know-How 进行模型化封装，实现 ICT 行业与垂直行业的有效协作。

**3. 减少系统异构性，简化跨平台移植**

系统与系统之间、子系统与子系统之间、服务与服务之间、新系统与旧系统之间等基于模型化的接口进行交互，简化集成。基于模型，可以实现软件接口与开发语言、平台、工具、协议等解耦，从而简化跨平台的移植。

**4. 有效支撑系统的全生命周期活动**

包括应用开发服务的全生命周期、部署运营服务的全生命周期、数据处理服务的全生命周期、安全服务的全生命周期等。

ICT 行业在网络、计算、存储等领域面临着架构极简、业务智能、降低资本支出（CapEx）和运营支出（OpEx）等挑战，正在通过网络功能虚拟化（Network Function Virtualization，NFV）、软件定义网络（Software Defined Network，SDN）、模型驱动的业务编排、微服务等技术创新应对这些挑战。边缘计算作为 OT 和 ICT 融合的产业，其参考架构设计需要借鉴这些新技术和新理念。同时，边缘计算与云计算存在协同与差异，面临独特挑战，需要独特的创新技术（图 2-7）。

基于上述理念，边缘计算产业联盟（Edge Computing Consortium，ECC）提出了如下的边缘计算参考架构 2.0（图 2-7）。

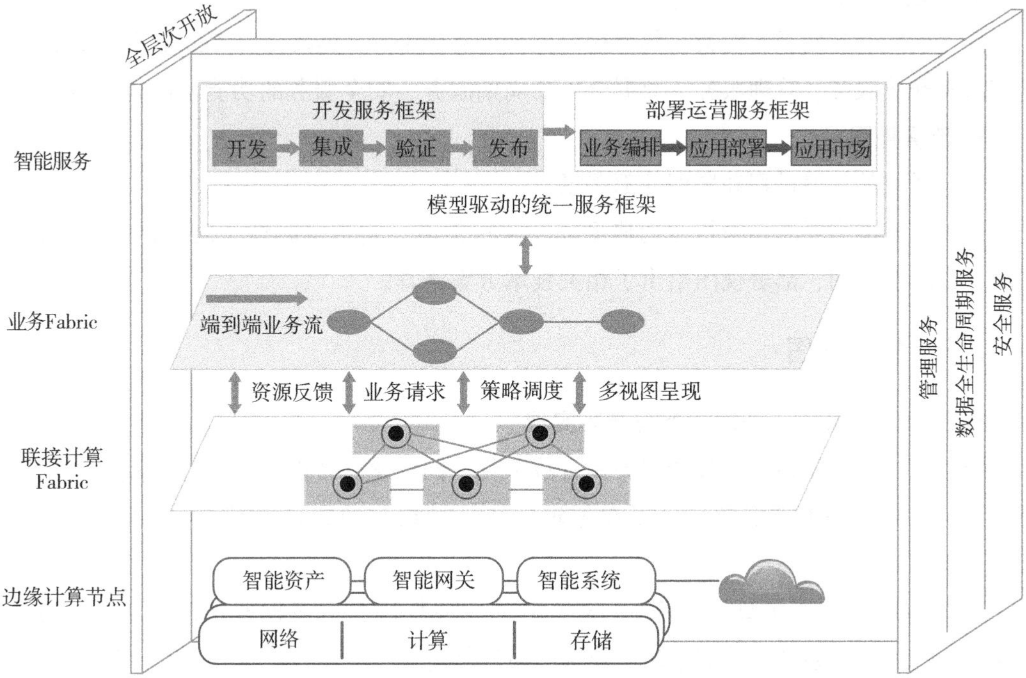


**图 2-7 边缘计算参考架构 2.0**

从架构的横向层次来看，具有如下特点：

（1）智能服务基于模型驱动的统一服务框架，通过开发服务框架和部署运营服务框架实现开发与部署智能协同，能够实现软件开发接口一致和部署运营自动化。

（2）智能业务编排通过业务 Fabric 定义端到端业务流，实现业务敏捷。

（3）连接计算 CCF（Connectivity and Computing Fabric）实现架构极简，对业务屏蔽边缘智能分布式架构的复杂性；实现 OICT 基础设施部署运营自动化和可视化，支撑边缘计算资源服务与行业业务需求的智能协同。

（4）智能 ECN（Edge Computing Node）兼容多种异构连接、支持实时处理与响应、提供软硬一体化安全等。

边缘计算参考架构在每层提供了模型化的开放接口，实现了架构的全层次开放；边缘计算参考架构通过纵向管理服务、数据全生命周期服务、安全服务，实现业务的全流程、全生命周期的智能服务。

## （二）多视图呈现

以 ISO/IEC/IEEE 42010：2011 架构定义国际标准为指导，将产业对边缘计算的关注点进行系统性的分析，并提出了解决措施和框架，通过如下三类视图来展示边缘计算参考架构：

**1. 概念视图**

阐述边缘计算的领域模型和关键概念。

**2. 功能设计视图**

阐述横向的开发服务框架、部署运营框架业务 Fabric、连接计算 Fabric 和 ECN，纵向的跨层次开放服务、管理服务、数据全生命周期服务、安全服务的功能与设计思路。

**3. 部署视图**

阐述系统的部署过程和典型的部署场景。

同时，架构需要满足跨行业的典型非功能性需求，包括实时性、确定性、可靠性等。为此，在功能视图、部署视图给出了相关技术方案推荐。

## （三）概念视图

**1. 边缘计算节点、开发框架与产品实现**

智能资产、智能系统、智能网关具有数字化、网络化、智能化的共性特点，都提供网络、计算、存储等 ICT 资源，可以在逻辑上统一抽象为边缘计算节点（Edge Computing Node，ECN）。

根据 ECN 节点的典型应用场景，系统定义了四类 ECN 开发框架。每类开发框架提供了匹配场景的操作系统、功能模块、集成开发环境等。

基于四类 ECN 开发框架，结合 ECN 节点所需要的特定硬件平台，可以构建六类产品实现。图 2-8 对上述过程做了概括总结。

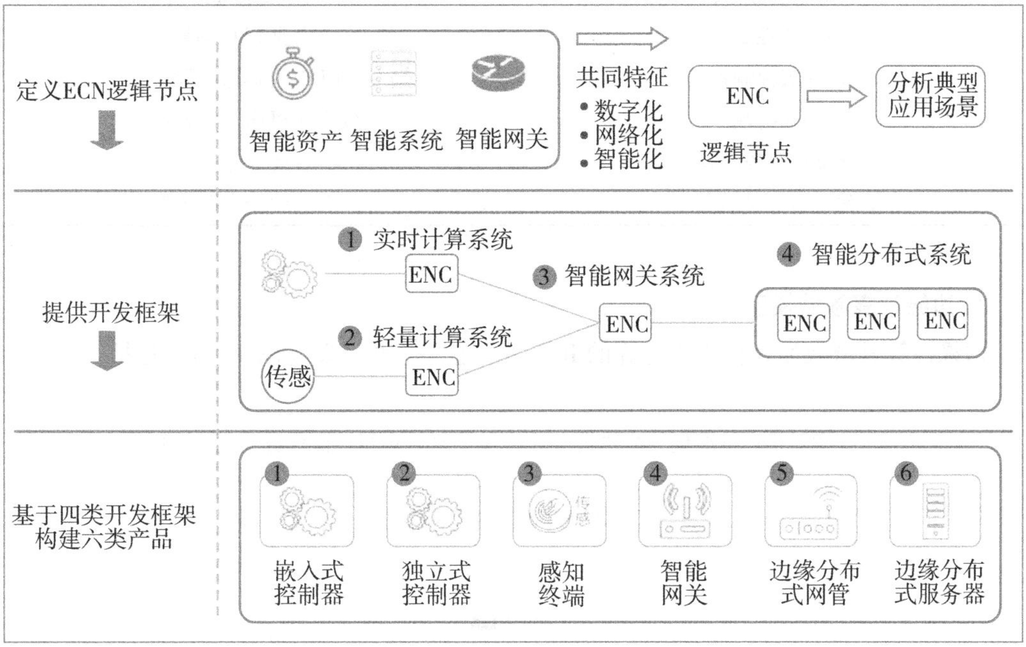


图 2-8　概念视图：ECN、开发框架和产品实现

（1）ECN 节点典型功能包括。

①总线协议适配。

②实时连接。

③实时流式数据分析。

④时序数据存取。

⑤策略执行。

⑥设备即插即用。

⑦资源管理。

（2）ECN 四类开发框架包括。

①实时计算系统框架。面向数字化的物理资产，满足应用实时性等需求。

②轻量计算系统框架。面向资源受限的感知终端，满足低功耗等需求。

③智能网关系统框架。支持多种网络接口、总线协议与网络拓扑，实现边缘本地系统互联并提供本地计算和存储能力，能够和云端系统协同。

④智能分布式系统框架。基于分布式架构，能够在边缘侧弹性扩展网络、计算和存储等能力，支持资源面向业务的动态管理和调度，能够和云端系统协同。

（3）ECN 六类产品实现如表 2-2 所示。

表 2-2　ECN 六类产品实现

| 产品实现 | 应用场景 |
|---|---|
| ICT 融合网关 | 梯联网、智慧路灯等场景 |
| 独立式控制器 | 工业 PLC 场景 |
| 嵌入式控制器 | vPLC、机器人等场景 |
| 感知终端 | 数字化机床、仪表场景 |
| 分布式业务网关 | 智能配电场景 |
| 边缘集群（边缘云） | 智能制造车间场景 |

## 2. 边缘计算领域模型

边缘计算领域模型是从边缘计算的 ICT 视角进行模型定义（图 2-9），包括：

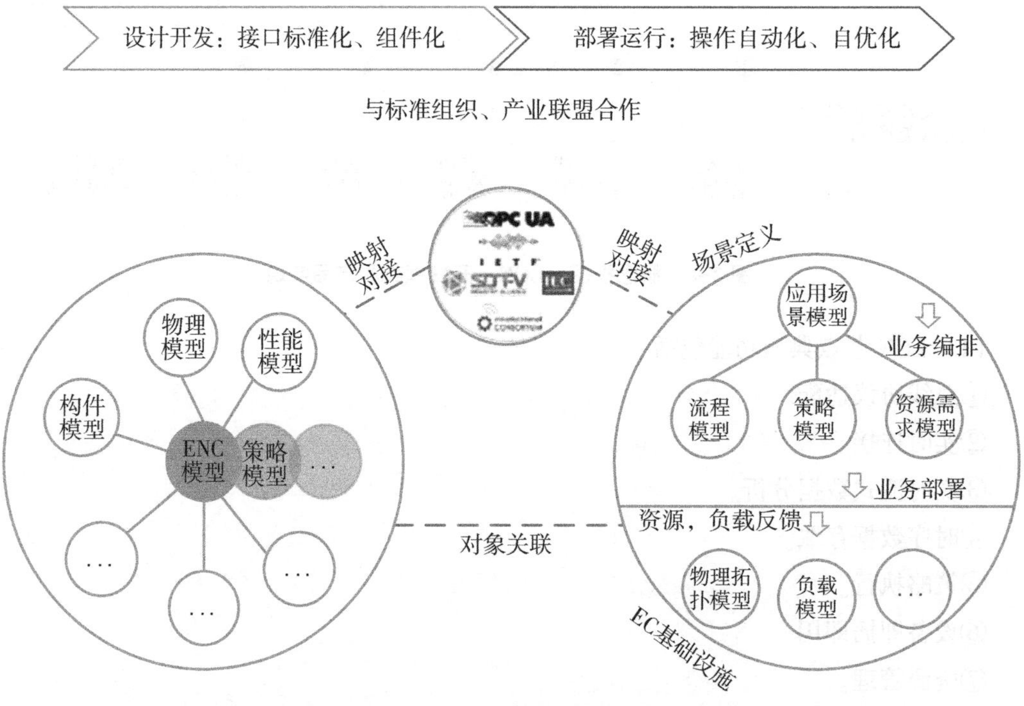


图 2-9　概念视图：面向全生命周期的模型服务

（1）设计阶段模型。定义 ECN 节点的标识、属性、功能、性能、派生继承关系等，为部署与运行阶段提供价值信息。

（2）部署阶段模型。主要包括业务策略、物理拓扑等模型。其中，业务策略模型是用业务语言，而不是机器语言来描述业务规则与约束，实现业务驱动边缘计算基础设施。业务策略模型可描述，可灵活复用和变更，使能业务敏捷。

（3）运行阶段模型。主要包括连接计算 Fabric 模型、运行负载模型等。基于这些模型可以监视和优化系统运行状态，实现负载在边缘分布式架构上的部署优化等。

通过模型驱动的统一服务框架能够实现边缘计算领域模型和垂直行业领域模型的相互映射和统一管理，从而复用垂直行业的领域模型（如 OPC UA 及其生态），实现边缘计算参考架构和行业平台、行业应用的易集成。

## （四）功能设计视图（图 2-10）

### 1. ECN

（1）基础资源层。包括网络、计算和存储 3 个基础模块。

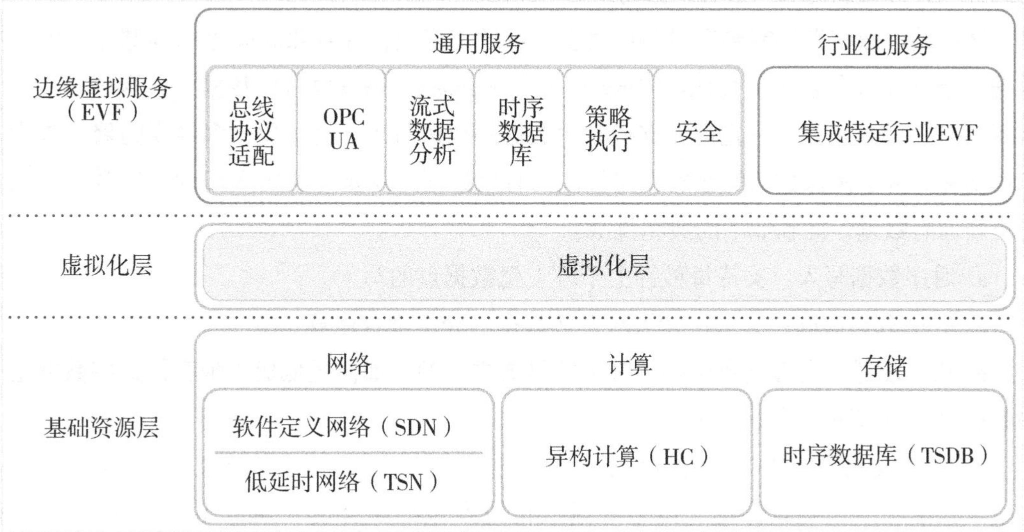


**图 2-10 功能视图：ECN 功能分层**

①网络。SDN（Software-Defined Networking）逐步成为网络技术发展的主流，其设计理念是将网络的控制平面与数据转发平面进行分离，并实现可编程化控制。将 SDN 应用于边缘计算，可支持百万级海量网络设备的接入与灵活扩展，提供高效低成本的自动化运维管理，实现网络与安全的策略协同与融合。

网络连接需要满足传输时间确定性与数据完整性。国际标准组织 IEEE 制定了 TSN（Time-Sensitive Networking）系列标准，针对实时优先级、时钟等关键服务定义了统一的技术标准，是工业以太连接未来的发展方向。

②计算。异构计算 HC（Heterogeneous Computing）是边缘侧关键的计算硬件架构。近年来，虽然摩尔定律仍然推动芯片技术不断取得突破，但物联网应用的普及带来了信息量爆炸式增长，而 AI 技术应用增加了计算的复杂度，这些对计算能力都提出了更高的要求。计算要处理的数据种类也日趋多样化，边缘设备既要处理结构化数据，同时也要处理非结构化的数据。同时，随着 ECN 节点包含了更多种类和数量的计算单元，成本成为了关注点。

为此，业界提出将不同类型指令集和不同体系架构的计算单元协同起来的新计算架构，即异构计算，以充分发挥各种计算单元的优势，实现性能、成本、功耗、可移植性等方面的均衡。

同时，以深度学习为代表的新一代 AI 在边缘侧应用还需要新的技术优化。当前，即使在推理阶段对一幅图片的处理也往往需要超过 10 亿次的计算量，标准的深度学习算法显然是不适合边缘侧的嵌入式计算环境。业界正在进行的优化方向包括自顶向下的优化，即把训练完的深度学习模型进行压缩来降低推理阶段的计算负载；同时，也在尝试自底向上的优化，即重新定义一套面向边缘侧嵌入系统环境的算法架构。

③存储。数字世界需要实时跟踪物理世界动态变化，并按照时间序列存储完整的历史数据。新一代时序数据库 TSDB（Time Series Database）是存放时序数据（包含数据的时间戳等信息）的数据库，并且需要支持时序数据的快速写入、持久化、多维度的聚合查询等基本功能。为了确保数据的准确和完整性，时序数据库需要不断插入新的时序数据，而不是更新原有数据。面临如下的典型挑战：

a. 时序数据写入：支持每秒钟上千万上亿数据点的写入。

b. 时序数据读取：支持在秒级对上亿数据的分组聚合运算。

c. 成本敏感：由海量数据存储带来的是成本问题。如何更低成本地存储这些数据是时序数据库需要解决的重中之重。

（2）虚拟化层。虚拟化技术降低了系统开发和部署成本，已经开始从服务器应用场景向嵌入式系统应用场景渗透。典型的虚拟化技术包括裸金属（Bare Metal）架构和主机（Host）架构，前者是虚拟化层的虚拟机管理器（Hypervisor）等功能直接运行在系统硬件平台上，然后再运行操作系统和虚拟化功能。后者是虚拟化层功能运行在主机操作系统上。前者有更好的实时性，智能资产和智能网关一般采用该方式。

（3）EVF（Edge Virtualization Function）层。EVF 是将功能软件化和服务化，并且与专有的硬件平台解耦。基于虚拟化技术，在同一个硬件平台上，可以纵向将硬件、系统和特定的 EVF 等按照业务进行组合，虚拟化出多个独立的业务区间并彼此隔离。ECN 的业务可扩展性能够降低 CapEx 并延长系统的生命周期。

EVF 可以灵活组合与编排，能够在不同硬件平台、不同设备上灵活迁移和弹性扩展，实现资源的动态调度和业务敏捷。

EVF 层提供如下可裁剪的多个基础服务：

①分布式的连接计算 Fabric 服务。

②OPC UA（开放性生产控制和统一架构）服务。

③实时流式数据分析服务。

④时序数据库服务。

⑤策略执行服务。

⑥安全服务。

（4）ECN 关键技术。

①软件定义网络（SDN）。SDN 采用与传统网络截然不同的控制架构，将网络控制平面和转发平面分离，采用集中控制替代原有分布式控制，并通过开放和可编程接口实现“软件定义”。SDN 不仅是新技术，而且变革了网络建设和运营的方式，从应用的角度构建网络，用 IT 的手段运营网络。

SDN 架构包括控制器、南/北向接口以及应用层的各类应用和基础设施层的各种网元。其中最重要的是 SDN 控制器，它实现对基础设施层的转发策略的配置和管理，支持基于多种流表的转发控制。

SDN 对边缘计算的独特价值如下：

a. 支持海量连接。支持百万级海量网络设备的接入与灵活扩展，能够集成和适配多厂商网络设备的管理。

b. 模型驱动的策略自动化。提供灵活的网络自动化与管理框架，能够将基础设施和业务发放功能服务化，实现智能资产、智能网关、智能系统的即插即用，大大降低对网络管理人员的技能要求。

c. 端到端的服务保障。对端到端的 GRE（通用路由封装）、L2TP（第二层隧道协议）、IPSec（互联网安全协议）、Vxlan（虚拟扩展本地局域网）等隧道服务进行业务发放，优化 QoS（服务质量）调度，满足端到端带宽、时延等关键需求，实现边缘与云的业务协同。

d. 架构开放。将集中的网络控制以及网络状态信息开放给智能应用，应用可以灵活快速地驱动网络资源的调度。

当前，边缘计算 SDN 技术已经成功应用于智能楼宇、智慧电梯等多个行业场景。

②低时延网络（TSN）。标准以太网技术已经广泛应用，具有传输速率高、拓扑灵活、传输距离远、成本有效等优点。同时，以太网技术由于传统 QoS 机制约束、CSMA/CD 冲突检测机制约束等无法保证实时性、确定性等行业关键需求。业界对标准以太网技术进行了优化，并提出了多种工业实时以太网技术的商业实现，多种商业实现并存的格局给互联互操作带来了障碍和挑战。

近些年，IEEE 802.1 定义了 TSN（Time Sensitive Network）技术标准，旨在推动实时以太网的标准化和互通，最终实现 OT 和 ICT 采用“一张网”，并带来如下价值：

a. 确定性：μs 级时延，低于 500ns 级抖动。

b. 接口带宽大于 1Gbps，满足工业机器视觉等场景的大带宽需求。

c. 通过多路径或冗余路径实现可靠的数据传输。

d. 与 SDN 技术相结合，实现对 TSN 网络和非 TSN 网络的统一调度管理。

TSN 设计理念是在标准的以太网物理层之上，在 MAC 层提供统一的低时延队列调度机制、资源预留机制、时钟同步机制、路径控制机制、配置管理模型等，能实现与标准以太网的互联互通。

当前，TSN已经建立起良好的产业协作生态，包括：电气与电子工程师协会（IEEE）负责标准制定，Avnu Alliance联盟负责互通认证，以边缘计算产业联盟（ECC）和工业互联网联盟（IIC）为代表的产业组织正在通过Testbed等活动进行产业示范和推广。

③异构计算（HC）。异构计算架构旨在协同和发挥各种计算单元的独特优势：CPU擅长对系统进行控制、任务分解、调度；GPU具有强大的浮点和向量计算能力，擅长矩阵和矢量运算等并行计算；FPGA（现场可编程门阵列）具有硬件可编程和低延时等优势；ASIC（专用集成电路）具有功耗低、性能高，成本有效等优势。

异构计算目标是整合同一个平台上分立的处理单元使之成为紧密协同的整体来协同处理不同类型的计算负荷。同时通过开放统一的编程接口，实现软件跨多种平台。

异构计算架构的关键技术如下：

a. 内存处理优化。传统架构下，不同计算单元间传递数据需要数据复制，不仅占用处理器资源，还同时占据了大量的系统总线带宽。异构计算让多个计算单元实现内存统一寻址，任何处理单元的数据可以轻易地被其他处理单元所访问，不必将数据复制一份到对方的内存区域中，大大提高了系统性能。

b. 任务调度优化。各种计算单元从过去主从关系变为平等的伙伴关系，可以根据任务情况，动态地确定最适合的计算单元来运行工作负载。涉及了调度算法、指令集、编译器等一系列的架构优化。

c. 集成工具链。为应用程序员提供了硬件、软件接口、基本的运行时环境，封装并隐藏了内存一致性，任务调度管理等复杂的底层细节，支持架构参数优化和任务调度优化，将应用移植工作量最小化。面向AI应用，开放集成多种AI训练和推理平台，兼容多厂商计算单元。

目前异构计算在芯片设计和边缘计算平台设计上都有应用。在芯片方面，整合了CPU+GPU资源，能够实现视频编解码加速。在计算平台方面，利用CPU+FPGA（或GPU）实现人工智能的功能已经被应用于智能交通以及智能机器人等领域。

④时序数据库（TSDB）。海量数据的高效写入、查询及分布式存储是时序数据库面临的关键挑战。其关键技术如下：

a. 分布式存储。分布式存储首先要考虑的是如何将数据分布到多台机器上面，也就是分片问题。分片可以基于时间戳+Tag+分级。将一定时间范围内的相同Tag（一个或多个字段相同的数据）并符合一定分级条件的数据作为相同分片存在相同机器上。存储前可以对数据进行压缩处理，既提高数据写入效率，又节省存储空间。

b. 分级存储。时序数据的时间戳是一种非常合适的分级依据，越近期的数据查询得越多，是热数据；越久以前的数据查询得越少，是冷数据。同时，分级往往结合存储成本等因素，将每个级别的数据存储在不同成本的存储介质（内存、HDD、SSD）上。

c. 基于分片的查询优化。查询时，根据查询条件查询所有的数据分片，所有的分片按照时间戳合并形成原始数据结果，当查询条件包含聚合运算时，会根据时间采样窗口对数据进行聚合运算，最后返回运算结果。

除了商业版本外，业界已经有大量的开源时序数据库，如 OpenTSDB，KairosDB，InfluxDB 等。数据库除了需要满足上述性能挑战外，很重要的是提供行业数据建模与可视化工具，支持与行业应用系统的快速集成。

**2. 业务 Fabric**

业务 Fabric 是模型化的工作流，由多种类型的功能服务按照一定逻辑关系组成和协作，实现特定的业务需求，是对业务需求的数字化表示。

服务的模型，包括服务名称、执行或提供什么样的功能，服务间的嵌套、依赖、继承等关系，每个服务的输入与输出，以及 QoS、安全、可靠性等服务约束。

服务的类型不仅包括边缘计算提供的通用服务，还包括垂直行业所定义的特定行业服务。

（1）业务 Fabric 的主要价值如下。

①聚集业务流程，屏蔽技术细节，帮助业务部门、开发部门、部署运营部门等建立有效合作。

②和 OICT 基础设施、硬件平台等解耦，实现跨技术平台，支撑业务敏捷。

③作为业务描述性模型，可继承、可复用，能够实现快速建模。

（2）业务 Fabric 功能如下。

①定义工作流和工作负载。

②可视化呈现。

③语义检查和策略冲突检查。

④业务 Fabric、服务等模型的版本管理。

**3. 连接计算 Fabric**

连接计算 Fabric 是一个虚拟化的连接和计算服务层。

（1）主要价值如下。

①屏蔽 ECN 节点异构性。

②降低智能分布式架构在数据一致性、容错处理等方面的复杂性。

③资源服务的发现、统一管理和编排。

④支持 ECN 节点间的数据和知识模型的共享。

⑤支持业务负载的动态调度和优化。

⑥支持分布式的决策和策略执行。

（2）主要功能如下。

①资源感知。可以感知每个 ECN 节点的 ICT 资源状态（如网络连接的质量，CPU 占

有率等）、性能规格（如实时性）、位置等物理信息等，为计算负载在边缘侧的分配和调度提供了关键输入。

②EVF 服务感知。它能感知系统提供了哪些 EVF 服务，这些服务分布在哪些 ECN 节点上，每个 EVF 服务在服务哪些计算任务、任务执行的状态等。从而为计算任务的调度提供输入。

③计算任务调度。既支持主动的任务调度，能够根据资源状态、服务感知、ECN 节点间的连接带宽、计算任务的 SLA 要求等，自动化地在将任务拆分成多个子任务并分配到多个 ECN 节点上协同计算。也支持把计算资源、服务资源等通过开放接口对业务开放，业务能够主动地控制计算任务的调度过程。

④数据协同。ECN 节点对南向的协议适配，ECN 节点之间的东西连接使用统一的数据连接协议。通过数据协同，节点间可以相互交互数据、知识模型等。ECN 节点需要知道特定的数据需要在哪些节点间共享，共享的方式包括简单的广播、Pub-Sub（发布-订阅）模式等。

⑤多视图呈现。能够按照租户、业务逻辑等进行业务呈现，屏蔽物理连接的复杂性。例如，每个租户只需要看到他所运行的计算任务，这些任务在计算连接 Fabric 上的分布情况。同时，也可以灵活地按需叠加所需要的智能资产、智能网关、智能系统的位置等物理信息（图 2-11）。

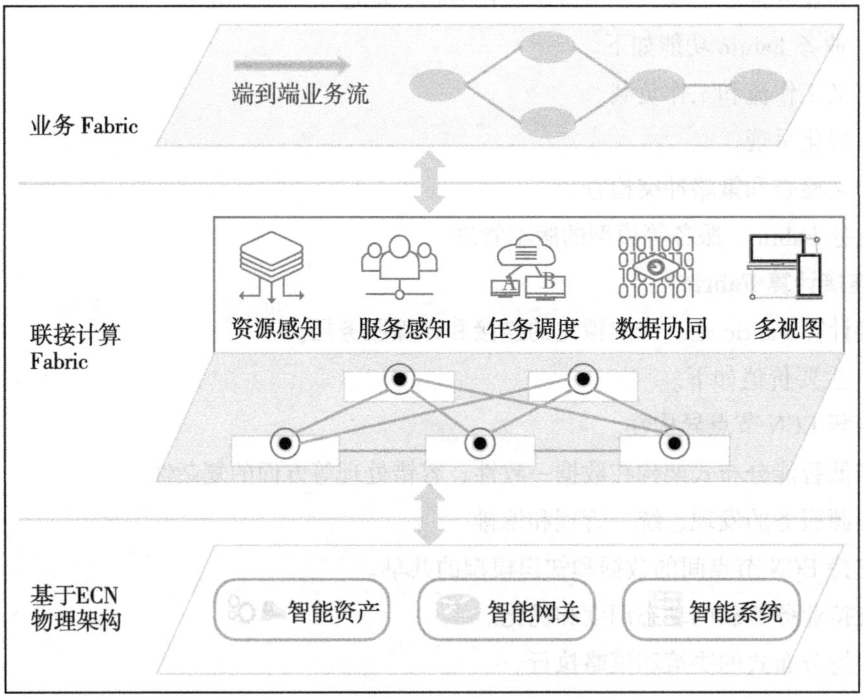


图 2-11　功能视图：连接计算 Fabric

⑥服务接口开放。通过开放接口提供计算任务请求、资源状态反馈、任务执行状态反馈等，屏蔽智能资产、智能网关和智能系统的物理差异。

**4. 开发服务框架（智能服务）**

通过集成开发平台和工具链集成边缘计算模型库和垂直行业模型库，提供模型与应用的开发、集成、仿真、验证和发布的全生命周期服务（图2-12）。

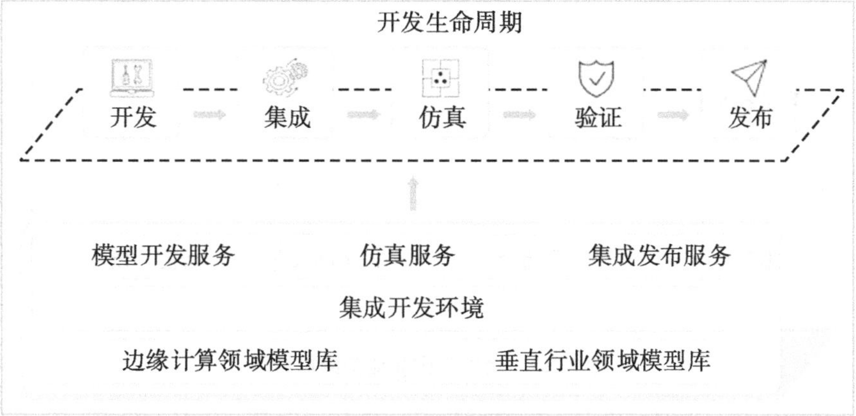


**图2-12　功能视图：开发服务框架**

（1）关键服务。支持如下的关键服务。

①模型化开发服务。定义架构、功能需求、接口需求等模型定义，支持模型和业务流程的可视化呈现，支持基于模型生成多语言的代码；支持边缘计算领域模型与垂直行业领域模型的集成、映射等；支持模型库版本管理。

②仿真服务。

a. 支持ECN节点的软硬件仿真，仿真要能够模拟目标应用场景的ECN节点规格（如内存、存储空间等）。系统需要支持组件细粒度化、组件可裁剪和重新打包（系统重置），以匹配ECN节点规格。

b. 基于仿真节点，能够进行面向应用场景的组网和系统搭建，并将开发的模型和应用在仿真环境下进行低成本、自动化的功能验证。

③集成发布服务。从基线库获得发布版本，调用部署运营服务，将模型与应用部署到实际的ECN节点。

**5. 部署运营服务框架（智能服务）**

包括业务编排、应用部署（略）和应用市场三个关键服务。

（1）业务编排。业务编排服务，一般基于三层架构（图2-13）

①业务编排器。编排器负责定义业务Fabric，一般部署在云端（公私云）或本地（智能系统上）。编排器提供可视化的工作流定义工具，支持CRUD（创建、读取、更新、删除）操作。编排器能够基于和复用开发服务框架已经定义好的服务模板、策略模板进行编

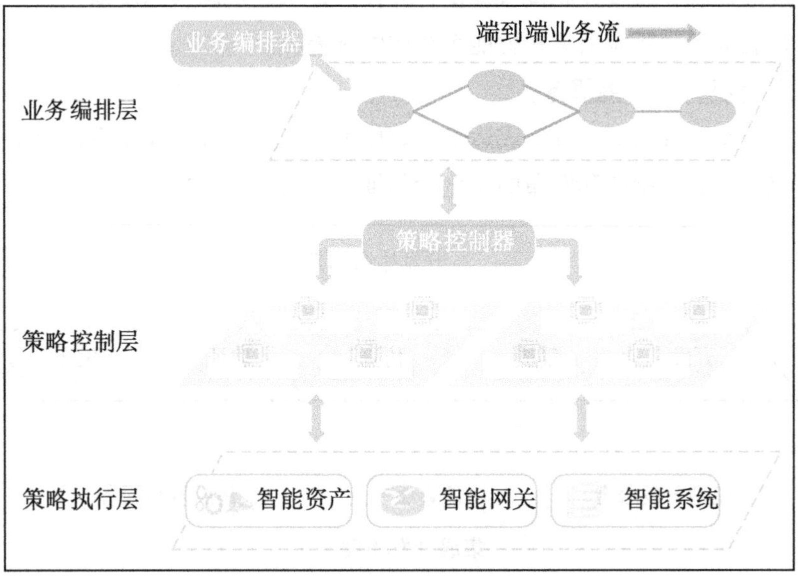


图 2-13　功能视图：业务编排分层

排。在下发业务 Fabric 给策略控制器前，能够完成工作流的语义检查和策略冲突检测等。

②策略控制器。为了保证业务调度和控制的实时性，通过在网络边缘侧部署策略控制器，实现本地就近控制。

策略控制器按照一定策略，结合本地的连接计算 Fabric 所支持的服务与能力，将业务 Fabric 所定义的业务流分配给本地某个连接计算 Fabric 进行调度执行。

考虑到边缘计算领域和垂直行业领域需要不同的领域知识和系统实现，控制器的设计和部署往往分域部署。由边缘计算领域控制器负责对安全、数据分析等边缘计算服务进行部署。涉及垂直行业业务逻辑的部分，由垂直行业领域的控制器进行分发调度。

③策略执行器。在每个 ECN 节点内置策略执行器模块，负责将策略翻译成本设备命令并在本地调度执行。ECN 节点既支持由控制器推送策略，也可以主动向控制器请求策略。

策略可以只关注高层次业务需求，而不对 ECN 节点进行细粒度控制，从而保证 ECN 节点的自主性和本地事件响应处理的实时性。

（2）应用市场服务。应用市场服务可以很好地连接需求方和供给方，将企业单边创新模式转变为基于产业生态的多边开放创新。供给方可以通过 App 封装行业 Know-How 并通过应用注册进行快捷发布，需求方可以通过应用目录方便地找到匹配需求的方案并进行应用订阅。

应用市场服务支持多样化的 App，包括基于工业知识构建的机理模型、基于数据分析方法构建的算法模型、可继承和复用的业务 Fabric 模型、支持特定功能（如故障诊断）的应用等。这些 App 既可以被最终用户直接使用，也可以通过基于模型的开放接口进行应用二次开发。

**6. 管理服务**

支持面向终端设备、网络设备、服务器、存储、数据、业务与应用的隔离、安全、分布式架构的统一管理服务。

支持面向工程设计、集成设计、系统部署、业务与数据迁移、集成测试、集成验证与验收等全生命周期。

**7. 数据全生命周期服务**

（1）边缘数据特点。边缘数据是在网络边缘侧产生的，包括机器运行数据、环境数据以及信息系统数据等，具有高通量（瞬间流量大）、流动速度快、类型多样、关联性强、分析处理实时性要求高等特点。

与互联网等商业大数据应用相比，边缘数据的智能分析有如下特点和区别：

①因果对关联。边缘数据主要面向智能资产，这些系统运行一般有明确的输入输出的因果关系，而商业大数据关注的是数据关联关系。

②高可靠性对较低可靠。制造业、交通等行业对模型的准确度和可靠性要求高，否则会带来财产损失甚至人身伤亡。而商业大数据分析对可靠性要一般较低。边缘数据的分析要求结果可解释，所以黑盒化的深度学习方式在一些应用场景受到限制。将传统的机理模型和数据分析方法相结合是智能分析的创新和应用方向。

③小数据对大数据。机床、车辆等资产是人设计制造的，其运行过程中的多数数据是可以预知的，其异常、边界等情况下的数据才真正有价值。商业大数据分析则一般需要海量的数据。

（2）数据全生命周期服务。可以通过业务 Fabric 定义数据全生命周期的业务逻辑，包括指定数据分析算法等，通过连接计算 Fabric 优化数据服务的部署和运行，满足业务实时性等要求。

数据全生命周期服务包括（图 2-14）：

①数据预处理。对原始数据的过滤、清洗、聚合、质量优化（剔除坏数据等）和语义解析。

②数据分析。基于流式数据分析对数据即来即处理，可以快速响应事件和不断变化的业务条件与需求，加速对数据执行持续分析。

提供常用的统计模型库，支持统计模型、机理模型等模型算法的集成。支持轻量的深度学习等模型训练方法。

③数据分发与策略执行。基于预定义规则和数据分析结果，在本地进行策略执行。或者将数据转发给云端或其他 ECN 节点进行处理。

④数据可视化和存储。采用时序数据库等技术可以大大节省存储空间并满足高速的读写操作需求。利用 AR、VR 等新一代交互技术逼真呈现。

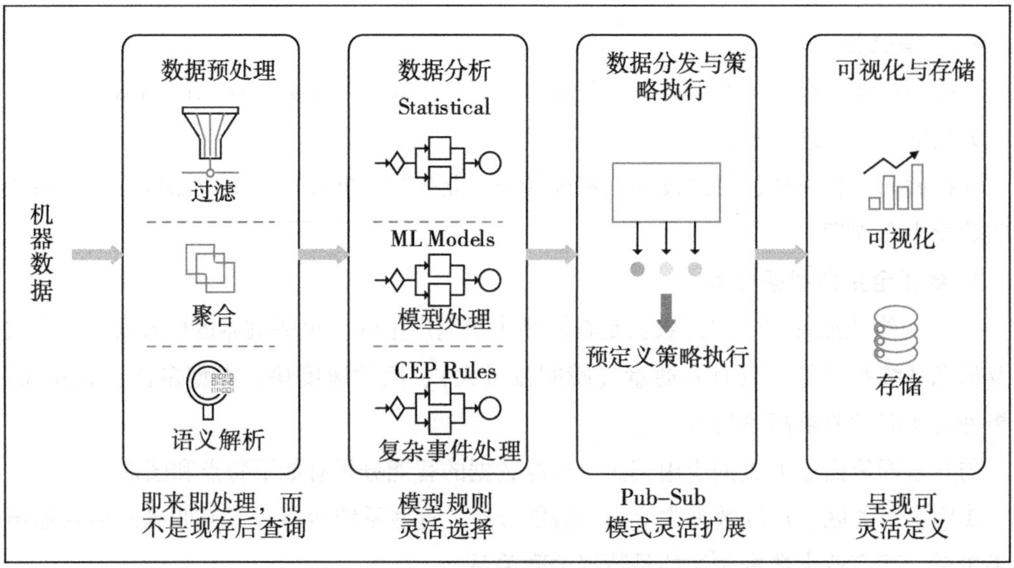


**图 2-14　功能视图：数据全生命周期服务**

**8. 安全服务**

（1）边缘计算架构的安全设计与实现首先需要考虑。

①安全功能适配边缘计算的特定架构。

②安全功能能够灵活部署与扩展。

③能够在一定时间内持续抵抗攻击。

④能够容忍一定程度和范围内的功能失效，但基础功能始终保持运行。

⑤整个系统能够从失败中快速完全恢复。

（2）边缘计算应用场景还需要考虑的独特性。

①安全功能轻量化，能够部署在各类硬件资源受限的 IoT 设备中。

②海量异构的设备接入，传统的基于信任的安全模型不再适用，需要按照最小授权原则重新设计安全模型（白名单）。

③在关键的节点设备（例如智能网关）实现网络与域的隔离，对安全攻击和风险范围进行控制，避免攻击由点到面扩展。

④安全和实时态势感知无缝嵌入到整个边缘计算架构中，实现持续的检测与响应。尽可能依赖自动化实现，但是也常需要人工干预发挥作用。

安全的设计需要覆盖边缘计算架构的各个层级，不同层级需要不同的安全特性。同时，还需要有统一的态势感知、安全管理与编排、统一的身份认证与管理，以及统一的安全运维体系，才能最大限度地保障整个架构安全与可靠（图 2-15）。

节点安全：需要提供基础的 ECN 安全、端点安全、软件加固和安全配置、安全与可靠远程升级、轻量级可信计算、硬件 Safety 开关等功能。安全与可靠的远程升级能够及时

**图 2-15 功能视图：安全服务**

完成漏洞和补丁的修复，同时避免升级后系统失效（也就是常说的“变砖”）。轻量级可信计算用于计算（CPU）和存储资源受限的简单物联网设备，解决最基本的可信问题。

网络（Fabric）安全：包含防火墙（Firewall）、入侵检测和防护（IPS/IDS）、DDoS 防护、VPN/TLS 功能，也包括一些传输协议的安全功能重用（例如 REST 协议的安全功能）。其中 DDoS 防护在物联网和边缘计算中特别重要，近年来，越来越多的物联网攻击是 DDoS 攻击，攻击者通过控制安全性较弱的物联网设备（例如采用固定密码的摄像头）来集中攻击特定目标。

数据安全：包含数据加密、数据隔离和销毁、数据防篡改、隐私保护（数据脱敏）、数据访问控制和数据防泄漏等。其中数据加密，包含数据在传输过程中的加密、在存储时的加密；边缘计算的数据防泄漏与传统的数据防泄漏有所不同，边缘计算的设备往往是分布式部署，需要特别考虑这些设备被盗以后，相关的数据即使被获得也不会泄漏。

应用安全：主要包含白名单、应用安全审计、恶意代码防范、WAF（Web 应用防火墙）、沙箱等安全功能。其中，白名单是边缘计算架构中非常重要的功能，由于终端的海量异构接入，业务种类繁多，传统的 IT 安全授权模式不再适用，往往需要采用最小授权的安全模型（例如白名单功能）管理应用及访问权限。

安全态势感知、安全管理与编排：网络边缘侧接入的终端类型广泛，数量巨大，承载的业务繁杂，被动的安全防御往往不能起到良好的效果。因此，需要采用更加积极主动的安全防御手段，包括基于大数据的态势感知和高级威胁检测，以及统一的全网安全策略执行和主动防护，从而更加快速响应和防护。再结合完善的运维监控和应急响应机制，则能够最大限度保障边缘计算系统的安全、可用、可信。

身份和认证管理：身份和认证管理功能遍布所有的功能层级。但是在网络边缘侧比较特殊的是，海量的设备接入，传统的集中式安全认证面临巨大的性能压力，特别是在设备集中上线时认证系统往往不堪重负。在必要的时候，去中心化、分布式的认证方式和证书管理成为新的技术选择。

# 第三节　4G 无线工业路由器

## 一、4G 无线工业路由器简述

4G 无线工业路由器基于多样的硬件接口、强大的软件功能、灵活的组网方式，用户可以快速组建自己的应用网络，在巡检机器人中主要用于数据和指令的传输。采用高性能的工业级 32 位通信处理器和工业级无线模块，以嵌入式实时操作系统作为软件支持平台，包括 RS232（或 RS485/RS422）、局域网 LAN、以太网 WAN 和 Wi-Fi，是一种高速工业物联网路由器，与 4G/3.5G/3G/2.5G 网络全面兼容，具有 VPN 链路、工业级保护和宽温度设置修正，能够简单地形成高速稳定的无线传输网络，使用公共 LTE 网络。

无线 4G 模块主要内置于原路由器中。通过运营商的 4G 网络拨号、网络 WCDMA、TD-SCDMA、数据传输、因特网接入等获得。路由器具有共享互联网的 Wi-Fi 功能，可以通过 4G 无线路由器访问互联网，根据需求不同，也可以拥有有线宽带接口。

## 二、4G 无线工业路由器组成

4G 无线工业路由器由 LAN 接口、WAN 接口、串行端口等。

### （一）LAN 接口

LAN 接口为局域网络，是局部地区形成的一个区域网络，其特点就是分布地区范围有限，可大可小，大到一栋建筑楼与相邻建筑之间的连接，小到可以是办公室之间的联系。局域网自身相对其他网络传输速度更快，性能更稳定，框架简易，并且是封闭性，这也是很多应用选择的原因所在。局域网自身的组成大体由计算机设备、网络连接设备、网络传输介质三大部分构成，其中，计算机设备又包括服务器与工作站，网络连接设备则包含了

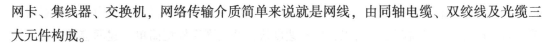

网卡、集线器、交换机，网络传输介质简单来说就是网线，由同轴电缆、双绞线及光缆三大元件构成。

**1. 传输介质**

按网络使用的传输介质分类，分为有线局域网和无线局域网。

（1）有线局域网。有线局域网使用了各种不同的传输技术。它们大多使用铜线作为传输介质，但也有一些使用光纤。局域网的大小受到限制，这意味着最坏情况下的传输时间也是有界的，并且事先可以知道。了解这些界限有助于网络协议的设计。通常情况下，有线局域网的运行速度在 100Mb/s 到 1Gb/s，延迟很低（微秒或者纳秒级），而且很少发生错误。较新的局域网可以工作在高达 10Gb/s 的速率。和无线网络相比，有线局域网在性能的所有方面都超过了无线网络。

许多有线局域网的拓扑结构是以点到点链路为基础的。俗称以太网的 IEEE 802.3 是迄今为止最常见的一种有线局域网。在交换式以太网中每台计算机按照以太网协议规定的方式运行，通过一条点到点链路连接到一个盒子，这个盒子称为交换机。

（2）无线局域网。无线局域网简称 WLAN，是在几千米范围内的公司楼群或是商场内的计算机互相连接所组建的计算机网络，一个无线局域网能支持几台到几千台计算机的使用。无线局域网可以传输音频、视频、文字。现在很多公司和校园都在用无线局域网。不仅能够提高办公的效率，还能快速传递信息。无线局域网的组建、维护管理都非常简单，而且很少被干扰，还能够节省网络费用的开支。

无线局域网的组建目标主要有两个标准。第一，灵活性和独立性较强。无线局域网的部件和相关设备的摆放不受任何空间限制。用户在连接到无线局域网以后。可以用自己的手机或笔记本等设备与系统网络进行连接，也不会影响到无线局域网的正常使用。第二，扩展性和先进性好。无线局域网的组建结构非常简单。它会随着当前科技信息技术的发展而进行更新，提升性能和升级系统，从而使得信息传输更加快速。

无线局域网的一个标准称为 IEEE 802.11，俗称 Wi-Fi，已经非常广泛地使用。在这个标准下的无线局域网大多使用的是 2.4GHz 或 5GHz 的射频。家庭一般只需要一个路由器就可以组建小型的无线局域网络，中等规模的企业通过多个路由器以及交换机，就能组建覆盖整个企业的中型无线局域网络，而大型企业则是需要通过一些中心化的无线控制器来组建强大的覆盖面广的大型无线局域网络。

**2. 拓扑结构**

局域网通常是分布在一个有限地理范围内的网络系统，一般所涉及的地理范围只有几千米。局域网专用性非常强，具有比较稳定和规范的拓扑结构。常见的局域网拓扑结构有星型、树型、总线型和环型。

（1）星型。这种结构的网络是各工作站以星型方式连接起来的，网中的每一个节点设备都以中心节点为中心，通过连接线与中心节点相连，如果一个工作站需要传输数据，它首先必须通过中心节点。由于在这种结构的网络系统中，中心节点是控制中心，任意两个节点间的通信最多只需两步，所以，传输速度快，并且网络构型简单、建网容易、便于控制和管理。但这种网络系统，网络可靠性低，网络共享能力差，并且一旦中心节点出现故障则导致全网瘫痪。

(2) 树型。树型结构网络是天然的分级结构，又被称为分级的集中式网络。其特点是网络成本低，结构比较简单。在网络中，任意两个节点之间不产生回路，每个链路都支持双向传输，并且，网络中节点扩充方便、灵活，寻查链路路径比较简单。

但在这种结构网络系统中，除叶节点及其相连的链路外，任何一个工作站或链路产生故障都会影响整个网络系统的正常运行。

(3) 总线型。总线型结构网络是将各个节点设备和一根总线相连。网络中所有的节点工作站都是通过总线进行信息传输的。作为总线的通信连线可以是同轴电缆、双绞线，也可以是扁平电缆。在总线结构中，作为数据通信必经的总线的负载能量是有限度的，这是由通信媒体本身的物理性能决定的。所以，总线结构网络中工作站节点的个数是有限制的，如果工作站节点的个数超出总线负载能量，就需要延长总线的长度，并加入相当数量的附加转接部件，使总线负载达到容量要求。总线型结构网络简单、灵活，可扩充性能好。所以，进行节点设备的插入与拆卸非常方便。另外，总线结构网络可靠性高、网络节点间响应速度快、共享资源能力强、设备投入量少、成本低、安装使用方便，当某个工作站节点出现故障时，对整个网络系统影响小。因此，总线结构网络是最普遍使用的一种网络。但是由于所有的工作站通信均通过一条共用的总线，所以，实时性较差。

(4) 环型。环型结构是网络中各节点通过一条首尾相连的通信链路连接起来的一个闭合环形结构网。环型结构网络的结构也比较简单，系统中各工作站地位相等。系统中通信设备和线路比较节省。

在网中信息设有固定方向单向流动，两个工作站节点之间仅有一条通路，系统中无信道选择问题；某个节点的故障将导致物理瘫痪。环网中，由于环路是封闭的，所以不便于扩充，系统响应延时长，且信息传输效率相对较低。

### (二) WAN 接口

WAN 接口是广域网接口。广域网（Wide Area Network，WAN），又称外网、公网。它是连接不同地区局域网或城域网计算机通信的远程网。通常跨接很大的物理范围，所覆盖的范围从几十千米到几千千米，它能连接多个地区、城市和国家，或横跨几个洲并能提供远距离通信，形成国际性的远程网络。广域网并不等同于互联网。路由器与广域网连接的接口称为广域网接口。

### (三) 串行接口

串行接口简称串口，也称串行通信接口（通常指 COM 接口），是采用串行通信方式的

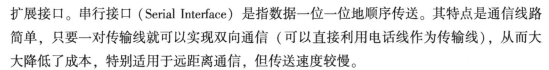

扩展接口。串行接口（Serial Interface）是指数据一位一位地顺序传送。其特点是通信线路简单，只要一对传输线就可以实现双向通信（可以直接利用电话线作为传输线），从而大大降低了成本，特别适用于远距离通信，但传送速度较慢。

**1. 传送方式**

串行通信的传送方式通常有 3 种。

（1）单向（或单工）配置，只允许数据向一个方向传送。

（2）半双工配置，允许数据向两个方向中的任一方向传送，但每次只能有一个站发送。

（3）全双工配置，允许同时双向传送数据，因此，全双工配置是一对单向配置，它要求两端的通信设备具有完整和独立的发送和接收能力。

**2. 通信方式**

串行通信进行数据传送时是将要传送的数据按二进制位，依据一定的顺序逐位发送到接收方。其有两种通信方式：异步通信和同步通信。

（1）异步通信。异步通信是最常采用的通信方式，采用固定的通信格式，数据以相同的帧格式传送。每一帧由起始位、数据位、奇偶校验位和停止位组成。在通信线上没有数据传送时处于逻辑“1”状态。当发送设备发送一个字符数据时，首先发出一个逻辑“0”信号，这个逻辑低电平就是起始位。起始位通过通信线传向接收设备，当接收设备检测到这个逻辑低电平后，就开始准备接收数据信号。因此，起始位所起的作用就是表示字符传送开始。起始位后面紧接着的是数据位，它可以是 5 位、6 位、7 位或 8 位。数据传送时，低位在前。

奇偶校验位用于数据传送过程中的数据检错，数据通信时通信双方必须约定一致的奇偶校验方式。就数据传送而言，奇偶校验位是冗余位，但它表示数据的一种性质。也有的不要校验位。

在奇偶校验位或数据位后紧接的是停止位，停止位可以是一位、也可以是 1.5 位或 2 位。接收端收到停止位后，知道上一字符已传送完毕，同时，也为接收下一字符作好准备。若停止位后不是紧接着传送下一个字符，则让线路保持为“1”。“1”表示空闲位，线路处于等待状态。存在空闲位是异步通信的特性之一。

（2）同步通信。同步通信时，通信双方共用一个时钟，这是同步通信区分于异步通信的最显著的特点。在异步通信中，每个字符要用起始位和停止位作为字符开始和结束的标志，以致占用了时间。所以在数据块传送时，为提高通信速度，常去掉这些标志，而采用同步通信。同步通信中，数据开始传送前用同步字符来指示（常约定 1~2 个），并由时钟来实现发送端和接收端的同步，即检测到规定的同步字符后，下面就连续按顺序传送数据，直到一块数据传送完毕。同步传送时，字符之间没有间隙，也不要起始位和停止位，仅在数据开始时用同步字符 SYNC（同生命令）来指示。

## 三、电气标准及协议

串行接口按电气标准及协议来分包括 RS-232、RS-422、RS-485 等。RS-232、RS-422 与 RS-485 标准只对接口的电气特性做出规定，不涉及接插件、电缆或协议。

### （一）RS-232

最常用的一种串行通信接口，也称标准串口，是在 1970 年由美国电子工业协会（EIA）联合贝尔系统、调制解调器厂家及计算机终端生产厂家共同制定的用于串行通信的标准。它的全名是“数据终端设备（DTE）和数据通信设备（DCE）之间串行二进制数据交换接口技术标准”。传统的 RS-232 接口标准有 22 根线，采用标准 25 芯 D 型插头座（DB25），后来使用简化为 9 芯 D 型插座（DB9），应用中 25 芯插头座已很少采用。

RS-232 采取不平衡传输方式，即所谓单端通信。由于其发送电平与接收电平的差仅为 2~3V，所以其共模抑制能力差，再加上双绞线上的分布电容，其传送距离最大约为 15m，最高速率为 20Kbps。RS-232 是为点对点（即只用一对收、发设备）通信而设计的，其驱动器负载为 3~7kΩ。所以 RS-232 适合本地设备之间的通信。

### （二）RS-422

RS-422 标准全称是“平衡电压数字接口电路的电气特性”，它定义了接口电路的特性。典型的 RS-422 是四线接口。实际上还有一根信号地线，共 5 根线。由于接收器采用高输入阻抗和发送驱动器比 RS-232 更强的驱动能力，故允许在相同传输线上连接多个接收节点，最多可接 10 个节点。即一个主设备（Master），其余为从设备（Slave），从设备之间不能通信，所以 RS-422 支持点对多的双向通信。接收器输入阻抗为 4kΩ，故发端最大负载能力是 10×4kΩ+100Ω（终接电阻）。RS-422 四线接口由于采用单独的发送和接收通道，因此不必控制数据方向，各装置之间任何必需的信号交换均可以按软件方式（XON/XOFF 握手）或硬件方式（一对单独的双绞线）实现。

RS-422 的最大传输距离为 1 219 m，最大传输速率为 10Mbps。其平衡双绞线的长度与传输速率成反比，在 100kbps 速率以下，才可能达到最大传输距离。只有在很短的距离下才能获得最高速率传输。一般 100m 长的双绞线上所能获得的最大传输速率仅为 1Mbps。

### （三）RS-485

RS-485 是从 RS-422 基础上发展而来的，所以 RS-485 许多电气规定与 RS-422 相仿。如都采用平衡传输方式、都需要在传输线上接终接电阻等。RS-485 可以采用二线与四线方式，二线制可实现真正的多点双向通信，而采用四线连接时，与 RS-422 一样只能实现点对多的通信，即只能有一个主（Master）设备，其余为从设备，但它比 RS-422 有改进，无论四线还是二线连接方式总线上可多接到 32 个设备。

RS-485 与 RS-422 的不同还在于其共模输出电压是不同的，RS-485 是-7～+12V 之间，而 RS-422 在-7～+7V 之间，RS-485 接收器最小输入阻抗为 12kΩ、RS-422 是 4kΩ；由于 RS-485 满足所有 RS-422 的规范，所以 RS-485 的驱动器可以在 RS-422 网络中应用。

RS-485 与 RS-422 一样，其最大传输距离约为 1 219m，最大传输速率为 10Mbps。平衡双绞线的长度与传输速率成反比，在 100kbps 速率以下，才可能使用规定最长的电缆长度。只有在很短的距离下才能获得最高速率传输。一般 100m 长双绞线最大传输速率仅为 1Mbps。

## （四）移动通信

4G 无线工业路由器 2G/3G/4G 信号自切换。双 4G 天线信号更稳定，除了 FDD-LTE/TD-LTE 两种 LTE 标准外，还可向下兼容 2G/3G，支持 TD-SCDMA/WCDMA/EDGE。

### 1. 4G

4G 是指第四代移动电话通信标准，包括 TDD-LTE 和 FDD-LTE 两种制式。LTE 是 Long Term Evolution 的缩写，即长期演进技术，LTE 在技术被认为是 3.9G，通常还是把它们称为 4G，因为它具有 100Mbps 的数据下载能力（指 cat3 下行带宽），是 3G 网速的 10 倍左右，同时也是 3G 技术向 4G 演进的关键过程。

LTE 标准由 TDD 和 FDD 两种不同的双工模式组成，TDD 代表时分双工，也就是说上下行在同一频段上按照时间分配交叉进行，而 FDD 则是上下行分处不同频段同时进行，这两种制式虽然名义上是由 TD-SCDMA 和 WCDMA 演进而来。

TDD-LTE 是一种以时分为特点的 4G 制式，即上下行在同一个频点的时隙分配。在 TDD 模式的移动通信系统中，基站到移动台之间的上行和下行通信使用同一频率信道（即载波）的不同时隙，用时间来分离接收和传送信道，某个时间段由基站发送信号给移动台，另外的时间由移动台发送信号给基站。TD-LTE 上行理论速率为 50Mbps，下行理论速率为 100Mbps。

FDD-LTE 是一种以频分为特点的 4G 制式，即上下行通过不同的频点区分。其上行理论速率为 40Mbps，下行理论速率为 150Mbps，是当前世界上采用最广泛的、终端种类最丰富的一种 4G 标准。

（1）4G 的技术特点。

a. 高速率。4G 的信息传输速率要比 3G 高一个等级，从 2Mb/s 提高到 10Mb/s。

b. 灵活性强。4G 采用智能技术，可自适应地进行资源分配。采用智能信号处理技术对信道条件不同的各种复杂环境进行信号的正常收发。有很强的智能性、适应性和灵活性。

c. 兼容性好。目前 ITU（国际电信联盟标准）承认的、已有相当规模的移动通信标准有 GSM、CDMA 和 TDMA 三大分支，可通过 4G 标准的制定来解决兼容问题。

d. 用户共存性。4G 能根据网络的状况和信道条件进行自适应处理，使低、高速用户和各种用户设备能够并存与互通，从而满足多类型用户的需求。

e. 业务多样性。未来通信中所需的是多媒体通信：个人通信、信息系统、广播和娱乐等将结合成一个整体。4G 能提供各种标准的通信业务，满足宽带和综合多种业务需求。

f. 技术基础较好。4G 将以几项突破性技术为基础，如 OFDM（正交频分复用技术）、无线接入、软件无线电等，能大幅提高频率使用效率和系统可实现性。

g. 随时随地的移动接入。4G 利用无线接入技术，提供语音、高速信息业务、广播及娱乐等多媒体业务接入方式，用户可随时随地接入系统。

h. 自治的网络结构。4G 网络将是一个完全自治、自适应的网络。可自动管理、动态改变自己的结构以满足系统变化和发展的要求。

（2）4G 网络结构。4G 系统针对各种不同业务的接入系统，通过多媒体接入连接到基于 IP 的核心网中。基于 IP 技术的网络结构使用户可实现在 3G、4G、WLAN 及固定网间无缝漫游。4G 网络结构可分为三层：物理网络层、中间环境层、应用网络层。物理网络层提供接入和路由选择功能，中间环境层的功能有网络服务质量映射、地址变换和完全性管理等。物理网络层与中间环境层及其应用环境之间的接口是开放的，使发展和提供新的服务变得更容易，提供无缝高数据率的无线服务，并运行于多个频带，这一服务能自适应于多个无线标准及多模终端，跨越多个运营商和服务商，提供更大范围服务。

4G 网络有如下特征：

a. 支持现有的系统和将来系统通用接入的基础结构。

b. 与 Internet 集成统一，移动通信网仅仅作为一个无线接入网。

c. 具有开放、灵活的结构，易于扩展。

d. 是一个可重构的、自组织的、自适应网络。

e. 智能化的环境，个人通信、信息系统、广播、娱乐等业务无缝连接为一个整体，满足用户的各种需求。

f. 用户在高速移动中，能够按需接入系统，并在不同系统无缝切换，传送高速多媒体业务数据。

g. 支持接入技术和网络技术各自独立发展。

（3）4G 通信系统的关键技术。

a. 正交频分调制（OFDM）技术。OFDM 的英文全称为（Orthogonal Frequency Division Multiplexing），中文含义为正交频分复用技术。OFDM 是一种无线环境下的高速传输技术，它采用一种不连续的多音调技术，将被称为载波的不同频率中的大量信号合并成单一的信号，从而完成信号传送。未来无线多媒体业务既要求数据传输速率高，又要保证传输质量，这就要求所采用的调制解调技术既要有较高的信元速率，又要有较长的码元周期，OFDM 技术正满足这一需求。无线信道的频率响应曲线大多是非平坦的，OFDM 技术的主要思想就是在频域内将给定信道分成许多正交子信道，在每个子信道上使用一个子载波进行调制，各子载波并行传输，这样尽管总的信道是非平坦的，但每个子信道是相对平坦的。且在各子信道上进行的是窄带传输，信号带宽小于信道带宽，大大消除信号波形间的干扰。OFDM 技术的最大优点是能对抗频率选择性衰落和窄带干扰，从而减小各子载波间的相互干扰，提高频谱利用率。

b. 软件无线电。软件无线电是将标准化、模块化的硬件功能单元经一通用硬件平台，利用软件加载方式来实现各类无线电通信系统的一种开放式结构的技术。通过不同软件程序，在硬件平台上实现在不同系统中利用单一终端漫游。其核心思想是在尽可能靠近天线的地方使用宽带 A/D 和 D/A 变换器，尽可能多地用软件来定义无线功能。其软件系统包括各类无线信令规则与处理软件、信号流变换软件、调制解调算法软件、信道纠错编码软件、信源编码软件等。软件无线电技术主要涉及数字信号处理硬件（DSPH）、现场可编程器件（FPGA）、数字信号处理（DSP）等。

c. 智能天线（SA）。智能天线具有抑制信号干扰、自动跟踪及数字波束调节等功能，被认为是未来移动通信的关键技术。智能天线成形波束可在空间域内抑制交互干扰，增强特殊范围内想要的信号，既能提高信号质量又能增加传输容量。其基本原理是在无线基站端使用天线阵和相干无线收发信机来实现射频信号的收发，同时，通过基带数字信号处理器，对各天线链路上接收到的信号按一定算法进行合并，实现上行波束赋形。

目前，智能天线的工作方式主要有全自适应方式和基于预多波束的波束切换方式。全自适应智能天线虽然从理论上讲可以达到最优，但相对而言，各种算法均存在所需数据量，计算量大，信道模型简单，收敛速度较慢，在某些情况下甚至可能出现错误收敛等缺点，实际信道条件下，当干扰较多、多径严重，特别是信道快速时变时，很难对某一用户进行实时跟踪。在基于预多波束的切换波束工作方式下，全空域被一些预先计算好的波束分割覆盖，各组权值对应的波束有不同的主瓣指向，相邻波束的主瓣间通常会有一些重叠，接收时的主要任务是挑选一个作为工作模式，与自适应方式相比它显然更容易实现，是未来智能天线技术发展的方向。

d. 多输入多输出技术（MIMO）。多输入多输出技术（MIMO）是指在基站和移动终端都有多个天线。MIMO 技术为系统提供空间复用增益和空间分集增益。空间复用是在接收端和发射端使用多副天线，充分利用空间传播中的多径分量，在同一频带上使用多个子信道发射信号，使容量随天线数量的增加而线性增加。空间分集有发射分集和接收分集两类。基于分集技术与信道编码技术的空时码可获得高的编码增益和分集增益，已成为该领域的研究热点。MIMO 技术可提供很高的频谱利用率，且其空间分集可显著改善无线信道的性能，提高无线系统的容量及覆盖范围。

**2. 3G**

3G 表示第三代移动通信技术。面向高速、宽带数据传输。国际电信联盟（ITU）称其为 IMT-2000（International Mobile Telecom-munication）。最高可提供 2Mb/s 的数据传输速率。主流技术为 CDMA 技术代表有 WCDMA（欧、日）、CDMA2000（美）和 TD-SCDMA（中）。

CDMA（码分多址）是一种信道复用技术，允许每个用户在同一时刻同一信道上使用同一频带进行通信，它将扩频技术应用于通信系统中，不仅抗干扰能力强、保密性好，而且具有抗衰落、抗多径和多址能力。

（1）通信原理。CDMA 通信系统中，不同用户传输信息所用的信号不是靠频率不同或时隙不同来区分，而是用各自不同的编码序列来区分，或者说，靠信号的不同波形来区分。如果从频域或时域来观察，多个 CDMA 信号是互相重叠的。接收机用相关器可以在多个 CDMA 信号中选出其中使用预定码型的信号。其他使用不同码型的信号因为和接收机本地产生的码型不同而不能被解调。它们的存在类似于在信道中引入了噪声和干扰，通常称为多址干扰。

在 CDMA 蜂窝通信系统中，用户之间的信息传输是由基站进行转发和控制的。为了实现双工通信，正向传输和反向传输各使用一个频率，即通常所谓的频分双工。无论正向传输或反向传输，除去传输业务信息外，还必须传送相应的控制信息。为了传送不同的信息，需要设置相应的信道。但是，CDMA 通信系统既不分频道又不分时隙，无论传送何种信息的信道都靠采用不同的码型来区分。类似的信道属于逻辑信道，这些逻辑信道无论从频域或者时域来看都是相互重叠的，或者说它们均占用相同的频段和时间。

①扩频原理。扩频原理框图如图 2-16 所示。由图可见，发射端是将待传输的信息码 $a(t)$ 经编码后，先对伪随机码 $c(t)$ 进行扩频调制，然后再对射频进行调制，得到输出信号为：

$$s(t)=b(t)c(t)$$

式中，$c(t)$ 的速率（chip/s）为 Rc；$b(t)$ 的速率（bit/s）为 Rb。通常 Rc 远大于 Rb，因而调制后的扩频信号带宽主要取决于 $c(t)$ 带宽。

信号通过无线传输后，将会受到噪声和其他信号的干扰。因此，接收端所收到的信号除有用信号外，还包含有干扰信号。即：

$$s'(t)=b(t)c(t)\cos[\omega_c t+\varphi(t)]+n(t)$$

式中，$n(t)$ 为噪声和干扰信号的总和。

接收机接收到的信号先用相干载波进行解调。

$$z(t)=s'(t)u'(t)=\{b(t)c(t)\cos[\omega_c t+\Phi(t)]+n(t)\}\cos[\omega_c t+\Phi(t)]$$

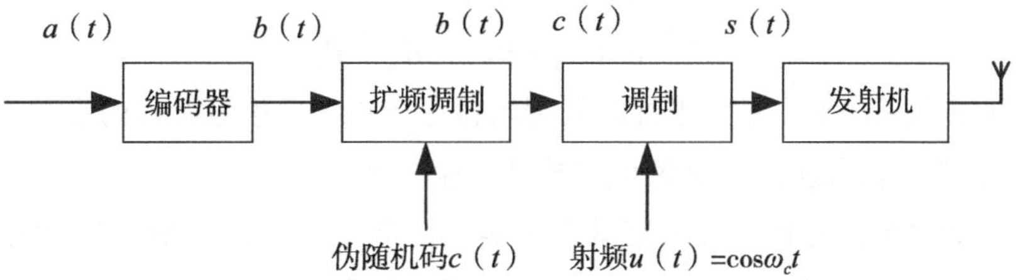


图 2-16　扩频原理框图

$$= \frac{1}{2}b(t)\,c(t)\,\{1 + \cos[2\,\omega_c t + 2\Phi(t)\,]\} + n(t)\cos\,[\,\omega_c t + \Phi(t)\,]$$

$z$（$t$）经宽带（带宽约为码片速率）滤波后，得：

$$G(t) = \frac{1}{2}b(t)c(t) + n'(t)$$

并将 $G(t)$ 与本地伪随机码 $c'(t)$ 相乘，即进行解扩处理。因 $c'(t)$ 与发射端的 $c(t)$ 码完全一致，所以输出信号 $V_0(t)$ 再经基带滤波器，基带滤波器的带宽为信号 $b(t)$ 的带宽，远小于解扩之前的宽带滤波器带宽，但还是宽带信号，经基带滤波后就只剩下很小一部分噪声功率。处理后其信号功率不变。所以解扩输出的信噪比要比解扩输入的信噪比大得多。再经解码器，就恢复成原始信号。

②扩频系统对噪声和干扰的抑制能力。扩频系统引入“处理增益” $G_p$ 的概念来衡量对噪声和干扰的抑制能力，$G_p$ 定义为接收机解扩器输出信噪比与输入信噪比之比，即：

$$G_p = \frac{(SNR)_0}{(SNR)_i}$$

式中，$(SNR)_i$ 为解扩器输入信噪比；$(SNR)_0$ 为解扩器输出信噪比；$G_p$ 越大，则抗干扰性能越强。

扩频系统有如下的抗噪声和抗干扰性能：扩频系统具有较强的抗白噪声性能。由于白噪声的功率谱是均匀分布在整个频率范围内，经解扩器后，其噪声功率谱密度分布不变，而信号经过相关解扩后，却变为窄带信号，但信号功率不变。我们可以用一个窄带滤波器排除带外的噪声，于是窄带内的信噪比就大大提高了。

若白噪声功率谱密度为 $N_0$，则解扩器的输入信噪比和输出信噪比分别为

$$(SNR)_i = \frac{S}{N_0 \cdot B_P}$$

和

$$(SNR)_0 = \frac{S}{N_0 \cdot B_m}$$

式中，$B_P$ 为扩频后（解扩前）信号所占有的带宽；$B_m$ 为扩频前（解扩后）信号所占有的带宽。于是有：

$$G_p = \frac{S/(N_0 \cdot B_m)}{S/(N_0 \cdot B_P)} = \frac{B_P}{B_m} = \frac{R_P}{R_m}$$

该式说明扩频系统对白噪声干扰的处理增益等于扩频后信号所占的带宽 $B_P$（或信息速率 $R_P$）与扩频前信号所占的带宽 $B_m$（或信息速率 $R_m$）之比。

其次，扩频系统具有抗单频和窄带干扰能力。单频干扰是一条线谱，经过相关解扩后，线谱被扩展为 $B_P$ 宽的功率谱，这时通过带通滤波器的干扰功率仅为输入干扰功率的 $B_m/B_P$ 倍。所以，处理增益同样为

$$G_p = \frac{B_P}{B_m} = \frac{R_P}{R_m}$$

扩频系统还具有抗宽带干扰性能。宽带干扰是指那些所占频带与扩频信号频带可以相比拟的信号，如多径干扰和多址干扰信号。由于这些干扰信号对有用信号是不相关的，经解扩后能量有所分散，不能像有用信号那样成为窄带信号。如果干扰信号的频谱足够宽时，则处理增益与白噪声的处理增益相同，即：

$$G_p = \frac{B_P}{B_m} = \frac{R_P}{R_m}$$

（2）技术特点。

①CDMA 是扩频通信的一种，它具有扩频通信的以下特点。

a. 抗干扰能力强。这是扩频通信的基本特点，是所有通信方式无法比拟的。

b. 宽带传输，抗衰落能力强。

c. 由于采用宽带传输，在信道中传输的有用信号的功率比干扰信号的功率低得多，因此信号好像隐蔽在噪声中；即功率谱密度比较低，有利于信号隐蔽。

d. 利用扩频码的相关性来获取用户的信息，抗截获的能力强。

②在扩频 CDMA 通信系统中，由于采用了新的关键技术而具有一些新的特点。

a. 采用了多种分集方式。除了传统的空间分集外。由于是宽带传输起到了频率分集的作用，同时在基站和移动台采用了 RAKE 接收机技术，相当于时间分集的作用。

b. 采用了话音激活技术和扇区化技术。因为 CDMA 系统的容量直接与所受的干扰有关，采用话音激活和扇区化技术可以减少干扰，可以使整个系统的容量增大。

c. 采用了移动台辅助的软切换。通过它可以实现无缝切换，保证了通话的连续性，减少了掉话的可能性。处于切换区域的移动台通过分集接收多个基站的信号，可以减低自身的发射功率，从而减少了对周围基站的干扰，这样有利于提高反向联路的容量和覆盖范围。

d. 采用了功率控制技术。这样降低了平准发射功率。

e. 具有软容量特性。可以在话务量高峰期通过提高误帧率来增加可以用的信道数。当相邻小区的负荷一轻一重时，负荷重的小区可以通过减少导频的发射功率，使本小区的边

缘用户由于导频强度的不足而切换到相邻小区，使负担分担。

f. 兼容性好。由于 CDMA 的带宽很大，功率分布在广阔的频谱上，功率化密度低，对窄带模拟系统的干扰小，因此两者可以共存。即兼容性好。

g. CDMA 的频率利用率高。不需频率规划，这也是 CDMA 的特点之一。

h. CDMA 高效率的 OCELP 话音编码。话音编码技术是数字通信中的一个重要课题。OCELP 是利用码表矢量量化差值的信号，并根据语音激活的程度产生一个输出速率可变的信号。这种编码方式被认为是效率最高的编码技术，在保证有较好话音质量的前提下，大大提高了系统的容量。这种声码器具有 8kbps 和 13kbps 两种速率的序列。8kbps 序列从 1. 2~9. 6kbps 可变，13kbps 序列则从 1. 8~14. 4kbps 可变。最近，又有一种 8kbps EVRC 型编码器问世，也具有 8kbps 声码器容量大的特点，话音质量也有了明显的提高。

（3）技术优势。CDMA 移动通信网是由扩频、多址接入、蜂窝组网和频率复用等几种技术结合而成，含有频域、时域和码域三维信号处理的一种协作，因此它具有抗干扰性好，抗多径衰落，保密安全性高，同频率可在多个小区内重复使用，容量和质量之间可做权衡取舍等属性。这些属性使 CDMA 比其他系统有很大的优势。

①系统容量大。理论上，在使用相同频率资源的情况下，CDMA 移动网比模拟网容量大 20 倍，实际使用中比模拟网大 10 倍，比 GSM 要大 4~5 倍。

②系统容量的配置灵活。在 CDMA 系统中，用户数的增加相当于背景噪声的增加，造成话音质量的下降。但对用户数并无限制，操作者可在容量和话音质量之间折中考虑。另外，多小区之间可根据话务量和干扰情况自动均衡。

这一特点与 CDMA 的机理有关。CDMA 是一个自扰系统，所有移动用户都占用相同带宽和频率，打个比方，将带宽想象成一个大房子，所有的人将进入唯一的大房子。如果他们使用完全不同的语言，他们就可以清楚地听到同伴的声音而只受到一些来自别人谈话的干扰。在这里，屋里的空气可以被想象成宽带的载波，而不同的语言即被当作编码，可以不断地增加用户直到整个背景噪声就限制住了。如果能控制住用户的信号强度，在保持高质量通话的同时，就可以容纳更多的用户。

③通话质量更佳。TDMA 的信道结构最多只能支持 4kb 的语音编码器，它不能支持 8kb 以上的语音编码器。而 CDMA 的结构可以支持 13kb 的语音编码器。因此可以提供更好的通话质量。CDMA 系统的声码器可以动态地调整数据传输速率，并根据适当的门限值选择不同的电平级发射。同时门限值根据背景噪声的改变而变，这样即使在背景噪声较大的情况下，也可以得到较好的通话质量。另外，TDMA 采用一种硬移交的方式，用户可以明显地感觉到通话的间断，在用户密集、基站密集的城市中，这种间断就尤为明显，因为在这样的地区每分钟会发生 2~4 次移交的情形。而 CDMA 系统“掉话”的现象明显减少，CDMA 系统采用软切换技术，“先连接再断开”，这样完全克服了硬切换容易掉话的缺点。

④频率规划简单。用户按不同的序列码区分，所以不相同 CDMA 载波可在相邻的小区

内使用，网络规划灵活，扩展简单。

⑤建网成本低。CDMA 技术通过在每个蜂窝的每个部分使用相同的频率，简化了整个系统的规划，在不降低话务量的情况下减少所需站点的数量，从而降低部署和操作成本。CDMA 网络覆盖范围大，系统容量高，所需基站少，降低了建网成本。

CDMA 数字移动技术与众所周知的 GSM 数字移动系统不同。模拟技术被称为第一代移动电话技术，GSM 是第二代，CDMA 是属于移动通信第二代半技术，比 GSM 更先进。

**3. 2G**

2G 表示第二代移动通信技术。移动通信技术从第一代的模拟通信系统发展到第二代的数字通信系统，以及之后的 3G、4G、5G，正以突飞猛进的速度发展。在第二代移动通信技术中，GSM 的应用最广泛。但是 GSM 系统只能进行电路域的数据交换，且最高传输速率为 9.6kbps，难以满足数据业务的需求。因此，欧洲电信标准委员会（ETSI）推出了通用分组无线业务（General Packet Radio Service，GPRS）。

分组交换技术是计算机网络上一项重要的数据传输技术。为了实现从传统语音业务到新兴数据业务的支持，GPRS 在原 GSM 网络的基础上叠加了支持高速分组数据的网络，向用户提供 WAP 浏览（浏览因特网页面）、E-mail 等功能，推动了移动数据业务的初次飞跃发展，实现了移动通信技术和数据通信技术（尤其是 Internet 技术）的完美结合。

GPRS 是介于 2G 和 3G 之间的技术，也被称为 2.5G。它后面还有个弟弟——EDGE，被称为 2.75G。它们为实现从 GSM 向 3G 的平滑过渡奠定了基础。

GPRS 的功能 GPRS 主要是在移动用户和远端的数据网络（如支持 TCP/IP、X.25 等网络）之间提供一种连接，从而给移动用户提供高速无线 IP 和无线 X.25 业务，它将使得通信速率从 56kbps 一直上升到 114kbps，以 GPRS 为技术支撑，可为实现电子邮件、电子商务、移动办公、网上聊天、基于 WAP 的信息浏览、互动游戏、FLASH 画面、多和弦铃声、PDA 终端接入、综合定位技术等，并且支持计算机和移动用户的持续连接。较高的数据吞吐能力使得可以使用手持设备和笔记本电脑进行电视会议和多媒体页面以及类似的应用。GPRS 可以让多个用户共享某些固定的信道资源，数据速率最高可达 164kbps。通常 GPRS 移动台分为 3 类。一是 GPRS A 类手机，A 类手机具有同时提供 GPRS 和电路交换承载业务的能力。即在同一时间内既进行一般的 GSM 话音业务又可以接收 GPRS 数据包。GPRS 业务推出后，用户将可以戴着基于蓝牙技术的集成式麦克风耳机，使用具有人类特性的 PDA，边打电话边在网上冲浪。二是 GPRS B 类手机，如果 MS 能同时侦听两个系统的寻呼信息，MS 可以同时附着在 GSM 系统和 GPRS 系统。三是 GPRS C 类手机，MS 要么附着在 GSM 网络，要么附着在 GPRS 网络。它只能通过人工的方式进行切换，没有办法同时进行两种操作。

（1）网络结构。GPRS 是在 GSM 网络的基础上增加新的网络实体来实现分组数据业务，GPRS 新增的网络实体：

①GPRS 支持节点（GPRS Support Node，GSN）。

GSN 是 GPRS 网络中最重要的网络部件，有 SGSN 和 GGSN 两种类型。

a. 服务 GPRS 支持节点（Serving GPRS Support Node，SGSN）。SGSN 的主要作用是记录 MS 的当前位置信息，提供移动性管理和路由选择等服务，并且在 MS 和 GGSN 之间完成移动分组数据的发送和接收。

b. GPRS 网关支持节点（Gateway GPRS Support Node，GGSN）。GGSN 起网关作用，把 GSM 网络中的分组数据包进行协议转换，之后发送到 TCP/IP 或 X.25 网络中。

②分组控制单元（Packet Control Unit，PCU）。PCU 位于 BSS，用于处理数据业务，并将数据业务从 GSM 语音业务中分离出来。PCU 增加了分组功能，可控制无线链路，并允许多用户占用同一无线资源。

③边界网关（Border Gateways，BG）。BG 用于 PLMN 间 GPRS 骨干网的互联，主要完成分属不同 GPRS 网络的 SGSN、GGSN 之间的路由功能，以及安全性管理功能，此外还可以根据运营商之间的漫游协定增加相关功能。

④计费网关（Charging Gateway，CG）。CG 是在电信网络核心网与计费中心之间的数据库系统，完成原始话单采集，话单预处理，话单存储，话单自动删除与备份工作。

⑤域名服务器（Domain Name Server，DNS）。GPRS 网络中存在两种 DNS。一种是 GGSN 同外部网络之间的 DNS，主要功能是对外部网络的域名进行解析，作用等同于因特网上的普通 DNS。另一种是 GPRS 骨干网上的 DNS，主要功能是在 PDP 上下文激活过程中根据确定的接入点名称（Access Point Name，APN）解析出 GGSN 的 IP 地址，并且在 SGSN 间的路由区更新过程中，根据原路由区号码，解析出原 SGSN 的 IP 地址。

（2）关键指标。

①容量指标。

a. PDCH 分配成功率。

PDCH 分配成功率=（1-分配失败次数/分配尝试次数）×100%

该指标反映了信道的拥塞情况，用来反映当符合信道分配条件，PCU 将 TCH 用作 PDCH 的成功率。

b. 每兆字节 PDCH 被清空次数。

每兆字节 PDCH 被清空次数=使用状态下的 PDCH 被清空次数/忙时流量

该指标反映了全部信道（TCH、PDCH）的拥塞情况。

c. PCU 资源拥塞率。

PCU 资源拥塞率=PCU 资源不足造成的信道分配失败次数/分配尝试次数×100%

该指标反映了 PCU 的公共设备资源是否存在不足。

d. 忙时平均激活 PDCH 数。该指标反映了小区或 BSC 内 PDCH 数量，与 TCH 资源相比可以反映出 PDCH 占用无线资源的比例。

e. 忙时数据总流量。分为上行流量和下行流量，下行流量更能反映业务量的情况。

f. 忙时每 PDCH 负荷。

忙时每 PDCH 负荷=忙时数据总流量/忙时平均激活 PDCH 数。

该指标反映了每个 PDCH 单位时间承载的数据量。这个指标要控制在 4kbps 以下。

②干扰指标包括 C/I、下行 BLER、上行 BLER。

③移动性能指标。

每兆字节小区重选次数=小区重选次数/忙时流量

短时间重选率=短时间小区重选次数/小区重选总次数×100%

乒乓重选率=乒乓重选次数/小区重选总次数×100%

（3）应用特点。手机上网还显得有些不尽如人意。因此，全面的解决方法 GPRS 也就这样应运而生了，这项全新技术可以在任何时间、任何地点都能快速方便地实现连接，同时费用又很合理。简单地说，速度上去了，内容丰富了，应用增加了，而费用却更加合理。

①高速数据传输。速度 10 倍于 GSM，还可以稳定地传送大容量的高质量音频与视频文件，可谓是巨大进步。

②永远在线。由于建立新的连接几乎无须任何时间（即无须为每次数据的访问建立呼叫连接），因而随时都可与网络保持联系，举个例子，若无 GPRS 的支持，当您正在网上漫游，而此时恰有电话接入，大部分情况下您不得不断线后接通来电，通话完毕后重新拨号上网。这对大多数人来说，的确是件非常令人恼火的事。而有了 GPRS，您就能轻而易举地解决这个冲突。

③仅按数据流量计费。即根据传输的数据量（如网上下载信息时）来计费，而不是按上网时间计费，也就是说，只要不进行数据传输，哪怕一直“在线”，也无须付费。做个“打电话”的比方，在使用 GSM+WAP 手机上网时，就好比电话接通便开始计费；而使用 GPRS+WAP 上网则要合理得多，就像电话接通并不收费，只有对话时才计算费用。总之，它真正体现了少用少付费的原则。

（4）技术特点。数据实现分组发送和接收，按流量计费；56~115kb/s 的传输速度。

GPRS 的应用，迟些还会配合蓝牙技术（Bluetooth）的发展。到时，数码相机加了蓝牙技术，就可以马上通过手机，把相片传送到遥远的地方，也不过一刻钟的时间。GPRS 是基本分组无线业务，采用分组交换的方式，数据速率最高可达 164kbps，它可以给 GSM 用户提供移动环境下的高速数据业务，还可以提供收发 E-mail、Internet 浏览等功能。在连接建立时间方面，GSM 需要 10~30s，而 GPRS 只需要极短的时间就可以访问到相关请求；而对于费用而言，GSM 是按连接时间计费的，而 GPRS 只需要按数据流量计费；GPRS 对于网络资源的利用率而相对远远高于 GSM。

（5）技术优势。

①相对低廉的连接费用。GPRS 引入了分组交换的传输模式，使得原来采用电路交换

模式的 GSM 传输数据方式发生了根本性的变化，这在无线资源稀缺的情况下显得尤为重要。按电路交换模式来说，在整个连接期内，用户无论是否传送数据都将独自占有无线信道。在会话期间，许多应用往往有不少的空闲时段，如上 Internet 浏览、收发 E-mail 等。对于分组交换模式，用户只有在发送或接收数据期间才占用资源，这意味着多个用户可高效率地共享同一无线信道，从而提高了资源的利用率。GPRS 用户的计费以通信的数据量为主要依据，体现了“得到多少、支付多少”的原则。实际上，GPRS 用户的连接时间可能长达数小时，却只需支付相对低廉的连接费用。

②传输速率高。GPRS 可提供高达 115kbps 的传输速率（最高值为 171.2kbps，不包括 FEC）。这意味着在数年内，通过便携式电脑，GPRS 用户能和 ISDN 用户一样快速地上网浏览，同时也使一些对传输速率敏感的移动多媒体应用成为可能。

③接入时间短。分组交换接入时间缩短为少于 1s，能提供快速即时的连接，可大幅度提高一些事务（如银行卡转账、远程监控等）的效率，并可使已有的 Internet 应用（如 E-mail、网页浏览等）操作更加便捷、流畅。

## 四、4G 无线工业路由器的作用

### 1. 提高数据处理和传输速度

用高性能 MIPS 内核，提供高容量内存缓存（DDR2-1Gbits）、强大卓越的性能，以满足大型数据传输应用（如图像和视频）的性能要求。

### 2. 网络和通信

4G 工业路由器使用高性能工业级 4G 无线模块，提供工业级高安全性和高精度组件、-40～+85℃极宽的温度校正画面、易于适应高温和寒冷的工作环境、可靠的网络和无人系统的网络安全通信。

### 3. 2G/3G/4G 信号自切换

双 4G 天线信号更稳定，除了 FDD-LTE/TD-LTE 两种 LTE 标准外，还可向下兼容 2G/3G，支持 TD-SCDMA/WCDMA/edge。

### 4. 稳定的 Wi-Fi 信号

双 Wi-Fi 天线信号支持 802.11b/g/n 和多达 24 个无线 STA 连接，可自动和手动选择频道。此外，Wi-Fi 信号支持 WPA/WPA2、WEP 等加密方式，Wi-Fi 信号安全稳定。

# 第三章　巡检机器人执行驱动技术

巡检机器人执行驱动技术主要是指巡检机器移动过程中运转所需要的关键技术，农业巡检机器人的执行模组主要包括伺服电机、伺服传感技术、伺服控制技术和功率变换器。伺服电机是控制机械元件运转的发动机，伺服传感技术能精确反映伺服系统的运行状态，伺服控制技术直接影响着伺服电机的运行状态，决定了整个系统的性能，功率变换器根据控制电路的指令，将电源单元提供的直流电能转变为伺服电机电枢绕组中的三相交流电流，以产生所需要的电磁转矩。

## 第一节　伺服电机

伺服电机（Servo motor）是指在伺服系统中控制机械元件运转的发动机，是一种补助马达间接变速装置。伺服电机是机器人系统中的核心组件，它根据控制信号精确地调整位置、速度和转矩，伺服电机通常配备有编码器，用于反馈电机的当前状态，包括位置、速度和方向。

### 一、电机基本原理

电机的基本原理是利用电磁感应定律，将电能转换为机械能或进行电能传递。电机主要由两个部分构成，分别是定子和转子。

定子是电动机的固定部分，通常由定子铁芯、定子绕组和基座等部件组成，其主要功能是产生旋转磁场。转子是电动机的转动部分，包括转子铁芯、转子绕组和转轴等部件，其作用是在旋转磁场的作用下获得转动力矩并转动。

当电动机的三相定子绕组（各相差 120°电角度）通入三相对称交流电后，会产生一个旋转磁场。这个旋转磁场会切割转子绕组，从而在转了绕组中产生感应电流（假设转子绕组是闭合通路）。载流的转子导体在定子旋转磁场作用下将产生电磁力，从而在电机转轴上形成电磁转矩，驱动电动机旋转。电机旋转方向与旋转磁场方向相同。

## 二、交流伺服系统的构成

交流伺服系统如图 3-1 所示，通常由交流伺服电机，功率变换器，速度、位置传感器及位置、速度、电流控制器构成。

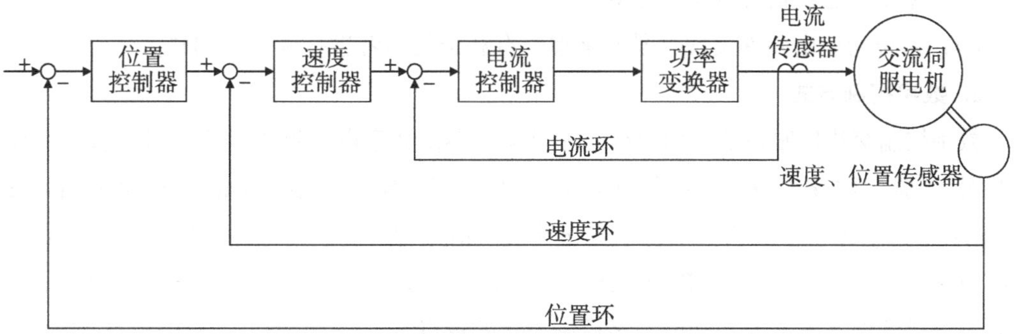


**图 3-1 交流伺服系统**

交流伺服系统具有电流反馈、速度反馈和位置反馈的三闭环结构形式，其中电流环和速度环为内环（局部环），位置环为外环（主环）。电流环的作用是使电机绕组电流实时、准确地跟踪电流指令信号，限制电枢电流在动态过程中不超过最大值，使系统具有足够大的加速转矩，提高系统的快速性。速度环的作用是增强系统抗负载扰动的能力，抑制速度波动，实现稳态无静差。位置环的作用是保证系统静态精度和动态跟踪的性能，这直接关系到交流伺服系统的稳定性和能否高性能运行，是设计的关键所在。

当传感器检测的是输出轴的速度、位置时，系统称为半闭环系统；当检测的是负载的速度、位置时，称为闭环系统；当同时检测输出轴和负载的速度、位置时，称为多重反馈闭环系统。

交流伺服电机的电机本体为三相永磁同步电机或三相笼型感应电机，其功率变换器采用三相电压型 PWM 逆变器。在数十瓦的小容量交流伺服系统中，也有采用电压控制两相高阻值笼型感应电机作为执行元件的，这种系统称为两相交流伺服系统。

## 三、交流伺服系统的分类

### （一）按伺服系统控制信号的处理方法分类

#### 1. 模拟控制方式

模拟控制交流伺服系统的显著标志是其调节器及各主要功能单元由模拟电子器件构

成，偏差的运算及伺服电机的位置信号、速度信号均用模拟信号来控制。系统中的输入指令信号、输出控制信号及转速和电流检测信号都是连续变化的模拟量，因此控制作用是连续施加于伺服电机上的。

模拟控制方式的特点是：

（1）控制系统的响应速度快，调速范围宽。

（2）易与常见的输出模拟速度指令的 CNC（Computerized Numerical Control）接口。

（3）系统状态及信号变化易于观测。

（4）系统功能由硬件实现，易于掌握，有利于使用者进行维护、调整。

**2. 数字控制方式**

数字控制交流伺服系统的明显标志是其调节器由数字电子器件构成，目前普遍采用的是微处理器、数字信号处理器（DSP）及专用 ASIC（Application Specific Integrated Circuit）芯片。系统中的模拟信号（如电流反馈信号和旋转变压器输出的转角信号）需经过离散化［采用 A/D 转换和 R/D（Resolver-to-Digital）转换］后，以数字量的形式参与控制。以微处理器技术为基础的数字控制方式的特点是：

（1）系统的集成度较高，具有较好的柔性，可实现软件伺服。

（2）温度变化对系统的性能影响小，系统的重复性好。

（3）易于应用现代控制理论，实现较复杂的控制策略。

（4）易于实现智能化的故障诊断和保护，系统具有较高的可靠性。

（5）易于与采用计算机控制的系统相接。

**3. 数字-模拟混合控制方式**

由于数字控制方式的响应速度由微处理器的运算速度决定，在现有技术条件下，要实现包括电流调节器在内的全数字控制，就必须采用 DSP 等高性能微处理器芯片，这导致全数字控制系统结构复杂、成本较高。为满足电流调节快速性的要求，全数字控制永磁交流伺服系统产品中，电流调节器虽已数字化，但其控制策略一般仍采用 PID 调节方式。同时，考虑到系统中模拟传感器（如电流传感器）的温漂和信号噪声的干扰及其数字化时引入的误差的影响，全数字化控制在性价比上并没有明显的优势。

目前永磁交流伺服系统产品中常用的是数模混合式控制方式，即伺服系统的内环调节器（如电流调节器）采用模拟控制，外环调节器（如速度调节器和位置调节器）采用数字控制。数模混合式控制兼有数字控制的高精度、高柔性和模拟控制的快速性、低成本的优点，成为现有技术条件下满足机电一体化产品发展对高性能伺服驱动系统需求的一种较理想的伺服控制方式，在数控机床和工业机器人等机电一体化装置中得到了较为广泛的应用。

**4. 软件伺服控制方式**

位置与速度反馈环的运算处理全部由微处理器进行处理的伺服控制，称为软件伺服控制。

伺服控制时，脉冲编码器、测速发电机检测到的电机转角和速度信号输入到微处理器内，微处理器中的运算程序对上述信号按照采样周期进行运算处理后发出伺服电机的驱动信号，对系统实施伺服控制。这种伺服控制方法不但硬件结构简单，而且软件可以灵活地对伺服系统做各种补偿。但是，因为微处理器的运算程序直接插入到伺服系统中，所以若采样周期过长，对伺服系统的特性就有影响，不但使控制性能变差，还使得伺服系统变得不稳定。这就要求微处理器具有高速运算和高速处理的能力。

基于微处理器的全数字伺服（软件伺服）控制器与模拟伺服控制器相比，具有以下优点：

（1）控制器硬件体积小、成本低。随着高性能、多功能微处理器的不断涌现，伺服系统的硬件成本变得越来越低。体积小、重量轻、耗能少是数字类伺服控制器的共同优点。

（2）控制系统的可靠性高。集成电路和大规模集成电路的平均无故障时间（MTBF）远比分立元件电子电路要长；在电路集成过程中采用有效的屏蔽措施，可以避免主电路中过大的瞬态电流、电压引起的电磁干扰问题。

（3）系统的稳定性好、控制精度高。数字电路温漂小，也不存在参数的影响。

（4）硬件电路标准化容易。可以设计统一的硬件电路，软件采用模块化设计，组合构成适用于各种应用对象的控制算法，以满足不同的用途。软件模块可以方便地增加、更改、删减，或者当实际系统变化时彻底更新。

（5）系统控制的灵活性好，智能化程度高。高性能微处理器的广泛应用，使信息的双向传递能力大大增强，容易和上位机联网运行，可随时改变控制参数；提高了信息监控、通信、诊断、存储及分级控制的能力，使伺服系统趋于智能化。

（6）控制策略的更新、升级能力强。随着微处理器芯片运算速度和存储器容量的不断提高，性能优异但算法复杂的控制策略有了实现的基础，为高性能伺服控制策略的实现提供了可能性。

### （二）按伺服系统的控制方式分类

#### 1. 开环伺服系统

开环伺服系统没有速度及位置测量元件，伺服驱动元件为步进电机或电液脉冲马达。控制系统发出的指令脉冲，经驱动电路放大后，送给步进电机或电液脉冲马达，使其转动相应的步距角度，再经传动机构，最终转换成控制对象的移动。由此可以看出，控制对象的移动量与控制系统发出的脉冲数量成正比。

由于这种控制方式对传动机构或控制对象的运动情况不进行检测与反馈，输出量与输入量之间只有前向作用，没有反向联系，故称为开环伺服系统。

显然开环伺服系统的定位精度完全依赖于步进电机或电液脉冲马达的步距精度及传动

机构的精度。与闭环伺服系统相比，由于开环伺服系统没有采取位移检测和校正误差的措施，对某些类型的数控机床，特别是大型精密数控机床，往往不能满足其定位精度的要求。此外，系统中使用的步进电机、电液脉冲马达等部件还存在着温升高、噪声大、效率低、加减速性能差，在低频段有共振区、容易失步等缺点。尽管如此，因为这种伺服系统结构简单，容易掌握，调试、维修方便，造价低，所以在数控机床的发展中仍占有一定的地位。

**2. 闭环伺服系统**

在闭环伺服系统中，速度、位移测量元件不断地检测控制对象的运动状态。当控制系统发出指令后，伺服电机转动，速度信号通过速度测量元件反馈到速度控制电路，被控对象的实际位移量通过位置测量元件反馈给位置比较电路，并与控制系统命令的位移量相比较，把两者的差值放大，命令伺服电机带动控制对象作附加移动，如此反复直到测量值与指令值的差值为零为止。

闭环伺服系统的输出量不仅受输入量（指令）的控制，还受反馈信号的控制。输出量与输入量之间既有前向作用，又有反向联系，所以称其为闭环控制或反馈控制。由于系统是利用输出量与输入量之间的差值进行控制的，故又称其为负反馈控制。

从理论上讲，闭环伺服系统的定位精度取决于测量元件的精度，但这并不意味着可降低对传动机构的精度要求。传动副间隙等非线性因素也会造成系统调试困难，严重时还会使系统的性能下降，甚至引起振荡。

**3. 半闭环伺服系统**

半闭环伺服系统不对控制对象的实际位置进行检测，而是用安装在伺服电机轴端上的速度、角位移测量元件测量伺服电机的转动，间接地测量控制对象的位移，角位移测量元件测出的位移量反馈回来，与输入指令比较，利用差值校正伺服电机的转动位置。因此，半闭环伺服系统的实际控制量是伺服电机的转动（角位移）。由于传动机构不在控制回路中，故这部分的精度完全由传动机构的传动精度来保证。

显然，半闭环伺服系统的定位精度介于闭环伺服系统和开环伺服系统之间。其优点：由于惯性较大的控制对象在控制回路之外，故系统稳定性较好，调试较容易，角位移测量元件比线位移测量元件简单，价格低廉。

## 四、交流伺服系统的常用性能指标

**1. 调速范围 $D$**

将伺服系统在额定负载时所提供的最高转速 $n_{max}$ 与最低转速 $n_{min}$ 之比称为调速范围

$$D=\frac{n_{max}}{n_{min}}$$

**2. 转矩脉动系数 $K_{Tr}$**

额定负载下，转矩波动的峰值 $\Delta T$ 与平均转矩 $T$ 之比，常用百分数表示：

$$K_{Tr} = \frac{\Delta T}{T_{avg}} \times 100\%$$

**3. 稳速精度**

伺服系统在最高转速、额定负载条件下，令电源电压变化、环境温度变化，或电源电压与环境温度都不变，连续运行若干小时，系统电机的转速变化与最高转速的百分比分别称为电压变化、温度变化和时间变化的稳速精度。

**4. 超调量**

伺服系统输入单位阶跃信号，时间响应曲线上超出稳态转速（终值）的最大转速值（瞬态超调）对稳态转速（终值）的百分比称为转速上升时的超调量。伺服系统运行在稳态转速，输入的信号骤降至零，时间响应曲线上超出零转速的反向转速的最大转速值（瞬态超调）将稳态转速的百分比称为速度下降时的超调量。

**5. 转矩变化的时间响应**

伺服系统正常运行时，对电机突然施加转矩负载和突然卸去转矩负载，电机转速的最大瞬态偏差及重新建立稳态的时间称为伺服系统对转矩变化的时间响应。

**6. 转速响应时间**

伺服系统在零转速下，从输入对应 $n_e$ 的阶跃信号开始，至转速第一次达到 0.95 $n_e$ 的时间。

**7. 静态刚度 $K$**

伺服系统处于空载零速工作状态，对电机轴端的正转方向或反转方向施加连续转矩 $T_L$，测量出转角的偏移量 $\Delta\theta_{rm}$，则：

$$K = \left| \frac{T_L}{\Delta\theta_{rm}} \right|$$

**8. 定位精度和稳态跟踪误差**

伺服系统的最终定位与指令目标值之间的静止误差定义为系统的定位精度，对于一个位置伺服系统，最低限度也应能对其指令输入的最小设定单位——1 个脉冲做出响应。当伺服系统对输入信号的瞬态响应过程结束以后，稳定运行时机械实际位置与指令目标值之间的误差定义为系统的稳态位置跟踪误差。位置伺服系统的稳态位置跟踪误差不仅与系统本身的结构有关，还取决于系统的输入指令形式。

## 五、交流伺服电机

采用三相永磁同步电机的交流伺服系统，相当于把直流电机的电刷和换向器置换成由功率半导体器件构成的开关，因此很多时候称为无刷直流伺服电机；有时交流伺服电机单指采用了三相笼型感应电机的伺服电机，当把两者一同叫作交流伺服电机时，通常称前者为同步型交流伺服电机，称后者为感应型交流伺服电机。

## （一）永磁同步电机（无刷直流伺服电机）

交流伺服电机中最为普及的是永磁同步电机，其励磁磁场由转子上的永磁体产生，通过控制三相电枢电流，使其合成电流矢量与励磁磁场正交而产生转矩。由于只需控制电枢电流就可以控制转矩，因此比感应型交流伺服电机控制简单。而且利用永磁体产生励磁磁场，特别是数千瓦的小容量同步型交流伺服电机比感应型效率更高。

为了减小转子的转动惯量、提高电机的效率和功率因数，同步型交流伺服电机的励磁一般采用磁性能好的稀土永磁体。由于永磁体存在去磁问题，如果电枢电流过大，就可能产生不可逆去磁，电机的转矩就不能正常输出，因此必须限制最大电枢电流。

在伺服系统中，有时要求在出现异常时进行制动，由于同步型交流伺服电机的转子上有永磁体，故用接触器和电阻把电枢绕组短路，就可以实现制动。

### 1. 永磁同步电机伺服控制系统的构成

永磁同步电机伺服控制系统的构成如图 3-2 所示。系统的基本部分由永磁同步电机（PMSM）、电压型 PWM 逆变器、电流传感器、速度、位置传感器、电流控制器等部分构成。如果需要进行速度和位置控制，还需要速度传感器、速度控制器、位置传感器以及位置控制器。通常，磁极位置传感器、速度传感器和位置传感器共用一个传感器。

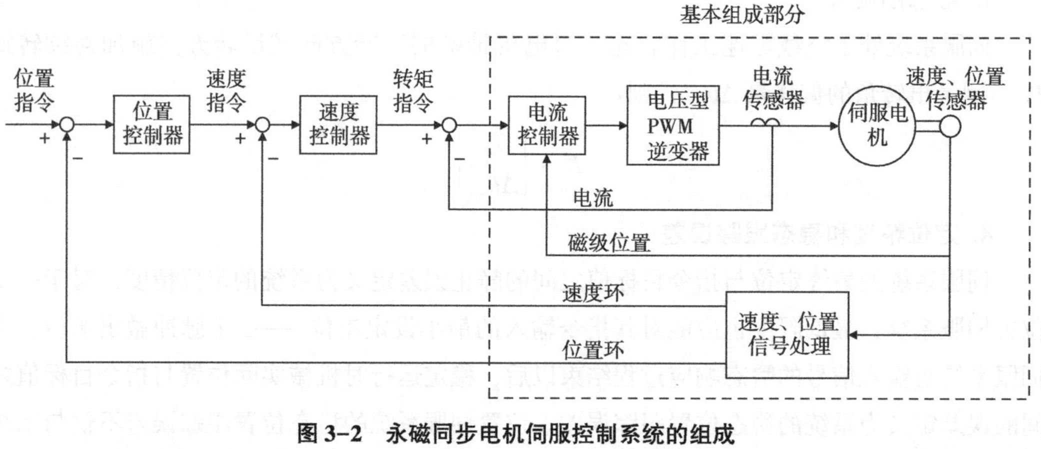


图 3-2　永磁同步电机伺服控制系统的组成

### 2. 永磁同步电机的结构与工作原理

永磁同步电机是由绕线式同步电机发展而来，它用永磁体代替了电励磁，从而省去了励磁线圈、滑环与电刷，其定子电流与绕线式同步电机基本相同，输入为对称正弦交流电，故称为交流永磁同步电机。

永磁同步电机由定子和转子两部分构成，如图 3-3 所示。定子主要包括电枢铁心和三相（或多相）对称电枢绕组，绕组嵌放在铁心的槽中；转子主要由永磁体、导磁轭和转轴构成。永磁体贴在导磁轭上，导磁轭为圆筒形，套在转轴上；当转子的直径较小时，可以直接把永磁体贴在导磁轴上。转子同轴连接有位置、速度传感器，用于检测转子磁极相对于定子绕组的相对位置以及转子转速。

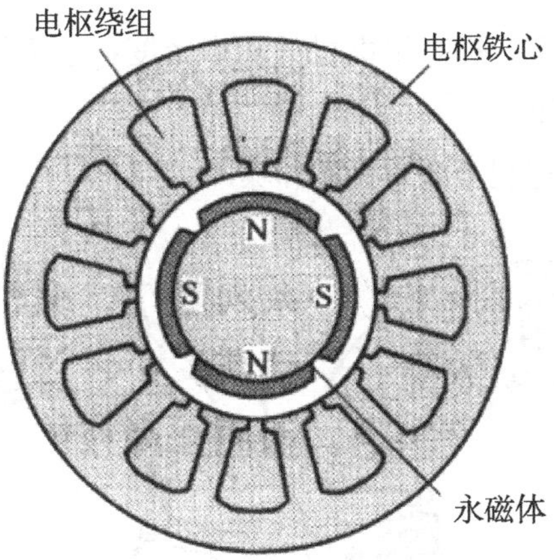


**图 3-3　永磁同步电机的结构示意图**

当永磁同步电机的电枢绕组中通过对称的三相电流时，定子将产生一个以同步转速推移的旋转磁场。在稳态情况下，转子的转速恒为磁场的同步转速。于是，定子旋转磁场与转子的永磁体产生的主极磁场保持静止，它们之间相互作用，产生电磁转矩，拖动转子旋转，进行机电能量转换。当负载发生变化时，转子的瞬时转速就会发生变化，这时，如果通过传感器检测转子的位置和速度，根据转子永磁体磁场的位置，利用逆变器控制定子绕组中电流的大小、相位和频率，便会产生连续的转矩作用到转子上，这就是闭环控制的永磁同步电机的工作原理。

**3. 永磁同步电机的类型**

根据电机具体结构、驱动电流波形和控制方式的不同，永磁同步电机具有两种驱动模式：一种是方波电流驱动的永磁同步电机；另一种是正弦波电流驱动的永磁同步电机。前者又称为无刷直流电机，后者又称为永磁同步交流伺服电机。

根据电枢绕组结构形式的不同，可以把永磁同步电机分为整数槽绕组结构（图 3-4a）和分数槽绕组（图 3-4b）结构两种。整数槽绕组的优势是电枢反应磁场均匀，对永磁体的去磁作用小；电磁转矩-电流的线性度高，电机的过载能力强。适合用于少极数、高转速、大功率的领域。而分数槽绕组的优点较多，主要如下。

（1）对于多极的正弦波交流永磁伺服电动机，可采用较少的定子槽数，有利于提高槽满率及槽利用率。同时，较少的元件数可以简化嵌线工艺和接线，有助于降低成本。

（2）增加绕组的分布系数，使电动势波形的正弦性得到改善。

（3）可以得到线圈节距 $y=1$ 的集中式绕组设计，线圈绕在一个齿上，缩短了线圈周长和端部伸出长度，减少了用铜量；线圈的端部没有重叠，可不放置相间绝缘（如图 3-5 所示的分数槽绕组电机定子便可以看出）。

（4）有可能使用专用绕线机，直接将线圈绕在齿上，取代传统嵌线工艺，提高了劳动生产率，降低了成本。

（5）减小了定子轭部厚度，提高了电机的功率密度；电机绕组电阻减小，铜损降低，进而提高电机效率和降低温升。

（6）降低了定位转矩，有利于减小振动和噪声。

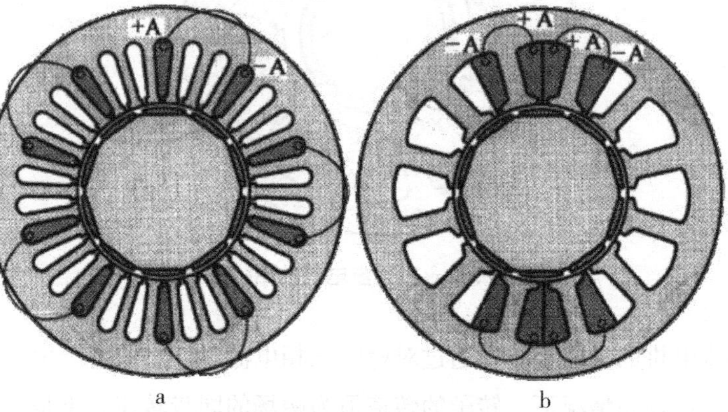


a. 整数槽绕组；b. 分数槽绕组

**图 3-4 永磁同步电机的绕组形式**

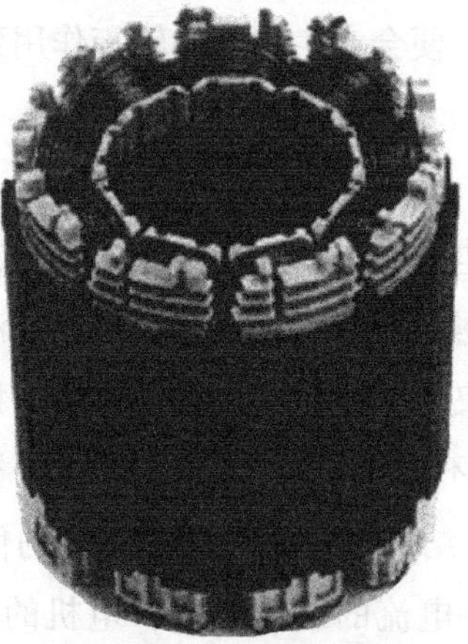

**图 3-5 具有分数槽绕组的电机定子**

根据电枢铁心有无齿槽，可以把永磁同步电机分为齿槽结构永磁同步电机和无槽结构永磁同步电机。

图 3-6 为无槽永磁同步电机的结构示意图。该结构电机的电枢绕组贴于圆筒形铁心的内表面上，采用环氧树脂灌封、固化。

无槽结构永磁同步电机从原理上消除了定位转矩，电枢反应小，转矩的线性度高；用于高速驱动时，电机的效率高、体积小、重量轻；用于低速驱动时，电机的振动小、噪声低、运行平稳、控制灵敏、动态特性好、过载能力强、可靠性高。

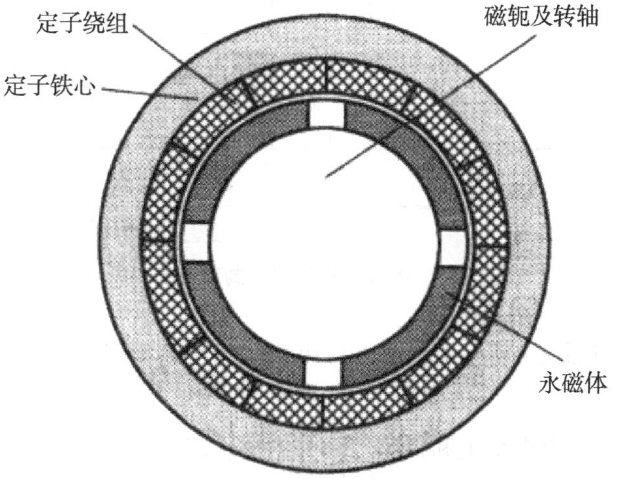


图 3-6　无槽结构永磁同步电机

永磁同步电机转子磁路结构不同，则电机的运行特性、控制方法等也不同。根据转子上永磁体安装位置的不同，可以把永磁同步电机分为表面永磁体同步电机（SPMSM）、外嵌永磁体同步电机和内嵌永磁体同步电机（IPMSM）三种。

## （二）感应型交流伺服电机

近年来，随着电力电子技术、微处理器技术与磁场定向控制技术的快速发展，使感应电机可以达到与他励式直流电机相同的转矩控制特性，再加上感应电机本身价格低廉、结构坚固及维护简单，因此感应电机逐渐在高精密速度及位置控制系统中得到越来越广泛的应用。

感应电机的定子电流包含相当于直流电机励磁电流与电枢电流两个成分，把这两个成分分解成正交矢量进行控制的新型控制理论-矢量控制理论出现之后，感应电机作为伺服电机才开始实用化。感应型交流伺服电机的转矩控制比同步型复杂，但是电机本身具有很多优点，作为伺服电机主要应用于较大容量的伺服系统中。感应型交流伺服电机在空载状态也需要励磁电流，这点与同步型不同。异常时的制动需要通过机械式制动或由预先准备好的直流电源进行直流制动。

感应电机伺服控制系统的构成如图 3-7 所示。系统由三相感应电机、电压型 PWM 逆变器、电流传感器、速度传感器、电流控制器等部分构成，如果需要进行速度和位置控制，还需要速度控制器以及位置控制器。

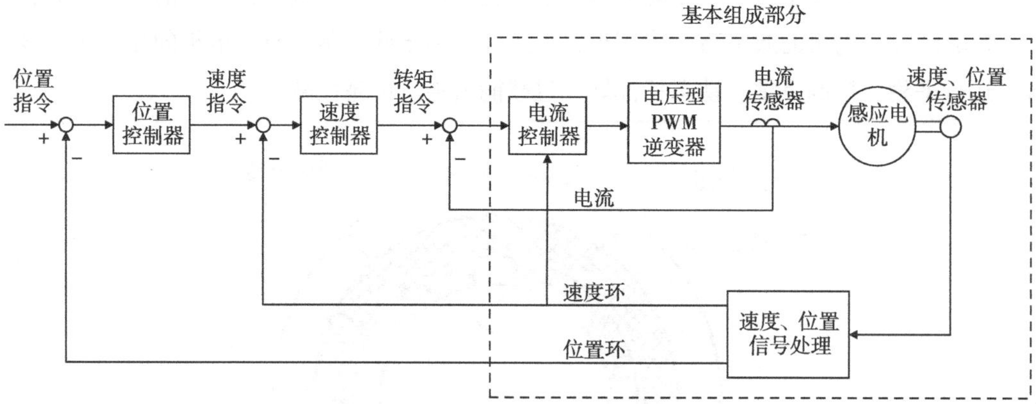


**图 3-7　感应电机伺服控制系统的构成**

用于伺服系统的感应电机与普通的感应电机结构基本相同，主要由定子、转子、端盖三大部件组成。

定子由定子铁心、电枢绕组和机座三部分组成。定子铁心是主磁路的一部分，由硅钢片叠成。小型定子铁心用硅钢片叠装、压紧成为一个整体后，固定在机座内；中、大型定子铁心由扇形冲片拼成。在定子铁心内圆，均匀地冲有许多形状相同的槽，用以嵌放三相对称电枢绕组。

转子由转子铁心、转子绕组和转轴组成。转子铁心也是主磁路的一部分，由硅钢片叠成，铁心固定在转轴或转子支架上。整个转子的外表呈圆柱形（图 3-8）。用于伺服控制的感应电机的转子绕组采用笼型绕组。笼型绕组为自行闭合的对称三相绕组，它由转子槽中的导条和两端的环形端环构成，一根导条代表一相。如果去掉铁心，整个绕组外形就像一个“圆笼”，因此称为笼型绕组（图 3-8）。为节约用铜并提高生产率，小型感应电机一般都用铸铝转子，这种转子的导条和端环是一次铸出的。对中、大型感应电机，由于铸铝质量难以保证，都采用铜条插入转子槽内、再在两端焊上端环的结构。感应电机结构简单、制造方便、经济耐用，故在大容量的伺服系统中应用广泛。

用于交流伺服系统的感应电机与普通笼型感应电机的主要区别体现在电机的设计上，主要是：将转子的长度和直径比设计得较大，以减小转动惯量；通常采用磁动势谐波含量小的电枢绕组，以提高气隙磁场波形的正弦度，抑制谐波磁场的影响；转子通常不采用闭口槽，以减小转子漏磁，提高电机的功率因数和过载能力；采用优化的转子槽形，以减小转子电阻和转子槽漏磁，提高电机的效率和最大转矩等。

感应电机是利用电磁感应原理，通过定子的三相电流产生旋转磁场，并与转子绕组中的感应电流相互作用产生电磁转矩，以进行能量转换。

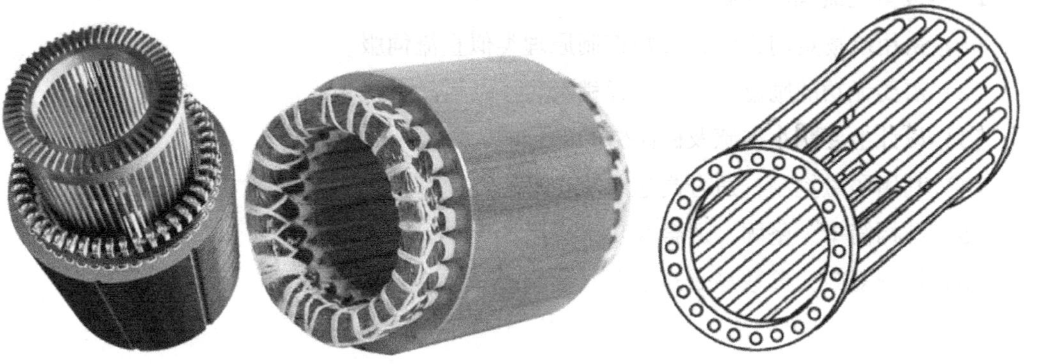

图 3-8　感应电机的转子与笼型绕组

**1. 感应电机的电动运行**

当转子转速低于旋转磁场的转速时（$n_s>n>0$），转差率 $0<s<1$。设定子三相电流所产生的气隙旋转磁场为逆时针方向，按右手定则，即可确定转子导体“切割”气隙磁场后感应电动势的方向。由于转子绕组是短路的，转子导条中便有电流流过。转子感应电流与气隙磁场相互作用，将产生电磁力和电磁转矩；按左手定则，电磁转矩的方向与转子转向相同，即电磁转矩为驱动性质的转矩。此时电机从逆变器输入功率，通过电磁感应，由转子输出机械功率，电机处于电动机状态。

**2. 感应电机的发电制动**

当需要伺服系统减速时，可以调整逆变器的输出频率，使定子产生的旋转磁场转速低于转子转速（$n>n_s$），则转差率 $s<0$。此时转子导条中的感应电动势以及电流的有功分量与电动机状态时相反，因此电磁转矩的方向将与旋转磁场和转子转向两者相反，即电磁转矩为制动性质的转矩。为了得到适当的制动转矩，必须不断调整逆变器的输出频率，使转差率保持一定。此时转子的动能变成电能回馈到逆变器，再由逆变器回馈到电网或在制动电阻上消耗掉。

## （三）两种交流伺服电机的比较

**1. 永磁同步交流伺服电机**

（1）正弦波电流控制稍复杂，转矩波动小。

（2）方波电流控制较为简单，转矩波动较大。

（3）采用稀土永磁体励磁，功率密度高。

（4）电子换相，不需维护，散热好，惯量小，峰值转矩大。

（5）弱磁控制难，不适合恒功率运行。

（6）要注意高温及大电流可能引起的永磁体去磁。

**2. 感应型交流伺服电机**

(1) 采用磁场定向控制，转矩控制原理类似直流伺服。

(2) 需要无功的励磁电流，损耗稍大。

(3) 设计上要减小漏感及磁路饱和的影响。

(4) 利用弱磁控制，适合高速及恒功率运行。

(5) 结构简单、坚固，适合大功率应用。

(6) 控制复杂，参数易受转子温升影响。

# 第二节 伺服传感技术

在伺服系统中，需要对伺服电机的绕组电流及转子速度、位置进行检测，以构成电流环、速度环和位置环，因此需要相应的传感器及其信号变换电路。

传感器是交流伺服电动机系统的重要组成单元。作为交流伺服电动机系统，为了实现优越的伺服性能，其传感器应能精确反映系统的运行状态，这就要求系统的传感器具有灵敏度高、动态性能好、精度高、抗干扰能力强等特点。

交流伺服系统使用的传感器主要有位置传感器、速度传感器和电流传感器。此外，还有电压传感器和温度传感器。

电流检测通常采用电阻隔离检测或霍尔电流传感器。直流伺服电机只需一个电流环，而交流伺服电机（两相交流伺服电机除外）则需要两个或三个。其构成方法也有两种：一种是交流电流直接闭环；另一种是把三相交流变换为旋转正交双轴上的矢量之后再闭环，这就需要把电流传感器的输出信号进行坐标变换的接口电路。

速度检测可采用无刷测速发电机、增量式光电编码器、磁编码器或无刷旋转变压器。位置检测通常采用绝对式光电编码器或无刷旋转变压器，也可采用增量式光电编码器进行位置检测。由于无刷旋转变压器具有既能进行转速检测又能进行绝对位置检测的优点，且抗机械冲击性能好，可在恶劣环境下工作，在交流伺服系统中的应用日趋广泛。

## 一、位置传感器

用于交流伺服系统位置检测的传感器主要有旋转变压器、感应同步器、旋转变压器-数字转换器、光电编码器、磁性编码器。这些传感器既可用于转轴位置检测，也可用于速度检测。

**1. 旋转变压器**

旋转变压器是一种利用电磁感应原理将机械转角或直线位移精确转换成电信号的精密

检测和控制元件，它的功能是以转角或直线位移的一定函数的电气输入或输出来提供转角或直线位移的机械指示；或者远距离传输与复现一个角度，实现机械上不固联的两轴或多轴之间的同步旋转，即所谓的角度跟踪和伺服控制等。

旋转变压器有多种分类方法：若按有无电刷来分，可分为有刷和无刷两种；若按极对数来分，可分为单对极和多对极；若按用途来分，可分为计算用旋转变压器和数据传输用旋转变压器；若按输出电压与转子转角间的函数关系来分，可分为正余弦旋转变压器、线性旋转变压器、比例式旋转变压器以及特殊函数旋转变压器四类；若从工作原理来分，可分为电磁式旋转变压器和磁阻式旋转变压器。

（1）电磁式旋转变压器。电磁式旋转变压器从信号取出方式可分为有刷和无刷两种类型。这里主要介绍伺服系统中常用的无刷旋转变压器。它由两部分组成，如图 3-9 所示。一部分叫分解器，由定子和转子组成。它们之间有均匀气隙，定子上有两相正交的分布绕组；另一部分叫环形变压器，它的一次绕组与分解器的转子固定在一起，与转子一起旋转，二次绕组在与转子同心的定子线轴上。分解器的转子绕组为单相绕组或两相正交绕组，若是两相正交绕组，则其中一相为补偿绕组，用以消除负载时交轴磁势引起的电压畸变。

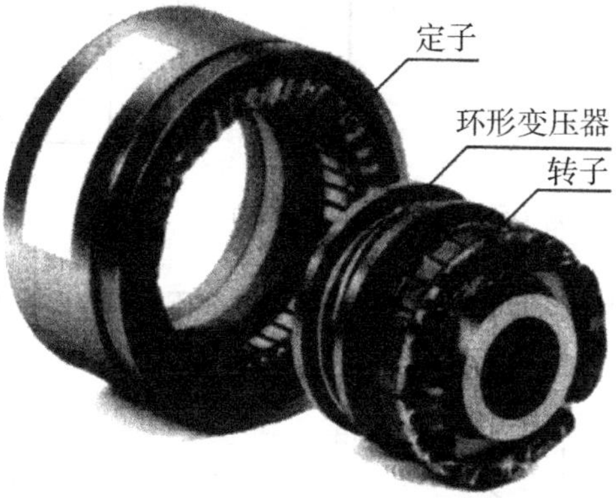


**图 3-9　无刷旋转变压器的结构**

根据信号处理方式的不同，可以把无刷旋转变压器分为振幅调制型和相位调制型两种。

振幅调制型是把转子上的单相绕组作为励磁输入，把定子上的两相正交绕组作为输出，通过检测两个定子绕组输出电压的振幅比，来求取旋转变压器的转子角位置。若励磁电压为：

$$E_{R_1-R_2}=E\sin\omega t \tag{3-1}$$

则输出电压为：

$$\begin{cases}E_{S_1-S_3}=KE\sin\omega t\cos p\theta\\E_{S_2-S_4}=KE\sin\omega t\sin p\theta\end{cases} \tag{3-2}$$

式中，

$E$ 为正弦波励磁电压幅值；

$\omega$ 为正弦波励磁电源角频率；

$t$ 为时间变量；

$K$ 为电压比；

$p$ 为极对数；

$\theta$ 为转子转角；

$R_1$，$R_2$，$S_1$，$S_2$，$S_3$，$S_4$ 为如图 3-10 所示的励磁侧和输出侧的端子。

图 3-10 和图 3-11 分别为振幅调制型无刷旋转变压器的绕组配置和信号关系。

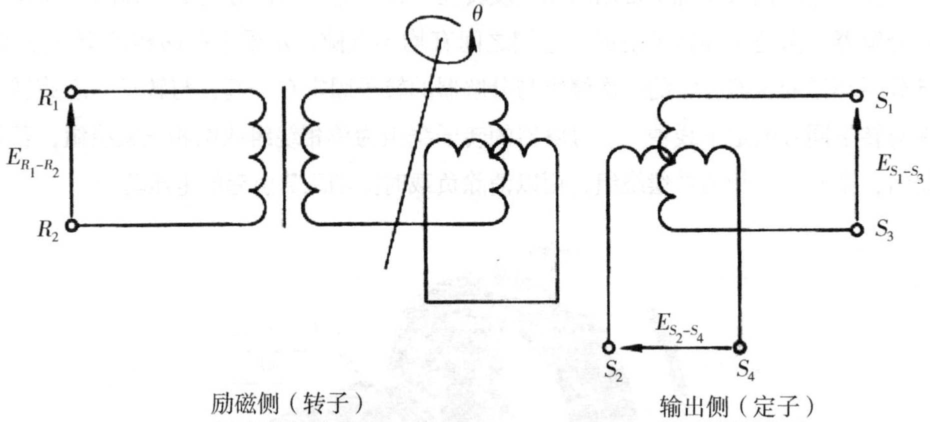


**图 3-10　振幅调制型无刷旋转变压器的绕组配置**

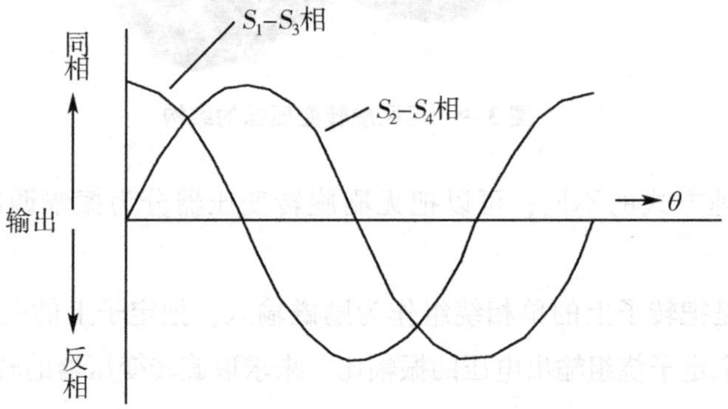


**图 3-11　振幅调制型无刷旋转变压器的信号**

相位调制型是把定子上的两相正交绕组作为励磁输入，把转子上的单相绕组作为输出，通过检测转子绕组输出电压信号的相位变化，来求取旋转变压器的转子角位置。若励磁电压为：

$$\begin{cases} E_{S_1-S_3} = E\sin\omega t \\ E_{S_2-S_4} = E\cos\omega t \end{cases} \tag{3-3}$$

则输出电压为

$$E_{R_1-R_2} = E\sin(\omega t - p\theta) \tag{3-4}$$

从式（3-4）可知，分解器转子输出绕组中感应的电动势与定子 $S_1 - S_3$，相励磁电压之间存在大小为 $p\theta$ 的相位差，只要检测出 $p\theta$，就可以确定转子的位置。分解器转子输出绕组接到环形变压器的一次绕组上，感应二次绕组的信号作为输出。

图 3-12 和图 3-13 分别为相位调制型无刷旋转变压器的绕组配置和信号关系。

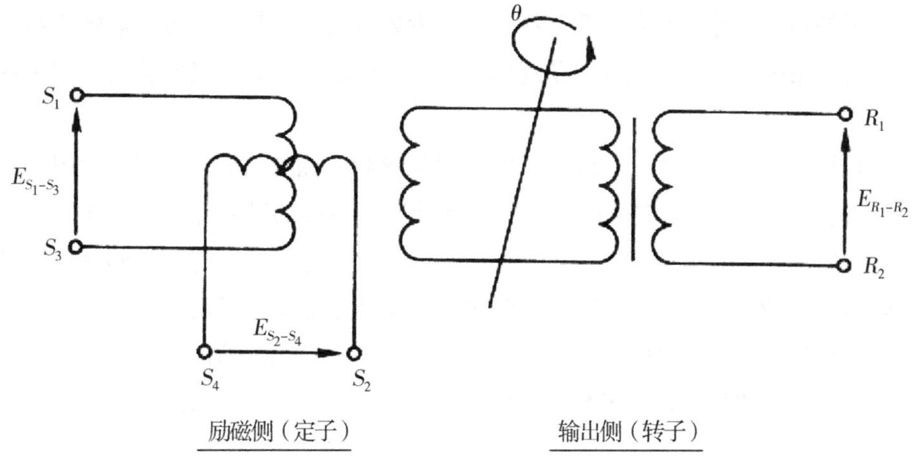


**图 3-12　相位调制型无刷旋转变压器的绕组配置**

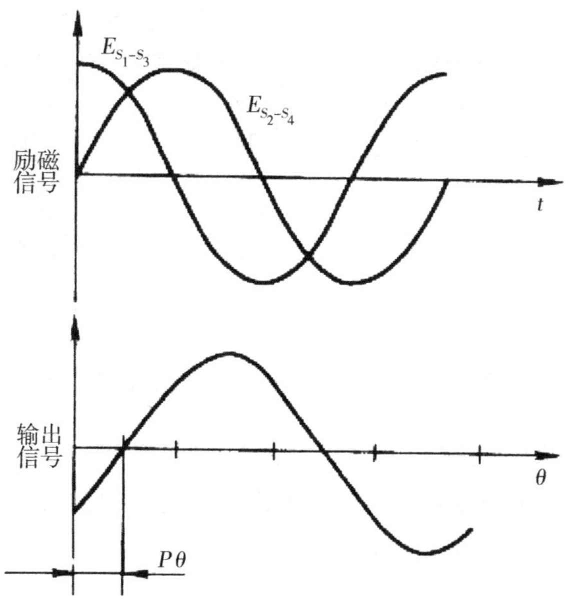


**图 3-13　相位调制型无刷旋转变压器的信号**

无刷旋转变压器是一种模拟式测角器件，具有寿命长、可靠性高、体积小、重量轻、成本低、编码精度高、响应速度快、抗干扰能力强等优点，能适应冲击、振动、高温、低温、交变湿热、低气压等各种恶劣环境条件。与旋转变压器/数字转换器（RDC）配合使用，可成为数字式旋转变压器，能够满足伺服系统高性能、高寿命、高可靠性的要求。

（2）磁阻式旋转变压器。磁阻式多极旋转变压器是一种基于磁阻变化原理的新型结构高精度角位置传感器，具有体积小、成本低、精度高、结构简单、可靠性高、输出电压高及适合高速运行等特点。其结构与传统多极旋变的不同之处在于，其励磁绕组和输出绕组均安置在定子铁心的槽中，转子仅由带齿的叠片叠制而成，上面不放置任何绕组。定子冲片内圆冲制有若干大齿（也称为极靴），每个大齿上又冲制若干等分小齿，绕组安放在大齿槽中。转子外圆表面冲制有若干等分小齿，其齿数与极对数相等。输入和输出绕组均为集中绕制，其正余弦绕组的匝数按正弦规律变化，而传统结构的多极旋转变压器采用分布式绕组。

图 3-14 展示了磁阻式多极旋转变压器的冲片形状。图 3-15 为原理示意图，其中画出 5 个定子齿、4 个转子齿，定子槽内安置了逐槽反向串接的励磁输入绕组 1-1，以及两个隔槽绕制反向串接的输出绕组 2-2 和 3-3。当转子相对定子转动时，齿间气隙磁导发生变化，每转过一个转子齿距，气隙磁导变化一个周期，转动一周，则变化转子齿数个周期。气隙磁导的变化，导致输入和输出绕组之间互感的变化，输出绕组感应的电动势亦发生变化，变化的周期数为转子齿数。因此，转子齿数就相当于磁阻式旋转变压器的极对数，从而获得多极的效果。

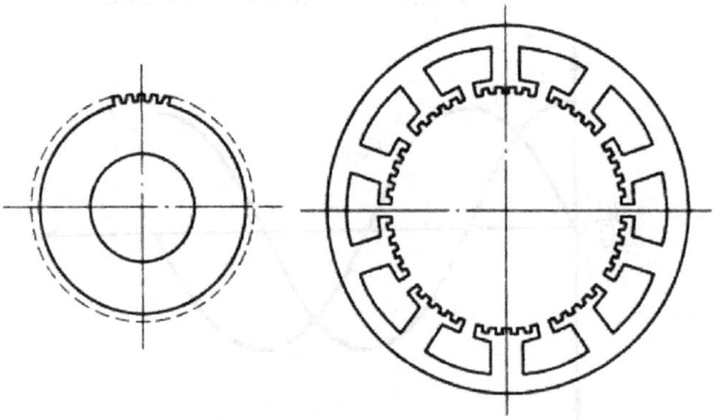

**图 3-14　磁阻式旋转变压器的定、转子冲片**

磁阻式多极旋转变压器的输出电压幅值随转角变化的波形，主要取决于气隙磁导变化的波形。若只考虑气隙磁导变化中的恒定分量 $A_{\delta 0}$、$x_{m0}$ 及基波分量 $A_{\delta 1}$、$x_{m1}$，则定子各个齿的磁导 $A_{\delta i}$ 随转子转角变化的规律为：

$$A_{\delta i}=A_{\delta 0}+A_{\delta 1}\cos\left[Z_R\theta+(i-1)\frac{3\pi}{2}\right] \tag{3-5}$$

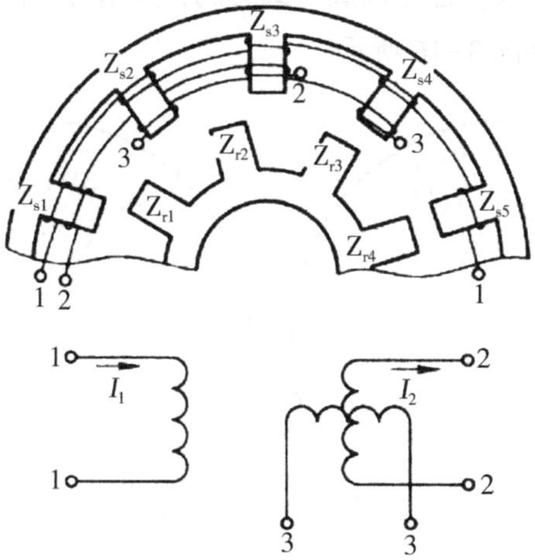


图 3-15 磁阻式旋转变压器原理示意图

而各齿上输入和输出绕组之间互感抗 $x_{mi}$ 为

$$x_{mi} = x_{m0} + x_{m1}\cos\left[Z_R\theta + (i-1)\frac{3\pi}{2}\right] \tag{3-6}$$

式中，

$Z_R$ 为转子齿数，即极对数；

$\theta$ 为空间转角；

$i$ 为定子大齿序号，即极靴序号 1，2，3，…。

考虑到输出绕组 2-2 是由 1#齿和 3#齿上两个线圈反向串接，其输出电压应为

$$\begin{aligned}\dot{U}_{2-2} &= \dot{I}_2 j(x_{m1} - x_{m3}) \\ &= 2j\dot{I}_2 x_{m1}\cos Z_R\theta \end{aligned} \tag{3-7}$$

由于在转子转动中，励磁回路的总电抗是不变的，因此，电流 $\dot{I}_2$ 是个幅值不变的相量，则输出电动势的幅值为

$$\begin{cases} E_{2-2} = E_{2m}\cos Z_R\theta = E_{2m}\cos p\theta \\ E_{3-3} = E_{2m}\sin Z_R\theta = E_{2m}\sin p\theta \end{cases} \tag{3-8}$$

由此看出，输出电动势随转子转角 $\theta$ 在空间呈正弦规律变化，其极对数 $p$ 即为转子齿数 $Z_R$。

**2. 感应同步器**

感应同步器也是一种基于电磁感应原理的高精度位置检测元件，它的极对数可以做得很多，随着极对数的增加，精度响应也会提高。感应同步器按照运动方式可分为旋转式和直线式两种。前者用来检测旋转角度，后者用来检测直线位移。不论哪种感应同步器，其结构都包括固定部分和运动部分。这两部分，对于旋转式，分别称为定子和转子；对于直

线式，则分别称为定尺和滑尺。这里以旋转式为例，介绍感应同步器的构成及原理。感应同步器绕组布线示意图，如图 3-16 所示。

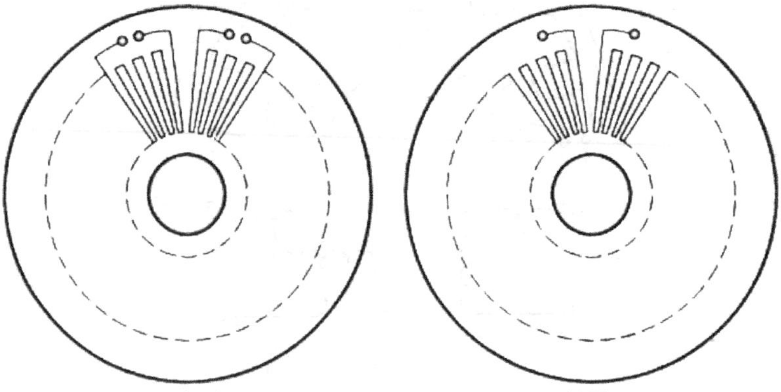


**图 3-16 感应同步器绕组布线示意图**

旋转式感应同步器的定、转子都由基板、绝缘层和绕组构成，在转子（或定子）绕组的外面包有一层与绕组绝缘的接地屏蔽层；基板呈环形，材料为硬铝、不锈钢或玻璃；绕组用铜箔做成，厚度在 0.05mm 左右；屏蔽层用铝箔或铝膜做成。

转子绕组是连续式的，称为连续绕组，由有效导体、内端部和外端部构成。每根导体就是一个极，导体数就是极数。

定子绕组为两相正交绕组，做成分段式的，称为分段绕组。两相绕组交替分布，相差 90°电角度。属于同一相的各组绕组导体用连接线串联起来。定子、转子的有效导体都呈辐射状，导体之间的间隔可以是等宽的，也可以是扁条形的。

转子绕组引线方式有三种：直接由电缆引出；借助电刷、集电环引出；借助装在定子、转子基板内圆处的环形变压器耦合引出。

感应同步器的工作原理和多极旋转变压器相似。连续绕组两相邻导体中心线之间的平均距离称为极距，用 $\tau$ 表示。分段绕组相邻导体之间的平均距离称为节距，用 $\tau_1$ 表示，$\tau_1$ 可以等于 $\tau$ 或其他值。定子上相邻的正弦绕组和余弦绕组之间夹角为 $(M+1/2)\tau$，其中 $M$ 为整数，即在空间错开 $\tau/2$（电角度）。适当选择连续式绕组导体宽度与极距 $\tau$ 之间的比例关系，可以大大削弱励磁磁通的高次谐波分量；适当选择分段式绕组的导体宽度，可以大大提高两相正交绕组抑制高次谐波磁场的能力。若忽略感应电动势中的谐波分量，则当转子以任意电压励磁时，根据多极旋转变压器输出电压的计算公式，正弦绕组和余弦绕组中感应电动势的有效值为

$$\begin{cases} E_s = E_m \sin p\theta = E_m \sin \dfrac{N\theta}{2} \\ E_c = E_m \cos p\theta = E_m \cos \dfrac{N\theta}{2} \end{cases} \tag{3-9}$$

式中，

$E_m$ 为感应电动势的幅值；

$\theta$ 为连续式绕组和分段式绕组之间偏离的机械角度；

$N$ 为连续式绕组的有效导体数；

$p$ 为极对数，$p=N/2$。

从结构和工作原理可知，感应同步器是一种初、次级绕组通过非导磁介质中的弱磁场耦合的元件，因此与有铁心的电机在特性上存在较大差别，主要体现在：

①输出电压小。由于初、次级绕组的气隙较大，与极距相比，要占到 1/5~1/3，初、次级之间耦合程度非常低，通常励磁电压为伏级，而输出电压的幅值则为毫伏级。

②电枢反应弱。由于负载电流远比励磁电流小，且输出电动势几乎和励磁电流成 90°的正交关系，所以电枢反应可以忽略不计，分析时可以把感应同步器看作空载运行。

③输出电压的失真系数大于励磁电压。在相同的励磁电压下，励磁电流的大小决定于绕组电阻，而输出电压则与频率成正比，所以输出电压的失真系数要比励磁电压大。

④输出电压相位移接近 90°。相位移是指输出电压相对于励磁电压的相位变化。由于感应同步器初、次级绕组的感抗远小于电阻，只有电阻的 2%左右，所以励磁电压与励磁电流几乎同相位，因而输出电压与励磁电压相位差接近 90°。

**3. 旋转变压器-数字转换器**

旋转变压器是一种精密角度传感元件，在位置伺服系统中，完成轴角位移信息的检测功能。由于它是模拟电磁元件，在计算机控制的数字伺服系统中，就需要一定的接口电路，即旋转变压器-数字变换器（Resolver-to-Digital Converter，RDC），以实现模拟信号到控制系统数字信号的转换。

美国 AD 公司最新系列的旋转变压器-数字转换器包括并行输出芯片和串行输出芯片两大类。并行输出芯片（如 AD2S80、AD2S83）功能强大，可通过选择外围电路决定其工作的分辨率、带宽和动态性能。但是，功能强大的同时带来的缺点是外围电路和接口电路复杂化，而且昂贵的价格也限制了其使用。

并行输出芯片 AD2S83 具有下列特点：

（1）提供有 10 位、12 位、14 位和 16 位的分辨率，用户可通过两个控制引脚自行选用不同的分辨率。

（2）可将输入的模拟信号转换为并行二进制数输出，易与单片机或 DSP 等控制芯片接口。

（3）采用比率跟踪转换方式，使之连续输出数据而没有转换延迟，并具有较强的抗干扰能力和远距离传输能力。

（4）用户可通过外围元器件的选择来改变带宽、最大跟踪速度等动态性能。

（5）具有很高的跟踪速度，当采用 10 位分辨率时，最大跟踪速度达1 040r/s。

（6）能产生与转速成正比的模拟信号，输出范围为±8V（DC），线性度可达±0.1%，回差小于±0.3%，可代替传统的测速发电机，提供高精度的速度信号。

（7）具有过零标志信号（Ripple clock）和旋转方向信号（Direction）。

（8）正常工作的参考频率为0~20kHz。

串行输出芯片的基本工作原理与并行芯片相同，AD2S90是其中的典型。它接收旋转变压器定子边的正、余弦输出信号（2Vrms±10%、3~20kHz）和一个同步参考信号，将转子位置信号以两种方式输出：12位绝对串行二进制输出和仿1024线增量式编码器输出。还输出一个表示转轴转向的信号和一个模拟速度信号（满量程为375r/s）。它的功能虽不如并行芯片强大，但具有以下的优点：

①轴角信息提供两种输出方式：一是绝对串行二进制输出（12位），最高传输速率为12Mb/s；二是模拟增量式编码器输出，A、B和NM信号，相当于一个1 024线增量式编码器。

②分辨率固定为12位，外围接口电路形式多样，简单可靠。

③方形小封装（PLCC20），可直接安装在电机内部，使之与电机一体化。

④串行芯片价格便宜，仅为并行芯片的1/10~1/5。

**4. 光电编码器**

光电编码器又称光电角位置传感器，是一种集光、机、电为一体的数字式角度/速度传感器，它采用光电技术将轴角信息转换成数字信号，与计算机和显示装置连接后可实现动态测量和实时控制。它包括光学技术、精密加工技术、电子处理技术等，其技术环节直接影响编码器的综合性能。与其他同类用途的传感器相比，它具有精度高、测量范围广、体积小、重量轻、使用可靠、易于维护等优点，广泛应用于交流伺服电动机的速度和位置检测。

典型的光电编码器结构由轴系、光栅副、光源及光电接收元件组成。当主轴旋转时，与主轴相连的主光栅和指示光栅相重叠形成莫尔条纹，通过光电转换后输出与转角相对应的光电位移信号，经过电子学处理，并与计算机和显示装置连接后，便可实现角位置的实时控制与测量。光电编码器从测角原理可分为几何光学式、激光干涉式及光纤式等；从结构形式可分为直线式和旋转式两种类型；按照代码形成方式不同可分为绝对式、增量式、准绝对式和混合式。

（1）绝对式编码器。绝对式光电编码器主要由安装在旋转轴上的编码圆盘（码盘）、狭缝以及安装在圆盘两边的光源和光敏接收元件等组成，基本结构如图3-17所示。码盘一般由光学玻璃制成，在其上沿径向有若干同心码道，每条道上由透光和不透光的扇形区域相间组成，相邻码道的扇区数目是双倍关系，码盘上的码道数就是它的二进制数码的位数，码盘的一侧是光源，另一侧对应每个码道有一个光敏元件。当码盘处于不同位置时，各光敏元件根据受光照与否转换出相应的电平信号，形成二进制数。这种编码器的特点是不要计数器，在转轴的任意位置都可读出一个固定的与位置相对应的数字码。

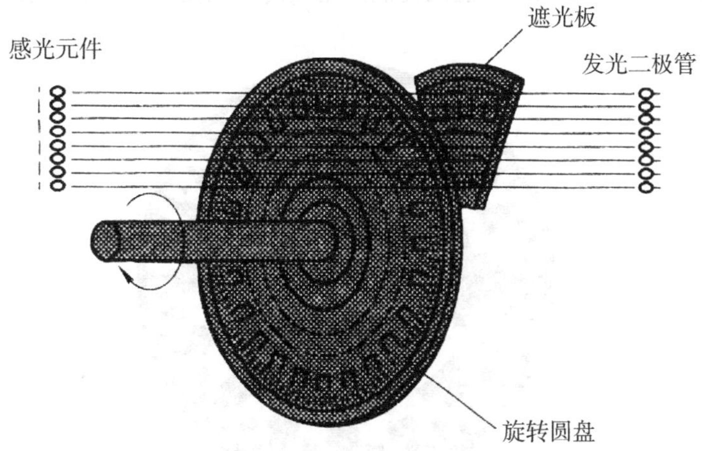


**图 3-17　绝对式编码器的结构**

绝对式编码器的核心部件是码盘，码盘按一定码制方式刻制，其常用的编码方式有二进制码和格雷码（循环二进制码）。二进制码盘的光学图案如图 3-18 所示，码盘上的码道按一定规律排列，对应每一分辨率区间有唯一的二进制数，因此在不同的位置，可输出不同的数字代码。二进制码是有权码，这种码制的主要缺点是当某一较高位数码改变时，所有比它低的各位数码均同时改变，造成输出的粗误差，所以在绝对式编码器中一般都采用格雷码。

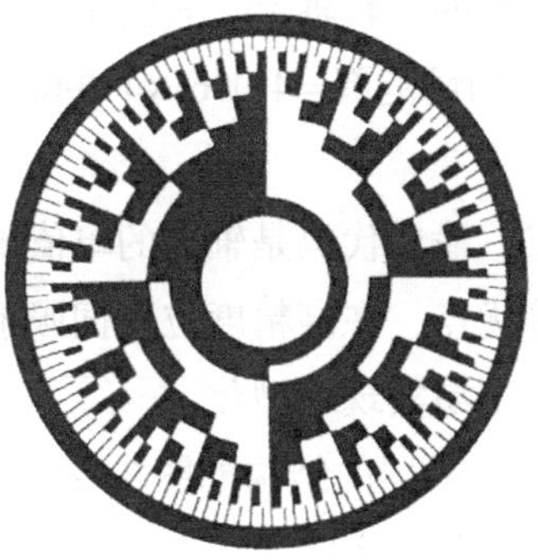

**图 3-18　二进制码盘的光学图案**

格雷码是无权码，其码盘具有轴对称性。格雷码从某个位置转到相邻两个位置时，编码器 N 位中只有一位发生变化，因此只要适当控制各条码道的制作误差和安装误差，读数就可以避免产生粗误差。格雷码显示精度越高，位数越多，构成码盘的码道数也越多。$N$ 位格雷码就要有 $N$ 条码道，码道越多，分辨率就越高，但码盘的刻画难度也越大。图 3-19是一个 8 位格雷码码盘。该类编码器的光电接收元件是径向直线分布。由于受到光敏接收元件尺寸的影响，分辨率越高，码盘尺寸也就越大，所以格雷码编码的绝对式编码器码盘的尺寸和分辨率是矛盾的，不能同时满足精度高、轻便、小型等要求。

**图 3-19　格雷码码盘的光学图案**

绝对式编码器可分为单圈编码器（Single-turn Encoder）和多圈编码器（Multi-turn Encoder）：

①单圈编码器。单圈编码器根据测量步数将机械角度的一圈（0°~360°）分成一定的数值，编码器旋转一圈以后重新计数，最大测量范围为 4 096。

②多圈编码器。多圈编码器不仅检测角度位置，还记忆圈数，为实现这些功能，需将更多的刻度盘用轴承联结在编码器的旋转轴上。其测量范围计算公式如下：

$$测量范围=4\ 096s\times 4\ 096r \tag{3-10}$$

式中，$s$ 为步数；$r$ 为转数。

绝对式编码器具有固定零点、输出代码是轴角的单值函数、抗干扰能力强、掉电后位置信息不会丢失、无累积误差等优点，在高精度位置伺服系统中得到了广泛应用。绝对式编码器的缺点是制造工艺复杂，不易实现小型化。

（2）增量式编码器。增量式编码器的结构如图 3-20 所示，光学图案如图 3-21 所示。码盘的刻线间距均一，对应每一个分辨率区间，可输出一个增量脉冲，计数器相对于基准位置（零位）对输出脉冲进行累加计数。正转则加，反转则减。

增量式编码器是以脉冲形式输出的传感器，其码盘比绝对式编码器码盘要简单得多，且分辨率更高，一般只需要三条码道。这里的码道实际上已不具有绝对式编码器码道的意义，而是产生计数脉冲。它的码盘的外道和中间道有数目相同且均匀分布的透光和不透光的扇形区（光栅），但是两道扇区相互错开半个区。扇形区的多少决定了编码器的分辨率，扇形区越多，分辨率越高。例如，一个每转 5 000 脉冲的增量式编码器，其码盘的增量码道上有透光和不透光的扇形区各 5 000 个。当码盘转动时，它的输出信号是相位差为 90°

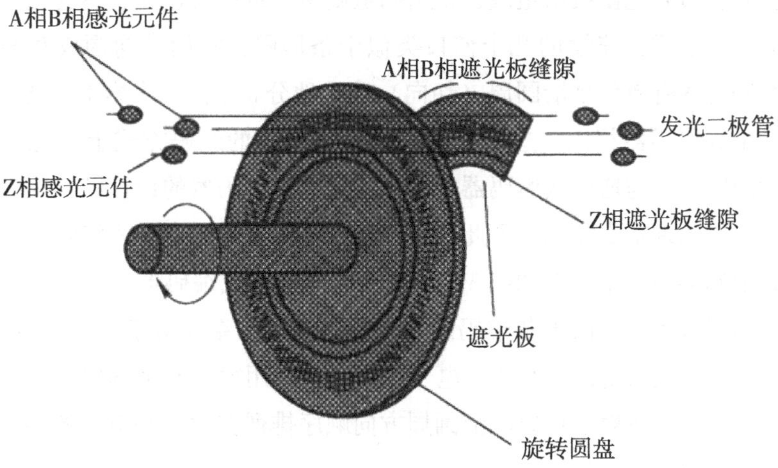


图 3-20　增量式编码器的结构

图 3-21　增量式编码器光学图案

的 A 相和 B 相脉冲信号以及只有一条透光狭缝的第三码道所产生的 Z 相脉冲信号（它作为码盘的基准位置，给计数系统提供一个初始的零位信号）。从 A、B 两个输出信号的相位关系（超前或滞后）可判断旋转的方向。

增量式编码器的优点是结构简单、响应迅速、易于实现小型化、抗干扰能力强、寿命长、可靠性高、适合于长距离传输。其缺点是无法输出轴转动的绝对位置信息，掉电后容易造成数据损失，且有误差累积现象。

（3）准绝对式编码器。虽然绝对式编码器和增量式编码器各具特色，在工业、国防和科学研究上也已经获得了广泛的应用。但是，工业技术的发展对光学编码器的各项技术指标提出了更高的要求，新技术的不断出现，促成了新型光学编码器-准绝对式编码器的产生。准绝对式编码器光学图案也是由循环码道和索引码道组成的，循环码道仍然由一系列均匀交错的遮光和透光光栅线条组成，索引码道则由与每一对透光、遮光栅线位置对应的透光或遮光的窗口组成，连续的几个窗口类似于条形码，它们共同构成对某一位置的编码，即位置编码的各有效位是沿圆周（切向）连续地分布于同一个索引码道内的。与绝对式编码器和增量式编码器相比，这种光学编码器在位置的编码方式上与绝对式编码器相似，而在光学图案上又与增量式编码器相似。这种光学编码器的设计特点决定了它与两种传统编码器的工作原理不尽相同，因此，可称这种编码器为准绝对式编码器。

准绝对式编码器的光学图案如图 3-22 所示。准绝对式编码器的工作原理是：位置用沿切向的编码图案来表示。由于各编码图案位置之间的关系相对于某一确定位置的编码，其他位置的编码都有其自身的序号 $N$。电子系统必须利用循环码道的输出信号来同步位置编码的读取，编码的各有效位可以由沿圆周方向顺序排列在索引码道上的多个光电探测器

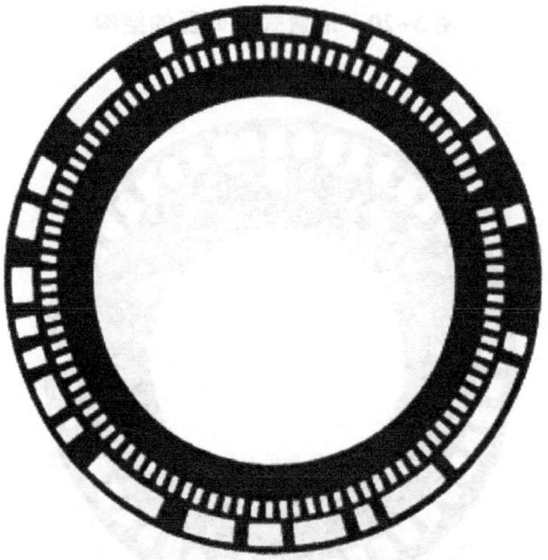

**图 3-22 准绝对式编码器光学图案**

并行一次读取，也可以由位于索引码道上的一个光电探测器经多次读取而串行获得。无论采用哪种方式读取位置编码，系统启动后，都必须经过自引导过程，信号处理系统才能获得第一个位置编码，若循环码道中计量光栅的节距角为 $\delta$，那么根据当前检测到的位置编码的序号 $N$，就可得到相对该指定位置的角度测量值 $\theta$ 为

$$\theta = N\delta \tag{3-11}$$

根据准绝对式编码器光学图案的特点，位置编码的各有效位沿圆周连续分布，减少了位置编码的码道数量，因此，码盘体积得以有效缩小；但位置编码有效位沿切向分布，又使得应用系统上电后，不能立刻获得位置的编码，而要经过一个自引导的过程，即经过一个非常小的位移后才能获得位置编码数据，无论这个初始小位移方向如何，从何处开始发生，只要步长足够，应用系统都可以获知确切的绝对位置编码数据；由于关于位置的编码是用光学图案记录在盘体上的，因此，应用系统可在工作的任意时刻进行测量，而且测量

到的数据都是绝对位置数据，系统掉电又重新上电后，同一位置的测量值是绝对相同的；如果某一位置的测量结果出现错误，这一错误不会影响其他位置的测量结果。

从准绝对式编码器的工作原理可知，利用位置编码获得测量值的精度有时也不能满足实际需要，也需要采用一定技术以提高准绝对式编码器的分辨率。根据光学图案的特点，技术上仍然可以采用电子技术或软件方法对循环码道输出的正弦信号进行处理，从而实现对光学最小分辨角的细分，若测得的光学最小分辨角的细分值为 $\delta$，那么相对指定位置的测量值为 $\theta=N\delta+\delta_0$。这与传统光学编码器的基本测量原理是一致的。

准绝对式光学编码器与增量式编码器和绝对式编码器相比，其光学图案具有一定的特点，复杂性介于二者之间，码道数量与增量式编码器相似，位置标识方法又与绝对式编码器相似，只是位置编码各有效位的排列方式不同，因此，准绝对式光学编码器继承了增量式编码器和绝对式编码器的优点，不同程度地克服了它们的缺点，其技术特点是：

①准绝对式编码器光学图案比较简单，因此，准绝对式编码器的机械尺寸比较小，译码系统也比较简单。

②准绝对式编码器用光学图案对位置进行编码，因此，应用系统可在工作的任意时刻进行位置测量，测量到的数据为绝对位置数据，且测量结果不易丢失，两次上电测量同一位置的测量结果绝对一样。若某次测量结果出现误差，那么这一误差不会影响其他位置的测量，提高了系统的可靠性。

③准绝对式编码器位置编码的各有效位沿圆周（切向）分布，因此，应用系统上电后不能立刻获得有效位置编码，而要经过一个自引导过程，但无论自引导过程的方向和起始位置如何，初始化位移都固定为几个计量光栅节距，轻微的振动就可以确定初始位置，方便了实际操作。

④准绝对式编码器光学图案包含计量光栅，因此，可以通过电子技术或软件方法对光学最小分辨角进行细分，从而有效提高系统的测量精度。

⑤准绝对式编码器输出的位置信息是全量程绝对编码，非常容易与计算机、过程控制器和伺服控制器等数字器件相连接。

（4）混合式光电编码器。混合式光电编码器是一种既可检测转角又可检测转速的传感器，编码器测量光栅的外码道通常为增量式光电码盘，与指示光栅及光敏元件配合，在旋转时可产生伺服电动机系统的有关转速、转向、原点位置及相对角位移的数字信号 A、B、Z，测量光栅的内码道为绝对式光学码盘，与指示光栅及光敏元件配合，旋转时可产生伺服电动机系统有关转子磁极绝对位置的数字信号 U、V、W。所以，混合式光电编码器主要由测量光栅、指示光栅、发电元件、光敏探测器及信号处理电路组成，在电机旋转时，测量光栅与电机轴同步旋转，所以，又称旋转光栅，指示光栅是固定不动的，所以又称固定光栅。

在混合式光电编码器的结构中，测量光栅一般用光学玻璃制成，指示光栅一般用复合胶片制成。发光元件一般采用红外发光管，光敏探测器是由锗（Ge）、砷化铟（InAs）、锑化铟（InSb）等半导体材料在一个基片上集成的多个光电二极管，其响应速度一般为100kHz~1MHz。

下面对混合式光电编码器的输出波形及信号处理电路进行分析，图 3-23 为混合式光电编码器的输出信号波形。在转动圆盘内侧制成空间位置互成 120°的三个缝隙，感光元件接受发光元件通过缝隙的光线而产生互差 120°的三相信号，经过放大与整型后输出方波信号$U_U$、$\bar{U}_U$、$U_V$、$\bar{U}_V$、$U_W$、$\bar{U}_W$，利用这些信号的不同组合状态来表示磁极在空间的不同位置。这里，每相输出信号$U_U$、$\bar{U}_U$、$U_V$、$\bar{U}_V$、$U_W$、$\bar{U}_W$的周期为空间 360°，在每一个周期内可以组合成 6 种状态，每种状态代表的空间角度范围为 60°，即在整个磁极位置的 360°空间内，每 60°空间位置用一个三相输出信号状态表示。

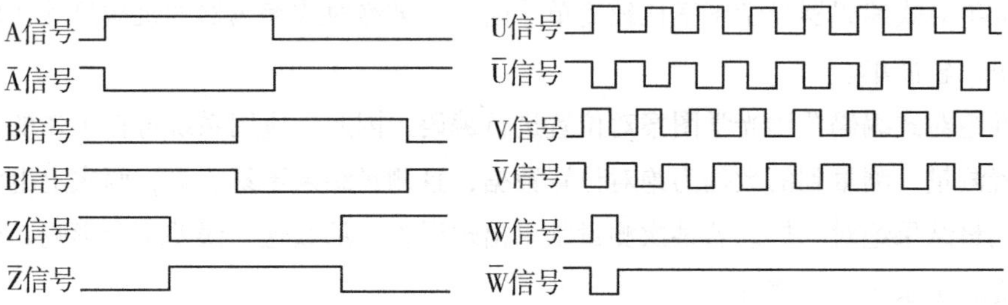


**图 3-23　混合式光电编码器的输出信号波形**

在编码器中，感光元件所检测出的微弱信号的处理有多种不同的方案，由于光电二极管的受光面积只有 1mm²的数量级，在电机旋转时，其每次受光的时间又很短，所以即使光电二极管有较高的响应速度，它所产生的信号电流也只有 mA 级，并且该信号中还存在共模干扰，这就要求其处理电路应具有放大、比较整型和输出几个环节，图 3-24 是混合式光电编码器的信号处理电路框图。

在图 3-24 电路中信号的幅值放大部分采用电流-电压转换电路和差动放大电路，整型部分采用滞回比较电路，信号输出采用长线驱动器。

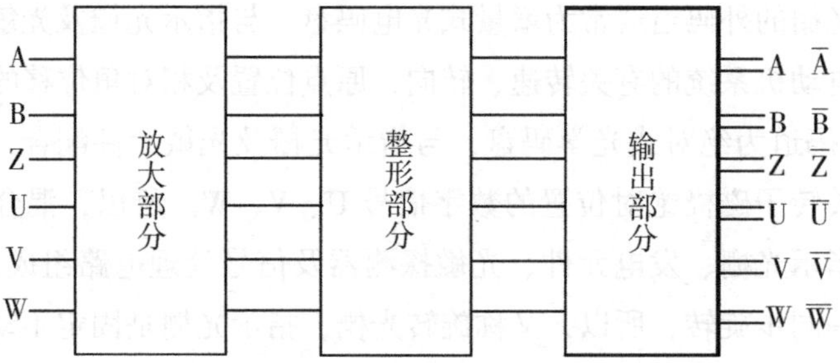


**图 3-24　混合式光电编码器信号处理电路框图**

需要特别加以说明的是，由于光电二极管为光伏探测元件，它在负载电阻很小的条件下具有较好的响应特性，在零负载电阻下具有最高的灵敏度，典型的 $I/V$ 转换的电路结构如图 3-25 所示，其转换率为：

$$K=\frac{V_0}{I}=R_f+R_1$$

式中，$V_0$ 为转换电压；$I$ 为输入电流；$R_f$、$R_1$ 为电阻。

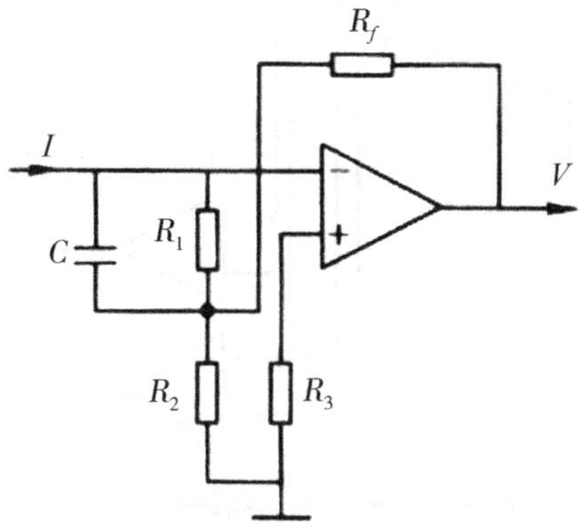


图 3-25　混合式光电编码器 $I/V$ 转换电路

作为交流伺服电机系统的速度及位置传感器，较高的响应速度，较低的温度漂移，较大的共模抑制比和较强的抗干扰能力是混合式光电编码器信号处理电路的基本要求。另外，采用电流内插法可增加其输出脉冲，从而提高混合式光电编码器的分辨率。高分辨率的混合式光电编码器是保证交流伺服电动机系统位置控制和速度控制精度的重要条件。

**5. 磁性编码器**

在数字式传感器中，磁性编码器是近年发展起来的一种新型电磁敏感元件，它是随着光学编码器的发展而发展起来的。光学编码器的主要缺点是对潮湿气体和污染敏感，可靠性差，而磁性编码器不易受尘埃和结露影响，同时其结构简单紧凑，可高速运转，响应速度快（达 500~700kHz），体积比光学编码器小，而成本更低，且易将多个元件精确地排列组合，比用光学元件和半导体磁敏元件更容易构成新功能器件和多功能器件。此外，采用双层布线工艺，还能使磁性编码器不仅具有一般编码器具有的增量信号和指数信号输出，还具有绝对信号输出功能。所以，尽管目前约 90% 的编码器均为光学编码器，但毫无疑问，在未来的运动控制系统中，磁性编码器的用量将越来越多。

（1）磁性编码器的结构与工作原理。磁性编码器的基本结构如图 3-26 所示，主要部分由磁阻元件、磁鼓、信号处理电路和机械结构组成。在磁鼓旋转体上录以磁性节距相等的磁化信号，构成检测磁化信号磁通的磁性传感器。在磁阻元件中，把显示磁阻效应的 NiCo 和 NiFe 一类的金属薄膜涂敷在玻璃等绝缘基板上，一般是应用光刻法在微剖面上加工磁阻元件，磁阻元件剖面上的电阻值随外部所施加的磁场变化而变化。通常是磁阻元件上一旦受到数百安每米的磁场影响，其阻值的变化将达到数百倍以上，从而根据旋转鼓上磁化信号磁通的变化情况检出电动机的旋转位置。

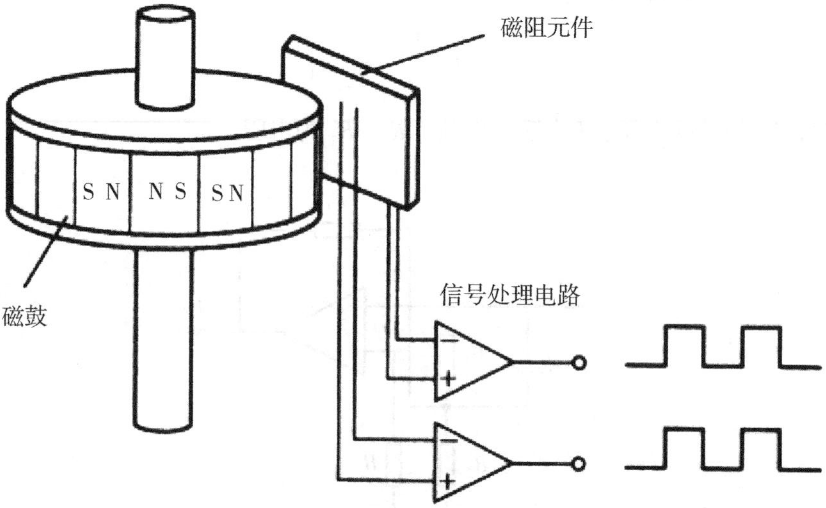


**图 3-26　磁性编码器的基本结构**

（2）磁鼓。为了使磁化信号的磁通穿过气隙到达磁阻元件上，磁性媒体层要具有良好的磁性能，一般媒体层的厚度要达到数十微米以上。通常，磁鼓表面处的气隙磁感应强度较低，一般为 0.003~0.005T，从而可以采用薄膜类磁性媒体满足其要求。磁鼓表面的磁性媒体主要有塑料永磁体、磁性薄膜、压延永磁体、氧化铝永磁体膜等。

（3）磁阻效应元件。磁阻效应元件主要有半导体磁阻效应元件和强磁性磁阻效应元件。二者的电阻都是随着磁场的变化而变化的，但是特性上差别较大。半导体磁阻效应元件采用 InSb、GaAs 等材料，强磁性磁阻效应元件采用 NiFe、NiCo 等材料，二者的特性正相反。施加磁场时半导体磁阻效应元件电阻增加，而强磁性磁阻效应元件电阻减小。这里主要介绍容易小型化、频率特性好、对弱磁场灵敏度高的强磁性磁阻效应元件（以下简称 MR 元件）。

MR 元件如上所述采用 NiFe、NiCo 等材料，这两种材料的电阻变化率是有差异的，NiCo 为 4%~5%，NiFe 是 2%~3%。但是，NiFe 的弱磁场灵敏度比 NiCo 要高，所以 MR 元件一般采用 NiFe。

图 3-27 为 MR 元件的磁场与磁化示意图。设流过 MR 元件的电流 $I$ 的方向与被外界磁场磁化的方向所成角度为 $\theta$，则 MR 元件的电阻值 $R$ 为

$$R_\theta = R_{//}\cos^2\theta + R_\perp \sin^2\theta \tag{3-12}$$

式中，

$R_{//}$ 为电流方向与磁化方向平行时的饱和磁化电阻值；

$R_\perp$ 为电流方向与磁化方向垂直时的饱和磁化电阻值。

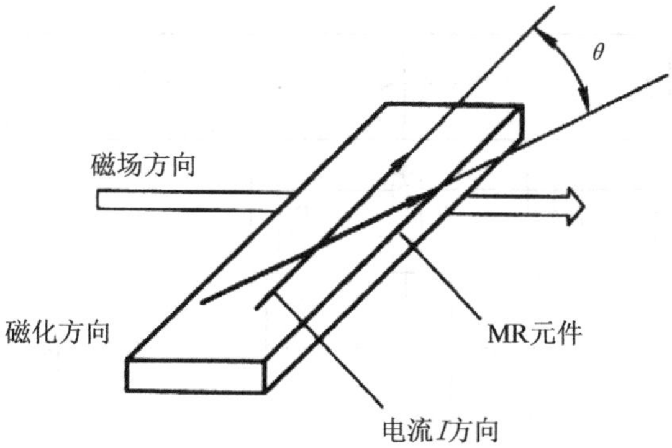


图 3-27 MR 元件的磁场与磁化

把式（3-12）变换为：

$$R_\theta = R_{//} - \Delta R \sin^2\theta \tag{3-13}$$

式中，$\Delta R = R_{//} - R_\perp$。

根据 $\sin^2\theta = \frac{1}{2}(1 - \cos 2\theta)$，把式（3-13）进一步变换为：

$$R_\theta = R_{//} - \frac{\Delta R}{2}(1 - \cos 2\theta) \tag{3-14}$$

从式（3-14）可以看出，外加磁场每变化一个周期，MR 元件的电阻变化两个周期。图 3-28 为 MR 元件在磁场变化时的电阻变化率特性。

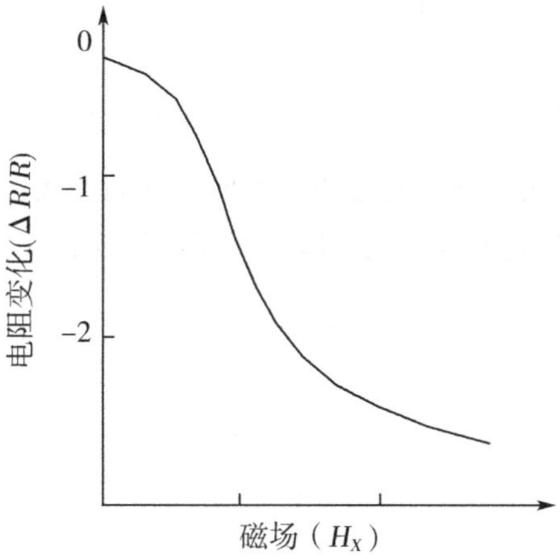


图 3-28 MR 元件的电阻变化率特性

图 3-29 为磁鼓与 MR 元件的位置关系。磁鼓表面被多极充磁。并产生 N、S 相间的漏磁场，把 MR 元件安装在磁鼓对面的位置，当磁鼓与 MR 元件的相对位置发生变化时，MR 元件的电阻值会因与之交链的漏磁场的变化而改变，电阻的变化就能转换为电信号，输入到信号处理电路中。

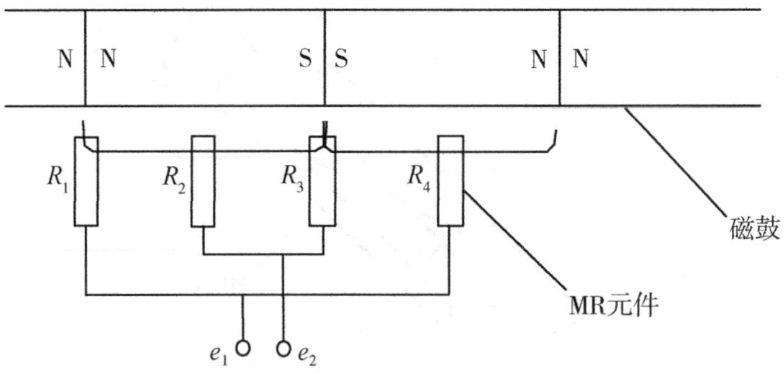


**图 3-29　磁鼓与 MR 元件的位置关系**

图 3-30 是 MR 元件上施加信号磁场时的输出特性。如果施加的是正弦波信号磁场，则电阻值与磁场强度成比例地发生变化，输出为如式（3-13）所表示的 2 倍频率的信号。

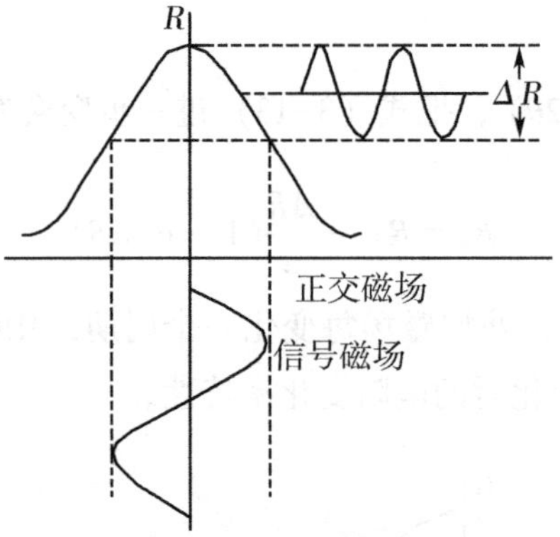


**图 3-30　MR 元件的输出特性**

图 3-31 为 MR 元件的接线图。通过两组元件的三端连接，得到 $e_1$、$e_2$（或 $e_3$、$e_4$）信号，再把该信号输入到运算放大器或比较器中，即可得到 $e_A$（或 $e_B$）。

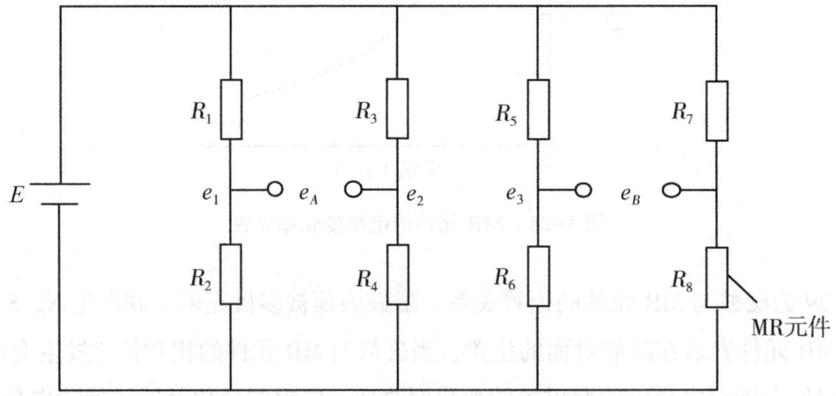


**图 3-31　MR 元件的接线图**

由于 MR 元件的温度系数较大（大约每摄氏度增加 0.3%），最好避免单独使用。通过三端连接，可以利用各 MR 元件之间的温度跟踪特性，进行温度补偿。

（4）采用多相形式的多脉冲化。通常，为提高磁性编码器的输出脉冲数，会把磁鼓的充磁宽度变窄，但是这样做会减弱从磁鼓发出的漏磁场。综合考虑磁鼓的抖动、可靠性和制作的工艺性等因素，一般希望间隔为 50μm 以上，从而记录媒体的宽度也不能做得过窄（50μm 及以上）。因此，这里介绍一种通过多相配置 MR 元件，把从中得到的信号利用电路进行处理，形成有 90°相位差的两相输出的提高脉冲数的方法。

图 3-32 是把输出脉冲数变为原来的 2 倍时 MR 元件的接线图。从 $e_1$ 到 $e_5$，各 MR 元件按照相互之间具有 45°相位差进行配置。

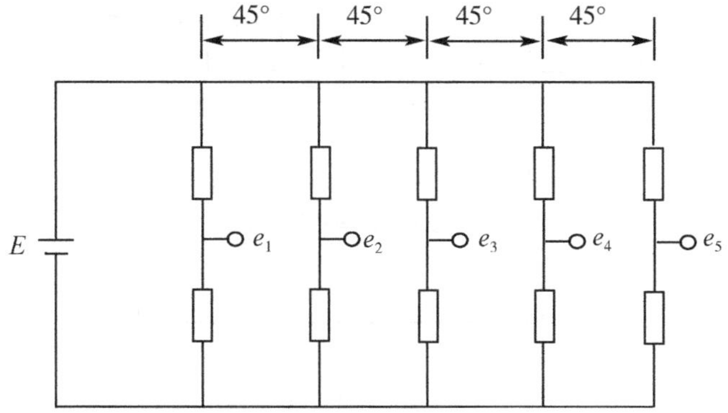


**图 3-32 2 倍频时 MR 元件的接线图**

图 3-33 是 MR 元件输出信号的处理电路。通过把 $E_1$、$E_2$或 $E_3$、$E_4$ 信号输入 XOR（异或运算），得到 2 倍的脉冲数。

图 3-34 是信号处理时序。从图中可以看出，由于 $E_1$、$E_2$（或 $E_3$、$E_4$）的相位差是 90°，所以 XOR 的输出 $E_A$（或 $E_B$）频率变为原来的 2 倍。由于 $E_1$、$E_3$ 的相位差是 45°，2 倍频之后的 $E_A$、$E_B$。信号之间的相位差为 90°。同理，如果把各 MR 元件相互之间错开 22.5°、11.25°的相位差进行多相配置，则能够得到 4 倍、8 倍的脉冲数。

在提高输出脉冲数时，必须注意精度问题，如果把原信号 $N$ 倍频，则信号精度就会降低到原来的 $1/N$。在图 3-34 的时序中，如果信号误差为 $\Delta t$，相对于初始信号周期 $T$，相对误差为 $\Delta t/T$，可是 $N$ 倍频后的输出 $E$。也会产生相同大小的误差 $\Delta t$，由于周期变成 $T/N$，所以相对误差为 $N\Delta t/T$，变成初始误差的 $N$ 倍。因此，采用该方法很容易提高输出脉冲数，但是也要充分考虑对精度的影响。

磁性编码器按输出信号特征分类有两种不同的类型：增量式磁性编码器；绝对式磁性编码器。增量式编码器的输出轴转角被分为一系列的位置增量，磁阻元件对这些增量响应，每当出现一个单位增量，磁阻元件就向计数器发出一个脉冲，计数器把这些计数脉冲

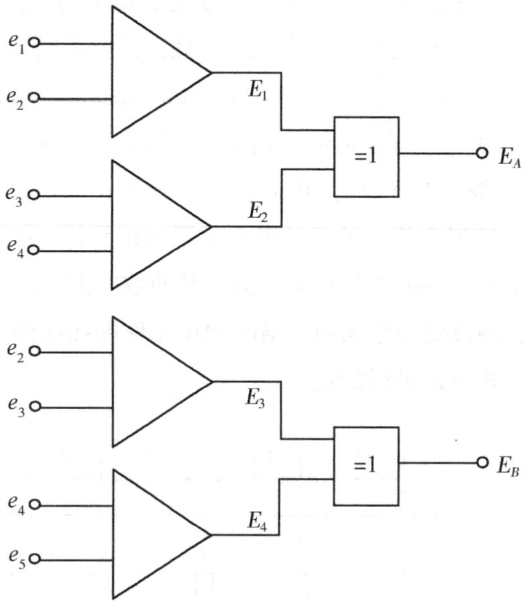


**图 3-33　信号处理电路**

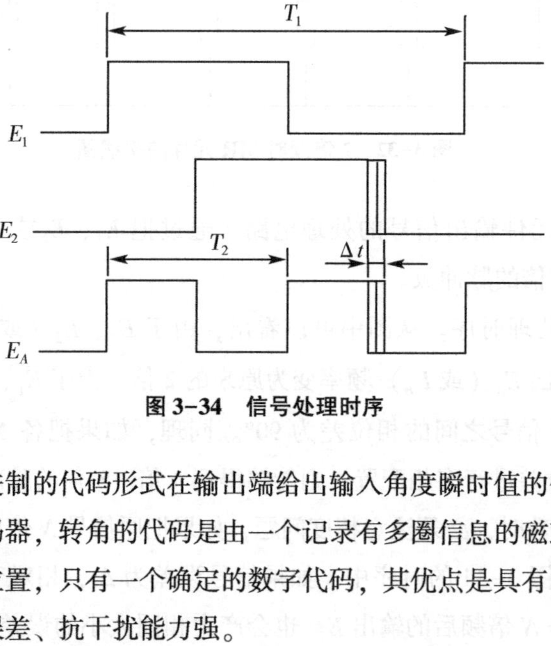


**图 3-34　信号处理时序**

累加起来，并以各种进制的代码形式在输出端给出输入角度瞬时值的信息。绝对式磁性编码器也叫作直读式编码器，转角的代码是由一个记录有多圈信息的磁鼓给出的，具有固定零位，对于一个转角位置，只有一个确定的数字代码，其优点是具有固定零位、角度值的代码单值化，无累加误差、抗干扰能力强。

在结构上，增量式磁性编码器与绝对式磁性编码器的区别是：增量式磁性编码器的磁鼓仅记录一道磁极，一组磁阻元件，而绝对式磁性编码器记录有多道磁极，相对应的磁阻元件的组数也增加了。

与光电编码器相比，磁性编码器具有如下优点：

①结构简单、紧凑。

②灵敏度高、稳定性好、高频特性好，响应速度快。

③高速下仍能稳定工作。

④抗污染等恶劣环境的能力强。

⑤具有多功能的特点，易于制成绝对式编码器。

⑥耐振动、抗冲击、可靠性高。

⑦耗电少。

## 二、速度传感器

在伺服系统中，为了反馈电机的转速需要转速传感器，转速传感器是将转速转换成电信号的转换元件，按其输出电压信号的形式可分为模拟式和数字式两种。模拟式的输出电压大小为转速的连续函数，直流、交流测速发电机均属于这一类；数字式的输出信号为频率与转速成正比的脉冲信号，常用的有增量式光电编码器等。

**1. 测速发电机**

测速发电机是一种模拟式测量转速的信号元件，它将转轴输入的机械转速变换成为模拟电压信号输出。

伺服系统对测速发电机的主要要求是：

输出电压与转速成正比，并保持稳定。

转动惯量小，以保证反应迅速；

灵敏度高，即输出电压对转速的变化反应灵敏，输出特性斜率大；

结构简单、工作可靠；

输出电压纹波小；

正、反转的输出特性应一致；

无线电干扰小、噪声小、体积小、重量轻。

测速发电机有许多种类，但主要有永磁直流测速发电机、永磁同步测速发电机、异步测速发电机和无刷直流测速发电机。

永磁直流测速发电机以其灵敏度高、线性误差小、极性可逆等优点而得到了广泛应用，但因电刷和换向器的存在带来了一系列的弊病，如可靠性差，使用环境条件受限制，电刷与换向器的摩擦，增加了被测电机的黏滞转矩，电刷的接触压降造成了输出低速时的不灵敏区；电刷与换向器的间断接触或不良接触引起射频噪声，产生无线电干扰，电刷压降变化引起输出电压的不稳定等，在高性能的交流伺服中较少使用。因此，这里主要介绍交流伺服系统中常用的两种交流测速发电机：无刷直流测速发电机和异步测速发电机。

（1）无刷直流测速发电机。无刷直流测速发电机是一种电机与电子电路结合的一体化元件，主要由电机本体和测速电路两部分组成，如图 3-35 所示。电机本体由一台永磁同步发电机和同轴安装的转子位置传感器组成。如果此测速发电机安装到一台交流伺服电动机上，伺服电动机的极数和相数与测速发电机相同的话，就可以共用一转子位置传感器。永磁同步发电机的定子与普通交流电机相似，嵌放有对称多相绕组，通常是星形接法（图3-35 中 A，B，C）；转子上的永磁体在气隙中产生多极径向磁场。电机旋转时，各相绕组的感应电动势波形呈平顶梯形波，平顶部分要有足够的宽度和尽可能小的纹波分量。转子位置传感器可以使用光电或磁性编码器（绝对型）、霍尔传感器（图 3-35 中 H1，H2，H3）等不同工作原理的角位置传感器构成。测速电路主要包括模拟开关电路、采样信号形成电路和运算放大器。

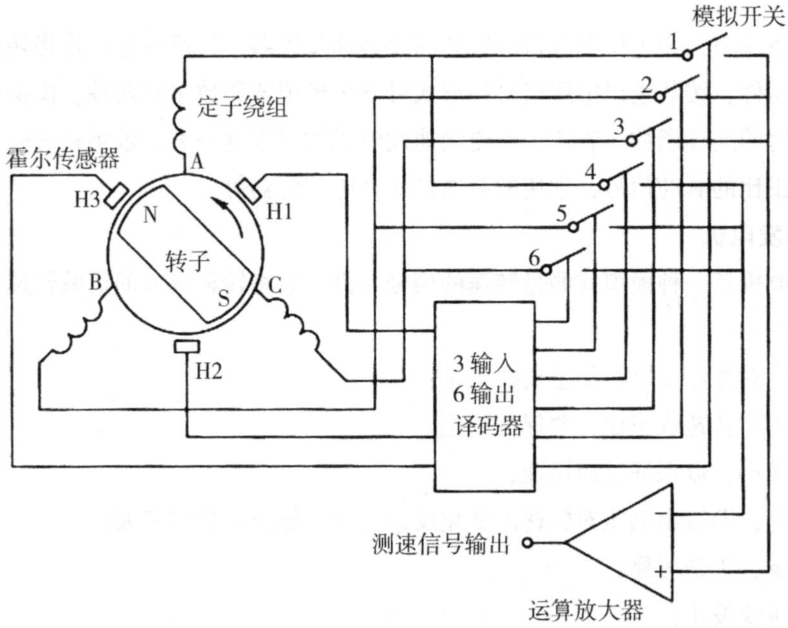


**图 3-35　三相无刷直流测速发电机构成**

无刷直流测速发电机定子绕组一般采用 2 相、3 相、4 相等，对于三相无刷直流测速发电机，当电机旋转时，每一相定子绕组产生相移为 2π/3 的梯形电动势（图 3-36 中 $E_A$、$E_B$、$E_C$）波形，它们分别被送到电子模拟开关电路中，转子位置传感器分别对应 3 相定子绕组。当轴转动时，传感器将转子位置信号（图 3-36 中 H1、H2、H3）送入逻辑电路进行处理，得到 6 个占空比为 1∶5 的时序方波信号（图 3-36 中 s1、s2、s3、s4、s5、s6），此 6 个方波信号控制电子模拟开关，对三相交流电动势的相应平顶部分的中间 60°宽逐一进行采样，然后经运算放大器将此采样信号求和得到一个正比于转速的直流电压（图 3-36 中 U）输出，其输出电压极性与测速发电机旋转方向相对应。图 3-36 所示为相关信号的波形图。

发电机产生的反电动势波形其平顶部分的宽度在理论上可设计成 120°，但实际上很难做到，一般其波形台肩部分有一定的弧度。基于这种因素，如果对发电机反电动势波形平

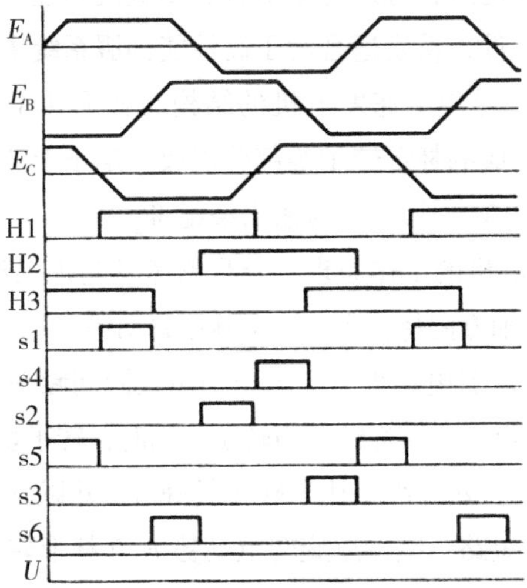


**图 3-36　三相无刷直流测速发电机的信号波形**

顶部分 120°进行采样，那么经运算放大器将此采样信号求和得到的直流电压纹波很大，若对反电动势正、负半周的中间 60°宽的平顶部分进行采样，则可使输出电压纹波大大降低。

无刷直流测速发电机每匝线圈电动势（$E_{c1}$）为：

$$E_{c1} = \frac{\pi}{60} B_{\delta} D_i L_{fe} n \tag{3-15}$$

式中，$B_{\delta}$ 为气隙磁密；$D_i$ 为电枢内径；$L_{fe}$ 为电枢铁心有效长度；$n$ 为测速发电机转速。

则测速发电机每相电动势（$E_{\varphi}$）为

$$E_{\varphi} = N E_{c1} = N \frac{\pi}{60} B_{\delta} D_i L_{fe} n = K_e n \tag{3-16}$$

式中，$N$ 为每相绕组匝数；$K_e$ 为测速发电机电动势常数，$K_e = \frac{\pi}{60} N B_{\delta} D_i L_{fe}$ 。

测速发电机输出电压 $U$（$n$）为

$$U(n) = K_f K_e n \tag{3-17}$$

式中，$K_f$ 为测速发电机电路放大倍数，$K_f = \frac{R_f}{R + R_i}$；$R_f$ 为运算放大器反馈电阻；$R_i$ 为绕组及模拟开关通路的等效电阻；$R$ 为限流电阻。

测速发电机输出电压斜率（$K$）为

$$K = K_f K_e \tag{3-18}$$

无刷直流测速发电机克服了有刷直流测速发电机的缺点，具有可靠性高、寿命长、测速范围宽、测速精度高、输出电阻小、零转速输出电压为零、输出电压死区极小、输出电压斜率可随需要改变等众多优点，可适应于所有有刷直流测速发电机使用的场合，作为速度指示、反馈和阻尼稳定元件，特别适合用于高性能伺服系统中。

（2）异步测速发电机。异步测速发电机的结构与杯形转子交流伺服电动机类似，由内、外定子、非磁性材料制成的杯形转子等部分组成。定子上放置两个在空间相互垂直的单相绕组，一个为励磁绕组 $W_1$，另一个为输出绕组 $W_2$。

图 3-37 为异步测速发电机的工作原理。异步测速发电机工作时，励磁绕组接频率为 $f$ 的单相交流电源，此时沿直轴方向将会产生一个脉振磁动势 $F_d$。当转子不动时，脉振磁动势 $F_d$ 在空心杯转子中感应出变压器电动势，产生与励磁电源同频率的脉振磁场 $\Phi_d$，也为 $d$ 轴方向，与处于 $q$ 轴的输出绕组无磁通交链。当转子运动时，转子切割直轴磁通 $\Phi_d$，在杯形转子中感应产生旋转电动势 $E_r$，其大小正比于转子转速 $n$，并以励磁磁场 $\Phi_d$ 的脉振频率 $f$ 交变，又因空心杯转子相当于短路绕组，故旋转电动势 $E_r$ 在杯形转子中产生交流短路电流 $I_r$，其大小正比于 $E_r$，其频率为 $E_r$ 的交变频率 $f$。若忽视杯形转子漏抗的影响，那么电流 $I_r$ 所产生的脉振磁通 $\Phi_q$ 的大小正比于 $E_r$，在空间位置上与输出绕组的轴线（$q$ 轴）一致，因此转子脉振磁场 $\Phi_q$ 与输出绕组相交链而产生感应电动势 $E$。由以上分析可以得出如下关系。

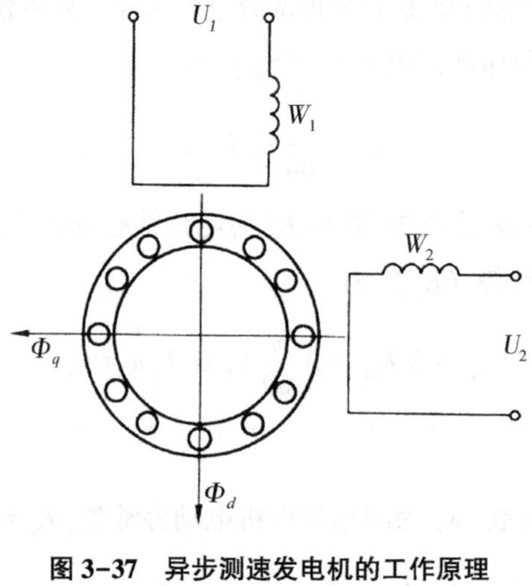


**图 3-37 异步测速发电机的工作原理**

$$n \propto E_r \propto I_r \propto \phi_q \propto E$$

输出绕组感应产生的电动势 $E$ 实际就是异步测速发电机输出的空载电压 $U$，其大小正比于转速 $n$，其频率为励磁电源的频率 $f$。当然，这里也存在着不可避免的误差。

异步测速发电机的误差主要有非线性误差、剩余电压和相位误差。

①非线性误差。非线性误差只有在严格保持直轴磁通 $\Phi_d$ 不变的前提下，异步测速发电机的输出电压才与转子转速成正比。但实际上，直轴磁通 $\Phi_d$ 是变化的，为了减小转子漏抗造成的线性误差，异步测速发电机都采用非磁性空心杯转子，常用电阻率大的磷青铜制成，以增大转子电阻，从而可以忽略转子漏抗，与此同时使杯形转子转动时切割交轴磁

通 $\Phi_q$ 而产生的直轴磁势明显减弱。另外，提高励磁电源频率，也就是提高电机的同步转速，也可提高线性度，减小线性误差。

②剩余电压。当转子静止时，异步测速发电机的输出电压应当为零，但实际上还会有一个很小的电压输出，此电压称为剩余电压。剩余电压主要是由定子两相绕组空间不对称、气隙不均匀、杯形转子壁厚不均匀以及绕组端部漏磁不平衡等因素造成的。

③相位误差。相位误差是指在异步测速发电机工作转速范围内，输出电压与励磁电压之间相位移的变化量。由于速度的变化及励磁绕组的输入阻抗的不同，使得励磁绕组所产生的磁通的相位和幅值都改变，从而使输出电压与励磁电压不同相。

由于异步测速发电机结构简单，且没有机械接触，输出特性稳定，不产生无线电干扰，正、反转输出电压对称，转子惯量小、响应快，精度较高，所以在控制系统中得到广泛的应用。但是由于剩余电压对系统的影响很大，其幅值通常有几十毫伏，因而其低速时的不灵敏区较大，调速范围受到限制，且需专门的交流励磁电源，因此在高性能交流伺服系统中很少使用，但是对伺服精度要求不高，对可靠性、成本等有较高要求的小型交流伺服系统中经常用到。

**2. 数字转速传感器**

数字转速传感器是将转轴转速直接变成数字量的一种测速装置，前面介绍的光电编码器就是一种性能优良的数字式测速元件，它具有惯量小、噪声低、精度高及分辨率高等优点，是目前数字控制系统中应用最多的一种转速传感器。

（1）数字测速的技术要求。数字测速的质量好坏除了和测速元件本身性能有关外，还和采样方法及信号处理电路有关，主要技术要求有以下三点：

①分辨率。它表征对速度变化的敏感度，当测量数值作最小值改变时，转速由 $n_1$ 变化到 $n_2$ 的差 $Q$（r/min）定义为分辨率。

$$Q = n_2 - n_1 \tag{3-19}$$

式中，速度变化（$Q$）越小，说明对转速变化越灵敏，亦即其分辨率越高。

②精度。精度表示测速装置的读数偏离实际转速值的百分比，即当实际转速为 $n$，读数误差为 $\Delta n$ 时，测速精度为

$$\varepsilon = \frac{\Delta n}{n} \times 100\% \tag{3-20}$$

在测量过程中，总会有±1 个脉冲的检测误差，此外还有传感器制造误差，以及安装不精确引起的误差。

③检测时间。这是指速度数据连续两次采样之间的间隔时间 $T$。$T$ 越短，采样滞后越小，响应越快。可以看出，检测时间和分辨率之间有一定关系。如果检测时间长，分辨率可以提高，但是采样滞后加大。

（2）数字测速方法。数字测速方法可分为三种：M 法测速，这种方法可以测量频率；

T 法测速，这种方法可以测量周期；M/T 法测速，这种方法可以既测量频率，又测量周期。

①M 法测速。M 法测速是在规定的检测时间 $T_c$（s）内，对传感器输出的脉冲个数 $m_1$ 进行计数（图 3-38）。若传感器每转产生的脉冲数为 $P$，则电机的转速为：

$$n = \frac{60\,m_1}{PT_c} \tag{3-21}$$

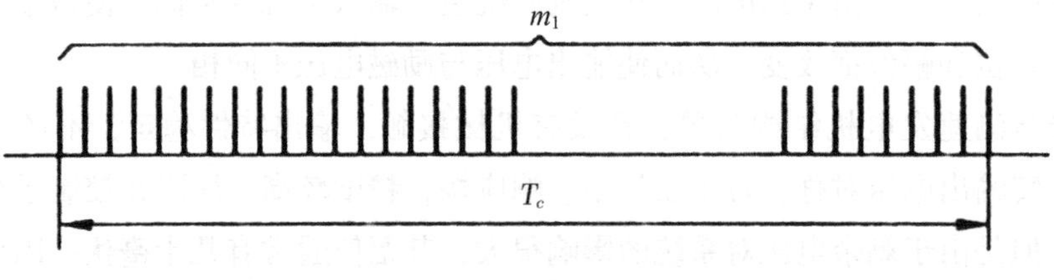


图 3-38　M 法测速原理

实际上，在检测时间内的脉冲个数一般不是整数，而用微机中的定时/计数器测得的脉冲个数只是整数部分，因而存在着量化误差。故而 M 法测速适合于测量高转速，因为在 $P$ 及 $T_c$ 相同的条件下，高转速时 $m$ 较大，量化误差较小。

②T 法测速。T 法测速是在传感器输出的一个脉冲周期 $T_{tach}$ 内对高频时钟脉冲的个数 $m_2$ 进行计数（图 3-39）。若高频时钟脉冲的频率为 $f_c$，则电机的转速为：

$$n = \frac{60f_c}{P\,m_2} \tag{3-22}$$

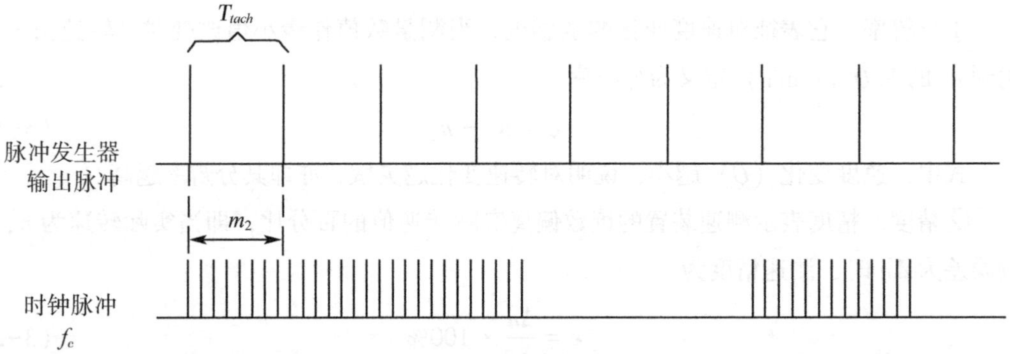


图 3-39　T 法测速原理

为了减小量化误差，$m_2$ 不能太小，所以 T 法在测量低速时精度较高。当然转速也不宜很低，以免传感器发出一个脉冲的时间过长，影响测量的快速性。为了提高测量的快速性应选用 $P$ 值较大的光栅。

③M/T 法测速。M/T 法测速原理如图 3-40 所示。M/T 法的检测时间由两部分组成，即 $T = T_c + \Delta T$，其中 $T_c$ 是一个固定不变的时间。当 $T_c$ 结束以后，到传感器发出第一个脉冲记为 $\Delta T$。分别在 $T_c$ 和 $\Delta T$ 时间内测得传感器输出脉冲数 $m_1$ 和高频时钟脉冲数 $m_2$，可求出

电机的转速为：

$$n = \frac{60\, m_1 f_c}{P\, m_2} \tag{3-23}$$

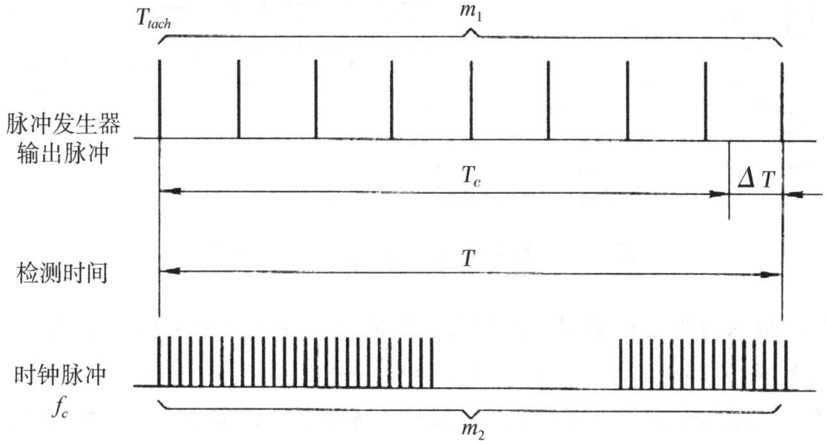


图 3-40 M/T 法测速原理

## 三、电流传感器

伺服控制系统中，电流传感器的作用是准确检测电机的绕组电流或直流母线电流，并把电流检测信号反馈到控制系统信号处理单元中，以精确控制电机电流或保护逆变器不受损坏。

### 1. 霍尔电流传感器

霍尔电流传感器所依据的工作原理主要是霍尔效应。霍尔电流传感器由原边电路、聚磁环、霍尔器件、次级线圈和放大电路等组成。根据对霍尔输出电压处理的方式不同，霍尔电流传感器可分为直接检测式电流传感器和磁场平衡式电流传感器两种类型。

（1）直接检测式电流传感器。众所周知，当电流通过一根长导线时，在导线周围将产生一磁场，这一磁场的大小与流过导线的电流成正比。图 3-41 为霍尔电流传感器原理图，在一块环形铁磁材料上，绕一组线圈或母线直接贯穿其间，通有一定控制电流 $I_C$ 的霍尔器件置于铁磁体的气隙中，在绕组电流产生的磁动势作用下，用霍尔器件测出气隙里磁压降，就能计算出被测电流 $I_1$ 由于铁磁体的磁阻远小于气隙磁阻，因此铁磁体磁压降相对于气隙的磁压降小到可以忽略的程度。又因为气隙较小而均匀，所以可认为霍尔器件的磁轴方向与气隙中的磁感应强度方向一致，则霍尔器件输出的霍尔电压 $U_H$ 正比于气隙里磁感应强度和磁场强度，即正比于气隙里的磁压降：

$$U_H = K_H I_C B \tag{3-24}$$

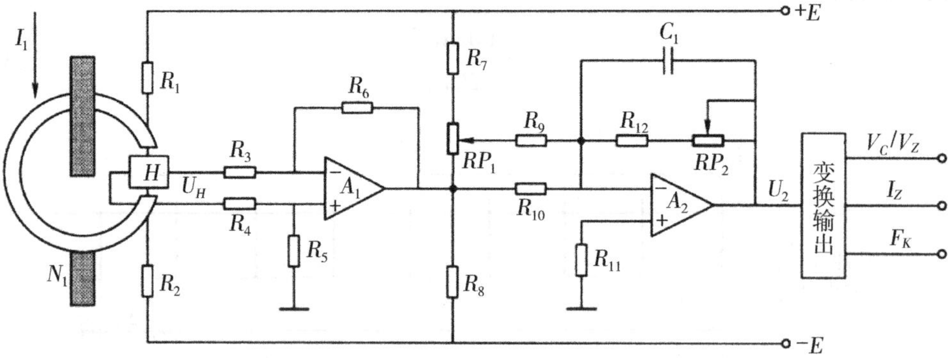


图 3-41　直接检测式霍尔电流传感器原理图

霍尔电压放大后可直接输出，或经交、直流变换器把 0~1V 的交、直流信号转换为 $I_Z$：4~20mA 或 0~20mA，$V_Z$：0~5V 或 1~5V 的标准直流信号输出。

直接检测式霍尔电流传感器的耐压等级高，成本低，性能稳定，但精度受温度变化影响大，动态响应特性很不理想。

（2）磁场平衡式电流传感器。磁场平衡式电流传感器如图 3-42 所示。它与直接检测式电流传感器的区别在于其铁磁体上另外加有平衡绕组，气隙里的霍尔器件仅作为检零器件，用来检测被测电流 $I_1$ 和平衡绕组中电流 $I_2$ 在铁磁体中所产生的磁动势的平衡状态，霍尔器件始终处于检测零磁通的工作状态。

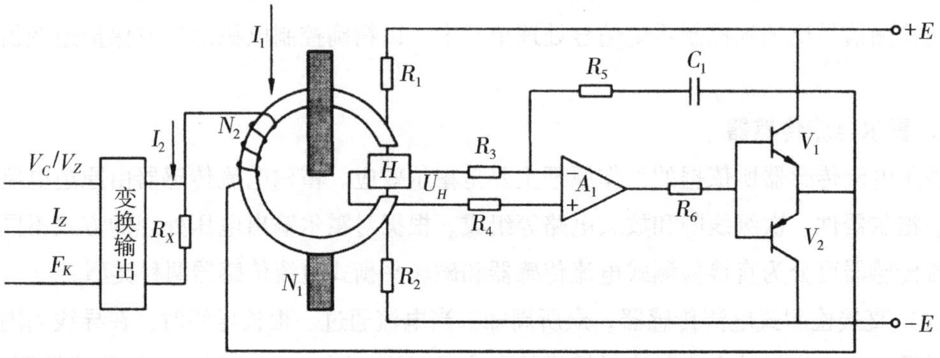


图 3-42　磁场平衡式霍尔电流传感器原理图

一次电流 $I_1$ 流过一次绕组 $N_1$ 产生的磁通作用于导磁体气隙中的霍尔元件，在一定的控制电流 $I_C$ 下，其霍尔输出电压经放大器 $A_1$ 进行电压放大，再由互补晶体管 $V_1$、$V_2$ 功率放大后，输出的补偿电流 $I_2$ 经二次（补偿）绕组 $N_2$ 产生与一次电流相反的磁通，因而补偿了一次电流产生的磁通，使霍尔输出电压逐渐减小，直到 $I_2$ 与匝数相乘所产生的磁场与 $I_1$ 与匝数相乘所产生的磁场相等时，二次电流不再增加，这时霍尔器件起到指示零磁通的作用。因此从宏观上看，二次补偿电流 $I_2$ 的安匝数在任何时间都与一次电流 $I_1$ 的安匝数一样：

$$I_1 N_1 = I_2 N_2 \quad (3-24)$$

即：

$$I_2 = \frac{N_1}{N_2} I_1 \quad (3-25)$$

上述电流补偿的过程是一个动态平衡过程。当 $I_1$ 通过 $N_1$，$I_2$ 尚未形成时，霍尔器件 H 检测出 $I_1 N_1$ 所产生的磁场的霍尔电压，经电压、功率放大。由于 $N_2$ 为补偿绕组，经过它的电流不会突变，$I_2$ 只能逐渐上升，$I_2 N_2$ 产生的磁通抵消（补偿）$I_1N_1$产生的磁通，霍尔输出电压降低，$I_2$ 上升减慢。当 $I_2 N_2 = I_1 N_1$ 时，磁通为0，霍尔输出电压为0。由于二次绕组的缘故，$I_2$ 还会再上升，使 $I_2 N_2 > I_1 N_1$，补偿过冲，霍尔输出电压改变极性，互补晶体管组成的功率放大输出级使 $I_2$ 减少，如此反复在平衡点附近振荡。这样的动态平衡建立时间≤1μs，二次电流正比于一次被测电流。采用霍尔器件、导磁体、放大电路、补偿绕组和交、直流变换器把 0~1V 的交、直流信号转换为 $I_Z$：4~20mA 或 0~20mA，$V_Z$：0~5V 或 1~5V 的标准直流信号。

在实际应用磁场平衡式霍尔电流传感器时，通常是通过测量电阻 $R_M$ 上的电压 $V_M$ 来间接求出 $I_2$，从而得到电流 $I_1$。实际上，在一次绕组匝数 $N_1$、二次绕组匝数 $N_2$ 一定的情况下，二次补偿电流的最大值 $I_{2max}$ 即决定了一次电流（被测电流）的最大值 $I_{1max}$。$I_{2max}$ 由下式计算：

$$I_{2max} = \frac{V_s - V_{CES}}{R_t + R_M} \quad (3-26)$$

式中，$V_s$ 为外接电源电压；$V_{CES}$ 为传感器内输出功率管的饱和压降，一般$V_{CES} \leqslant 2V$；$R_t$ 为二次绕组电阻（或称副边电阻、次级电阻）；$R_M$ 为外接测量电阻。

磁场平衡式霍尔电流传感器具有以下特点：

①测量范围宽，可测量各种电流，如直流、交流、脉冲电流等。

②电气隔离性能好。

③线性度好、测量精度高。

④抗外界电磁和温度等干扰因素的能力强。

⑤电流上升率大，响应速度快，工作频带宽。

⑥过载能力强、可靠性高。

⑦体积小，重量轻，安装简单、方便。

磁场平衡式霍尔电流传感器是一种模块化的有源电子传感器。它的突出优点在于把普通传感器与霍尔器件、电子电路有机地结合起来，既发挥了普通传感器测量范围大的优势，又利用了电子电路反应速度快的长处。

**2. 电流检测 IC**

通常检测电机电流时，可以在逆变器输出侧或直流母线等处设置传感器进行检测。在逆变器输出侧以外的地方检测电流时，为了与电机内实际流过的电流相同，需要对检测信号进行处理。但是如果在逆变器输出侧进行检测，则能够最准确地检测电机电流，并且不需要进行信号处理。为了能够在逆变器输出侧进行电流检测，国际整流器公司采用高压技术制造出单片电流检测 IC——IR2171。

IR2171 中集成了高精度运算放大器、A/D 变换器和电平转换器，输出信号是 40kHz 的 PWM 信号。二次侧电源可以与功率管的栅极驱动电源共用，并且由于其输出是数字量，因此可以直接送到 DSP 等数字电路或芯片中进行处理。封装有 SOIC8 脚、SOIC16 脚和 DIP8 脚三种类型。

图 3-43 是 IR2171 的内部框图。当电流流过检测电阻时，会在电阻上产生电压，把该电压输入到 IC 的 $V_{in+}$、$V_{in-}$ 端，经高精度运算放大器放大之后通过 A/D 变换器，转换成 40kHz 的 PWM 信号，再经脉冲产生电路被变换成两个脉冲信号，该信号又通过两个 P 沟道电平转换器被转换为低压电平信号。两个低压电平信号在脉冲复原电路中被变换成 PWM 信号，输出到下一级信号处理电路中。

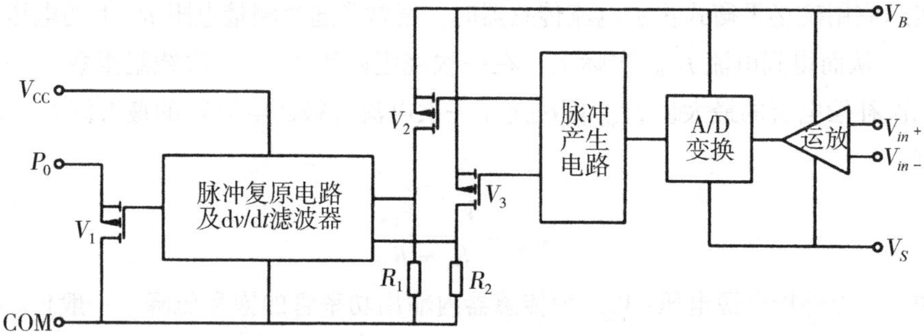


**图 3-43　IR2171 的内部框图**

**3. 电阻+绝缘放大器**

这种方法是使要检测的电流 $i$ 流过电阻 $R_1$，把电阻上产生的电压通过绝缘放大器（或线性光耦）隔离，以达到强、弱电隔离及噪声隔离的目的。由于检测电流中含有 PWM 斩波产生的高次谐波，所以检测电阻必须采用无感电阻。图 3-44 是采用线性光耦隔离的直流电流检测电路。

## 四、电压传感器

电压传感器主要用于检测逆变电路的直流母线电压。上节介绍的霍尔电流传感器可以作为电压传感器使用。也可以采用先利用采样电阻分压，再把采样电阻上的电压通过绝缘放大器（或线性光耦）隔离的电压检测方法。除此之外，还可以利用 V/F 变换器把直流母线电压转换成频率与该电压成正比的脉冲列，把脉冲列利用光耦隔离，并通过计数器计

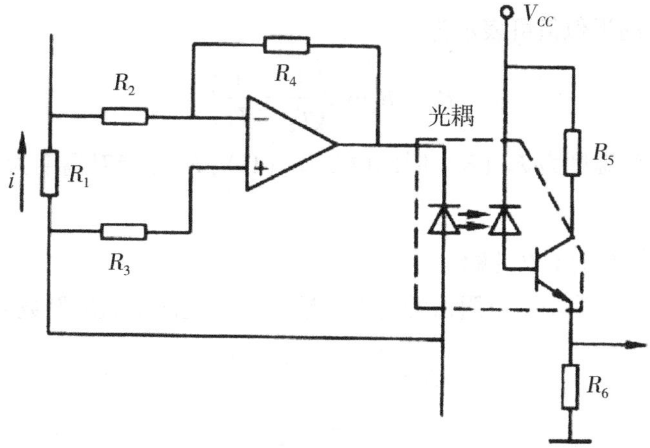


**图 3-44 采用线性光耦隔离的直流电流检测电路**

数，这种电压方式为数字检测方式；或把脉冲列输入 F/V 变换器，把频率信号转换成直流电压信号，这种电压检测方式则为模拟检测方式。

## 五、温度传感器

温度传感器主要用于功率半导体器件在工作期间的温度检测，以防止器件因长时间过电流或过载所造成的损坏。温度传感器通常采用热敏电阻（Thermistor），把热敏电阻安装在器件的散热器上，来检测器件的温度。

热敏电阻是其电阻值对温度极为敏感的一种电阻器，也称为半导体热敏电阻，由单晶材料、多晶材料以及玻璃、塑料等材料制成。由于热敏电阻的种类繁多，通常按阻值温度系数分为负温度系数（NTC）热敏电阻和正温度系数（PTC）热敏电阻两种。

NTC 热敏电阻的体积很小，其阻值随温度的变化比金属电阻要灵敏得多，因此，它被广泛用于温度测量、温度控制以及电路中的温度补偿、时间延迟等。

PTC 热敏电阻分为陶瓷 PTC 热敏电阻及有机材料 PTC 热敏电阻两类。PTC 热敏电阻是 20 世纪 80 年代初发展起来的一种新型材料电阻器，它的特点是存在一个突变点温度，当这种材料的温度超过突变点温度时，其电阻可急剧增加 5~6 个数量级（例如由 10Ω 急增到 $10^7\Omega$ 以上），因而具有极其广泛的应用价值。

按热敏电阻阻值随温度变化的大小可分成缓变型和突变型；按其受热的方式不同可以分为直热式和旁热式；按其工作的温度范围可以分为常温、高温和超低温热敏电阻器；按其结构分类，有棒状、垫圈状、珠状、圆片、方片、线管状、薄膜和厚膜等热敏电阻器。

热敏电阻主要技术参数：

**1. 电阻值：$R$（Ω）**

热敏电阻阻值的近似值可表示为

$$R_2 = R_1 \exp\left(\frac{1}{T_2} - \frac{1}{T_1}\right) \tag{3-27}$$

式中，$R_2$ 为绝对温度为 $T_2$（K）时的电阻值（Ω）；$R_1$ 为绝对温度为 $T_1$（K）时的电阻值（Ω）。

**2. $B$ 值（热敏指数）：$B$（k）**

$B$ 值为两个温度下零功率电阻值的自然对数之差与这两个温度倒数之差的比值。

$$B = \frac{[\ln(R_1/R_2)]}{\frac{1}{T_1} - \frac{1}{T_2}} \tag{3-28}$$

**3. 耗散系数：$\delta$（m·W/℃）**

耗散系数是指在规定的环境温度下，热敏电阻耗散功率与电阻相应的温度变化之比。

$$\delta = \frac{W}{T - T_a} = \frac{I^2 R}{T - T_a} \tag{3-29}$$

式中，$W$ 为热敏电阻消耗的电功率（mW）；$T$ 为达到热平衡后的温度值（℃）；$T_a$ 为环境温度（℃）；$I$ 为在温度 $T$ 时加在热敏电阻上的电流值（mA）；$R$ 为在温度 $T$ 时热敏电阻的电阻值（kΩ）。

**4. 热时间常数：$\tau$（s）**

热敏电阻在零功率条件下，外界温度发生变化使热敏电阻本身的温度发生改变，当温度在初始值和最终值之间改变 63.2%所需的时间就是热时间常数 $\tau$。

**5. 电阻温度系数：$\alpha$（%/℃）**

$\alpha$ 是表示热敏电阻温度每变化 1℃，其电阻值变化程度的系数（即变化率），用下式表示：

$$\alpha = \frac{1}{R}\frac{dR}{dT} \tag{3-30}$$

热敏电阻用半导体制成，与金属热电阻相比有以下特点：

（1）电阻温度系数大、灵敏度高。

（2）结构简单、体积小，易于点测量。

（3）结构坚固，能承受较大的冲击、振动。

（4）电阻率高，且适合动态测量。

（5）热惯性小、响应速度快，适用于温度快速变化的测量场合。

（6）资源丰富、制作简单，可方便地制成各种形状，易于大批量生产，成本和价格低。

（7）阻值与温度变化的关系是非线性的。

（8）元件易老化，稳定性较差。

## 第三节　伺服控制技术

在交流电机伺服系统中，控制器是伺服控制系统的“大脑”，它接收指令信号，并与编码器反馈回来的实际状态进行比较，计算出误差信号，然后根据控制算法（如 PID 控制）调整电机的输出，以减小误差。控制器的设计直接影响着伺服电机的运行状态，从而在很大程度上决定了整个系统的性能。

交流电机伺服系统通常有两类，一类是速度伺服系统；另一类为位置伺服系统。前者的伺服控制器主要包括电流（转矩）控制器和速度控制器，后者还要增加位置控制器。其中电流（转矩）控制器是最关键的环节，因为无论是速度控制还是位置控制，最终都将转化为对电机的电流（转矩）控制。电流环的响应速度要远远大于速度环和位置环。为了保证电机定子电流响应的快速性，电流控制器的实现不应太复杂，这就要求其设计方案必须恰当，使其能有效地发挥作用。对于速度和位置控制，由于其时间常数较大，因此可借助计算机技术实现许多较复杂的基于现代控制理论的控制策略，从而提高伺服系统的性能。

**1. 电流控制器**

电流环由电流控制器和逆变器组成，其作用是使电机绕组电流实时、准确地跟踪电流指令信号。为了能够快速、精确地控制伺服电机的电磁转矩，在交流伺服系统中，需要分别对永磁同步电机（或感应电机）的 $d$、$q$ 轴（或 $M$、$T$ 轴）电流进行控制。$q$ 轴（或 $T$ 轴）电流指令来自速度环的输出；$d$ 轴（或 $M$ 轴）电流指令直接给定，或者由磁链控制器给出。将电机的三相反馈电流进行 3/2 旋转变换，得到 $d$、$q$ 轴（或 $M$、$T$ 轴）的反馈电流。$d$、$q$ 轴（或 $M$、$T$ 轴）的给定电流和反馈电流的差值，通过电流控制器得到给定电压，再根据 PWM 算法产生 PWM 信号。

**2. 速度控制器**

速度环的作用是保证电机的转速与速度指令值一致，消除负载转矩扰动等因素对电机转速的影响。速度指令与反馈的电机实际转速相比较，其差值通过速度控制器直接产生 $q$ 轴（或 $T$ 轴）指令电流，并进一步与 $d$ 轴（或 $M$ 轴）电流指令共同作用，控制电机加速、减速或匀速旋转，使电机的实际转速与指令值保持一致。速度控制器通常采用的是 PI 控制方式，对于动态响应、速度恢复能力要求特别高的系统，可以考虑采用变结构（滑模）控制方式或自适应控制方式等。

**3. 位置控制器**

位置环的作用是产生电机的速度指令并使电机准确定位和跟踪。通过比较设定的目标位置与电机的实际位置，利用其偏差通过位置控制器来产生电机的速度指令，当电机启动后在大偏差区域，产生最大速度指令，使电机加速运行后以最大速度恒速运行；在小偏差区域，产生逐次递减的速度指令，使电机减速运行直至最终定位。为避免超调，位置环的控制器通常设计为单纯的比例（P）调节器。为了系统能实现准确的等速跟踪，位置环还应设置前馈环节。

## 第四节　功率变换器

交流伺服系统功率变换器的主要功能是根据控制电路的指令，将电源单元提供的直流电能转变为伺服电机电枢绕组中的三相交流电流，以产生所需要的电磁转矩。功率变换器主要包括控制电路、驱动电路、功率变换主电路等。

功率变换主电路主要由整流电路、滤波电路和逆变电路三部分组成。为了保证逆变电路的功率开关器件能够安全、可靠地工作，对于高压、大功率的交流伺服系统，有时需要有抑制电压、电流尖峰的“缓冲电路”。另外，对于频繁运行于快速正反转状态的伺服系统，还需要有消耗多余再生能量的“制动电路”。

控制电路主要由运算电路、PWM 生成电路、检测信号处理电路、输入输出电路、保护电路等构成，其主要作用是完成对功率变换主电路的控制和实现各种保护功能等。

驱动电路的主要作用是根据控制信号对功率半导体开关器件进行驱动，并为器件提供保护，主要包括开关器件的前级驱动电路和辅助开关电源电路等。

集驱动电路、保护电路和功率变换主电路于一体的智能功率模块，改变了伺服系统逆变电路的传统设计方式，实现了功率开关器件的优化驱动和实时保护，提高了逆变电路的性能，是逆变电路的一个发展方向。

# 第四章　巡检机器人模型算法

巡检机器人进行巡检，首先要确定自己在地图参考系中的位置，然后根据建图以及相关指令，自动规划出通往地图参考系中某个目标位置路径并沿着该路径到达目标位置点。在自主移动的过程中，导航作为核心技术是赋予巡检机器人行动能力的关键，导航系统主要会赋予巡检机器人解决以下 3 个问题的能力：

一是巡检机器人现在所在何处的问题；

二是巡检机器人要往何处走的问题；

三是巡检机器人如何到达该处的问题。

其中第一个问题是巡检机器人导航系统的定位及其跟踪问题，第二个以及第三个是导航系统的路径规划和运动控制问题。基于上述的描述，巡检机器人模型算法可以分为四个基本能力的组合：定位、路径规划、运动控制和地图构建。

定位：巡检机器人的定位能力即为机器人确定自身在导航地图中位置和方向的能力。

路径规划：基于巡检机器人在地图参考系下的当前位置和目标位置，规划出一条无碰撞的连接两个位置点的路线供巡检机器人行驶参考。该功能可进一步细分为全局路径规划和局部路径规划，其中全局路径规划根据给定的目标位置点和地图实现全局的最优路径设计与生成；在实际导航过程中由于障碍物或者环境变化的影响，巡检机器人可能无法按照给定的全局最优路线运行，因此需要局部路径规划在全局路径上生成短期局部的路径来实现临时无碰撞的规避。

运动控制：基于全局和局部路径规划生成路径，结合巡检机器人定位功能输出的实时位姿对巡检机器人进行运动控制，以保证巡检机器人能尽可能地沿着规划的路径移动。在控制巡检机器人移动的过程中，运动控制模块需要考虑巡检机器人实际位姿与目标位姿间的偏差量、巡检机器人速度和加速度等的限制、巡检机器人机械结构带来的运动约束和运动平滑性等多种因素，合理、高效地输出速度、加速度甚至力矩等控制量，上层控制量再经由服务器、减速器和电机解算最终赋予巡检机器人沿着路径顺滑移动的能力。

地图构建：地图构建技术即为 SLAM（实现地图构建和即时定位），该功能赋予巡检机器人在未知环境中的移动过程中增量式地构建地图的能力，由此构建出与外部环境一致的可用于巡检机器人导航的地图。

本章针对巡检机器人的定位、路径规划、运动控制以及地图构建环节中的模型算法进行介绍。

# 第一节　定位模型算法

定位模块是机器人导航系统的重要组成部分之一。机器人定位是指通过传感器测量，估计其相对于已知地图的位姿 $x$，可以归结为一个非线性递归状态估计问题——根据 $t-1$ 时刻的位姿分布 $bel(x_{t-1})$ 与测量数据 $z_t$ 来估计当前时刻的位姿分布 $bel(x_t)$ 。常用的定位技术，如扩展卡尔曼滤波（EKF）定位、无迹卡尔曼滤波（UKF）定位、栅格定位、Markov 定位等，都是贝叶斯滤波算法的变种，不同定位算法的计算效率、分布的近似精度、实现难度各有差异，需要根据实际应用选择合适的方法。

根据是否已知初始位姿信息，可以将定位问题分为机器人位姿追踪（或局部定位）和全局定位两个问题。全局定位问题不假定已知初始位姿，它比位姿追踪更加困难，因为局部定位可能看成它的一个特例。全局定位的一个变种是机器人“绑架”问题——机器人定位突然出现异常的情况，它比全局定位更加困难，因为机器人需要检测定位是否出现异常并重新定位。全局定位算法对机器人从定位失败中恢复和开机自动确定初始位姿等功能非常有用，是定位模块必不可少的一个功能。

和机器人领域的众多问题类似，定位问题的难度也与环境密切相关。贝叶斯滤波算法及其变种都依赖于静态环境假设，换言之，环境中只有机器人的状态会发生改变，地图不随时间改变。由于实际环境中存在其他运动物体，违反了 Markov 完整状态假设，可能会导致定位算法出现异常。动态环境的复杂度和具体场景有关，如果环境中的行人只对传感器观测产生短暂的干扰，则可以将其视为测量噪声并进行滤除；如果环境发生了长期性变化，则需要更新地图以适应环境的变化。目前不存在可以在任意复杂环境下运行的定位算法，因此需要在具体场景中检验算法的实际效果。

## 一、Markov 定位算法

Markov 定位（Markov Localization，ML）是贝叶斯滤波在定位问题上的直接应用。给定传感器数据，机器人位姿的后验概率分布可以通过以下递归公式得到

$$bel(x_i) = p(x_t \mid z_{1:t},\ u_{1:t},\ m) = \eta p(z_t \mid x_t,\ m)\int p(x_t \mid x_{t-1},\ u_t)bel(x_{t-1})d\,x_{t-1} \tag{4-1}$$

式中，$m$ 是已知的静态地图；$z_{1:t}$ 表示在时间点 $\{1, 2, \cdots, t\}$ 获得的传感器观测；$u_{1:t}$ 表示控制数据；$\eta$ 是归一化项。该等式可以根据贝叶斯公式和 Markov 假设推导出来，即：

$$
\begin{aligned}
p(x_t \mid z_{1:t}, u_{1:t}, m) &= \eta p(z_t \mid x_t, z_{1:t-1}, u_{1:t}, m)\, p(x_t \mid z_{1:t-1}, u_{1:t}, m) \\
&= \eta p(z_t \mid x_t, m)\, p(x_t \mid z_{1:t-1}, u_{1:t}, m) \\
&= \eta p(z_t \mid x_t, m) \int p(x_t \mid x_{t-1}, u_t)\, p(x_{t-1} \mid z_{1:t-1}, u_{1:t-1}, m)\, d x_{t-1} \\
&= \eta p(z_t \mid x_t, m) \int p(x_t \mid x_{t-1}, u_t)\, bel(x_{t-1})\, d x_{t-1} \qquad (4-2)
\end{aligned}
$$

ML 是增量的，它根据 $t-1$ 时刻的位姿概率 $bel(x_{t-1})$ 、$t$ 时刻的控制 $u_t$ 和测量 $z_t$ 来计算 $bel(x_t)$ ，主要包括两个步骤：第一步称为控制更新或预测，它等于两个分布乘积的积分，即 $\overline{bel}(x_t) = \int p(x_t \mid x_{t-1}, u_t)\, bel(x_{t-1})\, d x_{t-1}$ ；第二步称为测量更新，即 $bel(x_t) = \eta p(z_t \mid x_t, m)\, \overline{bel}(x_t)$ 。ML 可以同时表示全局和局部定位问题，当机器人初始位姿已知时，$bel(x_0)$ 初始位姿可用一个窄高斯分布表示，即 $bel(x_0) = N(x_0, u_0, \sum_0)$ ；当初始位姿未知时，$bel(x_0)$ 可以初始化为合法位姿集合上的均匀分布。

当置信度服从高斯分布时，可以使用扩展卡尔曼滤波（EKF）或无迹卡尔曼滤波（UKF）算法来实现 ML 框架。EKF 和 UKF 的主要区别在于 EKF 通过泰勒展开进行线性化，而 UKF 使用无迹变换进行线性化，UKF 不需要求导且在某些问题上表现得比 EKF 更好，实际上，UKF 和二阶 EKF 密切相关。EKF 和 UKF 的近似质量都受高斯分布的不确定度以及运动和测量模型的局部非线性程度的影响。由于高斯分布是单峰的，EKF 定位一般只用于位姿跟踪而不太适合做全局定位。此外，EKF 定位的鲁棒性较差，如果出现关联错误，结果可能会发散。相比单峰的高斯分布，非参数方法可以表示多峰分布并直接处理原始传感器数据。一种实现方法是栅格定位，它采用直方图滤波来表示后验置信度。栅格的分辨率对该算法的影响很大，分辨率太低会导致定位精度下降，甚至完全不能用；而分辨率太高会导致计算代价太大而无法实时运行。然而，有很多技术可以减少栅格定位的计算量，比如模型预缓存、传感器数据下采样、延迟运动更新和选择性更新等。模型预缓存是一种以空间换时间的查表法，它预先离线计算好结果，然后在运行时直接查表获取结果以节省计算时间；延迟运动更新指的是减少更新的次数，由于在短时间内里程计的误差比较小，因此可以不用频繁地修正机器人相对地图的位姿；选择性更新是指只选择一小部分栅格进行更新。

## 二、激光测距仪的测量模型

传感器的测量模型定义为条件概率 $p(z \mid x, m)$ ，其中 $x$ 和 $m$ 分别表示给定的机器人位姿和环境地图。条件概率分布考虑了测量生成过程中的不确定性，如传感器内在的不准确性、地图中的错误、行人的干扰等。假设测量波束之间的噪声之间是相互独立的，则观测似然 $p(z \mid x, m)$ 可以分解为单个测量似然的乘积

$$p(z \mid x, m) = \prod_{n=1}^{k} p(z_k \mid x, m) \tag{4-3}$$

## （一）波束模型

激光测距仪通过激光束来确定其与测量范围内最近物体的距离，而波束模型建模了这一过程。该模型中的测量误差可能有四种来源：小的测量噪声、地图中不包含的物体引起的误差、检测失败导致的误差、未知原因的噪声。测量噪声一般用窄高斯分布进行建模，即

$$p_{hit}(z_k \mid x, m) = \begin{cases} \eta N(z_k;\ z_k^*,\ \sigma_{hit}), & if \quad 0 \leqslant z_k \leqslant z_{max} \\ 0, & 其他情况 \end{cases} \tag{4-4}$$

式中，$z_{max}$ 是测距仪的最大测量距离；$N$ 是方差为 $\sigma_{hit}$ 的单变量正态分布，其均值 $z_k^*$ 等于测距仪发射的激光束 $z_k$ 击中地图 $m$ 中第一个物体时行进的距离，可以通过光线投射法计算。归一化因子 $\eta$ 定义为

$$\eta = \left(\int_0^{z_{max}} N(z_k;\ z_k^*,\ \sigma_{hit}^2)\, d z_k\right)^{-1} \tag{4-5}$$

式中，$m$ 表示先验地图，它只包含环境中静态物体的信息。但在机器人的实际操作环境中，存在着行人、手推车等可移动物体，它们会导致测距仪产生较短的测量，影响条件概率的计算。一种简单的处理方式是将它们视为传感器的噪声，这种情况下测量概率可以用指数分布表示，因为其符合检测到意外物体的可能性一般随距离的增大而降低的先验。根据指数分布的定义，有

$$p_{short}(z_k \mid x, m) = \begin{cases} \eta\, \lambda_{short}(z_k;\ z_k^*,\ \sigma_{hit}), & if \quad 0 \leqslant z_k \leqslant z_{max} \\ 0, & 其他情况 \end{cases} \tag{4-6}$$

式中，$\lambda_{short}$ 是模型的内参。归一化因子 $\eta$ 为

$$\eta = \frac{1}{1 - e^{-\lambda_{short} z_k^*}} \tag{4-7}$$

对某些材质的物体，激光传感器可能会检测失败，此时会返回 $z_{max}$ 测量值。这种情况可以使用点质量分布来建模测量概率，即

$$p_{max}(z_k \mid x, m) = I(z = z_{max}) = \begin{cases} 1, & if \quad z = z_{max} \\ 0, & 其他情况 \end{cases} \tag{4-8}$$

式中，$I$ 表示点质量函数，当其参数为真时值为 1，否则为 0。

对于不可解释的随机测量可以使用区间 $[0, z_{max}]$ 上的均匀分布进行建模，即

$$p_{rand}(z_k \mid x, m) = \begin{cases} \dfrac{1}{z_{max}}, & if \quad 0 \leqslant z_k \leqslant z_{max} \\ 0, & 其他情况 \end{cases} \tag{4-9}$$

最终观测模型的概率 $p(z_k \mid x, m)$ 等于上述四种概率密度的加权平均，即

$$p(z_k \mid x, m) = \begin{bmatrix} w_{hit} \\ w_{short} \\ w_{max} \\ w_{rand} \end{bmatrix} \begin{bmatrix} p_{hit}(z_k \mid x, m) \\ p_{short}(z_k \mid x, m) \\ p_{max}(z_k \mid x, m) \\ p_{rand}(z_k \mid x, m) \end{bmatrix}^T \tag{4-10}$$

式中，$w_{hit}$，$w_{short}$，$w_{max}$，$w_{rand}$ 是每一项的权值，且 $w_{hit} + w_{short} + w_{max} + w_{rand} = 1$。

### （二）似然场模型

似然场模型使用激光点与地图中最近的物体之间的距离来计算测量概率，相比波束模型，似然场模型更加平滑，似然场模型可以通过离线构建二维查找表来加速计算 $z_k$ 的条件概率，而不需要做射线投射运算，因此计算速度更快。具体来说，对每个激光束 $z_k$，可以通过以下公式将其变换到地图坐标系下，即

$$\begin{bmatrix} x_{z_k} \\ y_{z_k} \end{bmatrix} = \begin{bmatrix} \cos\theta & -\sin\theta \\ \sin\theta & \cos\theta \end{bmatrix} \begin{bmatrix} x \\ y \end{bmatrix} + z_k \begin{bmatrix} \cos(\theta + \theta_k) \\ \sin(\theta + \theta_k) \end{bmatrix} \tag{4-11}$$

设投影点与最近的占用栅格之间的距离为 $d$，那么观测到 $z_k$ 的概率可以用 0 均值高斯分布进行建模

$$p_{hit}(z_k \mid x, m) = N(d;\ 0,\ \sigma_{hit}^2) \tag{4-12}$$

和波束模型一样，随机测量也通过 $[0, z_{max}]$ 区间上的均匀分布进行建模，最终 $p(z_k \mid x, m)$ 的概率为两者的加权和，即

$$p(z_k \mid x, m) = z_{hit} \cdot p_{hit} + z_{rand} \cdot p_{rand} \tag{4-13}$$

似然场模型实际上是扫描匹配法的一种软变形，扫描匹配法首先计算地图中每个栅格的占用概率的对数并将低于阈值的数值进行截断，然后使用高斯平滑核对地图进行卷积，而测量与地图的匹配程度可以定义为激光点落入的栅格的占用概率之和，可以通过卷积运算进行快速计算。

## 三、里程计运动模型

运动模型或状态转移模型定义为

$$p(x_t \mid u_t, x_{t-1}) \tag{4-14}$$

它根据运动控制 $u_t$，和前一刻的位姿 $x_{t-1}$ 来预测当前时刻机器人的位姿。$u_t$ 通常由机

器人的里程计给出，里程计按信号源的不同可以分为轮式里程计（WO）、激光雷达里程计（LO）和视觉里程计（VO）等。WO 通过累积电机编码器的信息来计算机器人的位姿，而 LO 和 VO 通过关键帧匹配算法来计算位移。目前市场上有些传感器（如 Realsene T265）具有 VO 功能，然而 VO 也有自身的局限，比如容易受灯光、震动的干扰、实现和调试困难，需要 IMU 或 WO 的信息作为辅助等。接下来简要介绍 LO，它比 VO 实现起来更加容易，且在环境变化不是特别迅速的情况下，LO 可以提供可靠的位姿估计。

## （一）激光雷达里程计

LO 的精度一般比 WO 更高，主要有两个原因：一是激光雷达的测距比较准确；二是可以利用历史数据建立局部地图来提高 LO 的精度。LO 的局限是由于激光雷达的安装位置太低，测量很容易被动态物体干扰，导致匹配失败。LO 利用扫描匹配算法计算两帧扫描图像之间的相对位姿，常用的算法包括迭代最近邻法（ICP）、NDT（Normal Distribution Transform）等。基于优化的方法需要较好的初始位姿才可能会收敛到正确值，而初始位姿可以由 WO 来提供。当激光雷达的扫描频率足够快时，也可以不使用里程计信息，直接假设初始位移 0。

在每次迭代过程中，ICP 算法首先根据前一次迭代的结果计算两中的点的对应关系，然后最小化下面的误差函数

$$J(R,\ t)=\sum_{i=1}^{N}\sum_{j=1}^{M} w_{ij}\left\|p_i-(R\,q_j+t)\right\|^2 \tag{4-15}$$

式中，$q_j$ 是待匹配的扫描点；$p_i$ 是参考扫描中离 $q_j$ 最近的点；$w_{ij}$ 表示点之间的对应关系。ICP 方法有很多变种，Rusinkiewicz 等根据影响算法的 6 个阶段（如误差函数，异常值剔除等）对它们进行了分类。Censi 等提出了 PLICP 算法来进行扫描匹配。和普通 ICP 的区别是，PLICP 在每次迭代中最小化点到线度量，即

$$J(R,\ t)=\sum_{i=1}^{N}\left(n_i^T\left[R\,q_i+t-p_{j_1}^i\right]\right)^2 \tag{4-16}$$

式中，$p_{j_1}^i$ 是 $q_i$ 在参考扫描中对应的线段的第一个点；$n_i$ 是该线段的法向量。Censi 等给出了最小化该度量的解析解。Pottmann 等证明最小化点到线度量等价于高斯-牛顿迭代，在有良好初始假设的情况下，该算法是二次收敛的。

## （二）里程计运动模型

里程计通过累积机器人的位移来计算位姿，其误差随时间的增大而增大，但是它在短时间内比较精确。因此可以用邻近时间点上的里程计读数 $\bar{x}'_t=(\bar{x}',\ \bar{y}',\ \bar{\theta}')$ 和 $\bar{x}_{t-1}=(\bar{x},\ \bar{y},\ \bar{\theta})$ 来作为机器人的位移估计。里程计运动模型近似地认为 $u_t$ 由一个旋转 $\delta_{rot1}$ 、一个平移 $\delta_{trans}$ 和第二个旋转 $\delta_{rot2}$ 组成，它们可以由下式计算得到

$$\delta_{rot1} = atan2(\bar{y}' - \bar{y},\ \bar{x}' - \bar{x}) - \bar{\theta} \tag{4-17}$$

$$\delta_{trans} = \sqrt{(\bar{x}' - \bar{x})^2 + (\bar{y}' - \bar{y})^2} \tag{4-18}$$

$$\delta_{rot2} = \bar{\theta}' - \bar{\theta} - \delta_{rot1} \tag{4-19}$$

假设三个位移分别受到独立的噪声污染，则实际运动等于测量的位移加上噪声

$$\begin{bmatrix} \hat{\delta}_{rot1} \\ \hat{\delta}_{trans} \\ \hat{\delta}_{rot2} \end{bmatrix} = \begin{bmatrix} \delta_{rot2} \\ \delta_{trans} \\ \delta_{rot2} \end{bmatrix} + \begin{bmatrix} \varepsilon_{\alpha_1} \delta_{rot1}^2 + \alpha_2 \delta_{trans}^2 \\ \varepsilon_{\alpha_3} \delta_{trans}^2 + \alpha_4 \delta_{rot1}^2 + \alpha_4 \delta_{rot2}^2 \\ \varepsilon_{\alpha_1} \delta_{rot2}^2 + \alpha_2 \delta_{trans}^2 \end{bmatrix} \tag{4-20}$$

式中，$\alpha_1 \sim \alpha_4$ 是机器人的运动误参数；$\varepsilon_{\sigma^2}$ 是均值为 0 方 $\sigma^2$ 的噪声变量。因此，机器人下一刻位姿 $x'$ 等于当前位姿 $x$ 加上带噪声的位移，即

$$\begin{bmatrix} x' \\ y' \\ \theta' \end{bmatrix} = \begin{bmatrix} x \\ y \\ z \end{bmatrix} + \begin{bmatrix} \hat{\delta}_{trans}\cos(\theta + \hat{\delta}_{rot1}) \\ \hat{\delta}_{trans}\cos(\theta + \hat{\delta}_{rot2}) \\ \hat{\delta}_{rot1} + \hat{\delta}_{rot2} \end{bmatrix} \tag{4-21}$$

## 四、融合定位算法

在数据融合定位方面，常用的方法包括扩展卡尔曼滤波、无迹卡尔曼滤波、粒子滤波、人工神经法等。其中，卡尔曼滤波是一种最常用的融合算法，可以将多个传感器的测量值和误差协方差矩阵融合，得到最优估计值和误差协方差矩阵。

以下是一些常见的多传感器融合定位方法：

扩展卡尔曼滤波（Extended Kalman Filter，EKF）和无迹卡尔曼滤波（Unscented Kalman Filter，UKF）：EKF 和 UKF 是一种常用的滤波器，用于估计系统的状态，它可以融合多个传感器的测量数据和系统动力学模型，通过递归更新来提供位置估计。EKF 和 UKF 适用于非线性系统，并且常用于将惯性测量单元（IMU）和全球定位系统（GPS）等传感器融合。EKF 通过对非线性函数进行一阶泰勒展开，然后将其线性化为一个雅可比矩阵。该雅可比矩阵用于在状态预测和测量更新步骤中计算卡尔曼增益，从而进行状态估计，但在实际应用中因为需要计算雅可比矩阵导致计算量增大。UKF 不需要对系统模型进行线性化，直接使用非线性系统模型，并通过采样一组代表性的粒子来近似系统的状态分布，然后使用这些粒子来计算状态预测和测量更新步骤，以获得状态估计。UKF 通过选择一组代表性的粒子来近似非线性系统的状态分布，可以更好地处理高度非线性的系统。两者实现简单，性能优异，被广泛应用于各种领域，例如机器人、

自动驾驶和飞行器控制等。

粒子滤波（Particle Filter）：粒子滤波是一种基于蒙特卡洛采样的滤波方法。它使用一组粒子来表示系统的状态，并通过重采样和权重更新来逼近后续状态。粒子滤波可以有效地融合多个传感器的信息，适用于非线性和非高斯系统。

卡尔曼滤波和粒子滤波的组合：将卡尔曼滤波和粒子滤波结合起来，形成一种混合滤波方法。这种方法可以利用卡尔曼滤波的高效性和粒子滤波的非线性和非高斯处理能力，从而提供更准确和鲁棒的位置估计。

人工神经法：神经网络融合将多个深度神经网络的中间表示进行融合是一种常见的深度学习融合方法。这可以通过将多个网络的中间层连接起来形成一个更深的网络结构，或者通过使用融合层来合并不同网络的表示。这种融合方法可以利用不同网络的优势，提高性能和泛化能力。

### （一）卡尔曼滤波理论

卡尔曼滤波是一种经典的状态估计方法，主要适用于线性系统，用于对动态系统的状态进行估计。它的基本思想是：以最小均方误差为最佳估计准则，采用信号与噪声的状态空间模型，利用前一时刻的估计值和当前时刻的观测值来更新对状态变量的估计，求出当前时刻的估计值。

### （二）扩展卡尔曼滤波

标准卡尔曼滤波使用的前置条件是模型精确以及随机噪声信号统计特性已知但实际常无法满足上述条件。扩展卡尔曼滤波（EKF）是一种非线性卡尔曼滤波算法，用于处理非线性的状态方程和观测方程。与传统的卡尔曼滤波不同，EKF在每次更新时对非线性方程进行线性化，以逼近真实方程，从而使得其运用场景更加广阔。

### （三）基于 EKF 的多传感器融合定位

基于卡尔曼滤波的融合定位算法是将多个传感器的观测值通过卡尔曼滤波算法进行融合，从而得到更加准确的状态估计值，既更加准确的定位信息。这种算法常用于需要高精度定位和姿态估计的应用中，例如巡检机器人、无人机、自动驾驶等。其中常用的传感器包括全球定位系统（GPS）、惯性测量单元（IMU）、激光雷达（LiDAR）、里程计和相机等。

### （四）基于轮式里程计和 IMU 的融合定位算法

轮式里程计是机器人定位和导航中常用的一种技术，通过测量机器人车轮的旋转和移动来计算机器人的位置和姿态变化。

IMU 是 Inertial Measurement Unit（惯性测量单元）的缩写，它是一种集成了多种惯性传感器的装置，主要包括加速度计（Accelerometer）和陀螺仪（Gyroscope），有时还包括磁力计（Magnetometer）和气压计（Barometer）等其他传感器。IMU 可以测量物体在空间中的线性加速度和角速度，是机器人、航空器、汽车、手持设备和虚拟现实等领域中广泛使用的传感器之一。

基于轮式里程计和 IMU 的融合定位是一种机器人定位和导航技术，将轮式里程计和惯性测量单元（IMU）等多种传感器数据融合使用，以提高机器人的定位精度和可靠性。轮式里程计和 IMU 各有优势，轮式里程计可以通过计算车轮旋转和移动来得到机器人的位姿变化，可以提供高频率的定位信息，但是容易受到路面摩擦和轮胎磨损等因素的影响，可能会出现漂移和误差累积等问题。IMU 可以测量机器人的加速度和角速度等信息，可以提供惯性定位信息，具有不受外界干扰的优势，但是会存在漂移和累计误差等问题。因此，将轮式里程计和 IMU 的数据进行融合可以充分利用两种传感器的优势，提高定位精度和可靠性。具体来说，通常采用扩展卡尔曼滤波等滤波算法对两种传感器的数据进行融合，得到更准确的机器人定位信息。

# 第二节　路径规划算法

路径规划是巡检机器人中的一个重要问题，其目的是让机器人在避免碰撞的同时，通过一系列算法实现机器人在环境中规划出一条合适的路径，避开障碍物规划出到目标点的最优路径，以达到目标位置的目的，是实现自主导航的核心技术之一，具有广泛的应用场景。

## 一、全局路径规划常用算法

全局路径规划是指在一个完整的地图中，通过考虑机器人的初始位置和目标位置，生成一条从起点到终点的路径。全局路径规划需要掌握所有的环境信息，根据环境地图的所有信息进行路径规划。常见的全局路径规划算法包括：Dijkstra 算法、A＊算法、基于改进 A＊的双向搜索算法、RRT 算法等。

**1. Dijkstra 算法**

迪杰斯特拉算法（Dijkstra）是由荷兰计算机科学家狄克斯特拉于 1959 年提出的，因此又叫狄克斯特拉算法。是从一个顶点到其余各顶点的最短路径算法，解决的是有权图中最短路径问题。迪杰斯特拉算法主要特点是从起始点开始，采用贪心算法的策略，每次遍历到起点距离最近且未访问过的顶点的邻接节点，直到扩展到终点为止。

在求解网络中最短路径时，Dijkstra 算法将网络中的节点分成三部分：未标记节点、临时标记节点和最短路径节点。在算法执行过程中，Dijkstra 算法使用一个距离集合来保存每个节点的距离值，使用一个标记集合来标记每个节点的状态。该算法首先将起点设置为最短路径节点，剩余的标志为临时节点，然后每次从距离集合中选取距离值最小的节点设置为最短路径节点并进行扩展，将它的邻居节点加入距离集合，更新它们的距离值，同时标记这些节点为已访问状态，直到最终扩展到目标节点或距离集合为空时，算法结束。

如图 4-1 所示，$v$ 代表顶点，数字代表权值或者距离，用 $V$ 代表顶点集，用 $dist_i$ 表示从源点到顶点 $v_i$ 的最短路径。

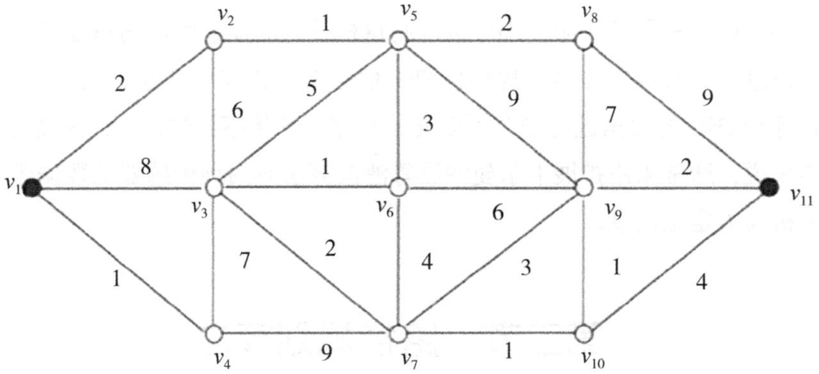


**图 4-1　加权图**

Dijkstra 最短路径算法的基本步骤如下：

(1) 初始化。设起点 $v_1$ 为源点，将源点的 $dist_i$ 设为 0，其余所有点的 $dist_i$ 设为无穷大。同时设置一个空的集合 $S$ 用于存放已访问的节点。

(2) 查找最近节点。从未访问节点（集合 $V-S$）中，找到距离源点最近的节点，并将该节点加入 S 集合中，同时更新集合 $V-S$。如果所有未访问节点的距离值为无穷大，则算法结束不存在可达路径。

(3) 更新距离值。对于新加入集合 $S$ 的节点，更新其所有邻接节点的距离值。若从起点到邻接节点的距离比之前更小，则更新该节点的距离值为当前距离值，并将该节点的前驱节点设为当前节点。

(4) 重复执行步骤 2 和步骤 3。直到集合 $V-S$ 为空，或所有未访问节点的距离值均为无穷大。

(5) 生成路径。从终点向起点遍历所有节点的前驱节点，直到回到起点，即可得到起点到终点的最短路径。

**2. A * 算法**

A * 算法是一种启发式搜索算法，它利用了启发函数的信息来优化搜索过程，减少搜索的节点数。与 Dijkstra 算法不同，A＊算法在搜索过程中除了考虑当前节点到起点的距离，还考虑了当前节点到终点的估计距离，以此作为节点的评估函数。通过估价函数的值来确定搜索优先级，从而达到更快的搜索速度。

A＊算法通过下面这个函数来计算每个节点的优先级，见式（4-22）：

$$f(n) = g(n) + h(n) \tag{4-22}$$

式中，$f(n)$ 表示节点 $n$ 的综合优先级；$g(n)$ 表示从起点到节点 $n$ 的实际代价；$h(n)$ 是 A＊算法中的启发函数，表示从节点 $n$ 到目标节点的预估代价。A＊算法会按照 $f(n)$ 从小到大的顺序进行搜索，每次选择 $f(n)$ 值最小的节点进行扩展，直到找到目标节点或者搜索完整图。

A＊算法的基本步骤如下：

（1）初始化。设起点为源点，将源点的评估值 $f$ 值设为 0，其余所有点的 $f$ 值设为无穷大。同时设置一个空的集合 $S$ 用于存放已访问的节点。

（2）计算评估值。对于每个未访问的节点，计算其评估值 $f$ 值，其中 $f$ 值 $=g$ 值 $+h$ 值，$g$ 值为当前节点到起点的距离，$h$ 值为当前节点到终点的估计距离。其中 $h$ 值需要根据实际问题具体设计，如曼哈顿距离、欧几里得距离等。

（3）查找最近节点。从未访问节点中，找到评估值 $f$ 值最小的节点，并将该节点加入 $S$ 集合中。如果终点被加入集合 $S$ 中，则算法结束，最短路径已找到。

（4）更新评估值。对于新加入集合 $S$ 的节点，更新其所有邻居节点的评估值。若从起点到邻居节点的距离比之前更小，则更新该节点的 $g$ 值为当前距离值，并更新其 $f$ 值为 $g$ 值加上 $h$ 值，并将该节点的前驱节点设为当前节点。

（5）重复执行步骤 3 和步骤 4。直到终点被加入集合 $S$ 中，或所有未访问节点的 $f$ 值为无穷大。

（6）生成路径。从终点向起点遍历所有节点的前驱节点，直到回到起点，即可得到最短路径。

A＊算法在不断更新评估值的过程中，更加有针对性地搜索最短路径，因此相比 Dijkstra 算法，A＊算法更加高效。但需要注意的是，A＊算法的效果高度依赖于所选择的启发式函数，若启发式函数不合适，则可能导致算法效率降低或得到错误结果。

**3. 基于改进 A＊的双向搜索算法**

双向搜索 A＊是对传统 A＊算法的改进，它同时从起始节点和目标节点开始搜索，并在两个方向上逐步扩展搜索区域，直到两个搜索方向相遇。

双向 A＊算法的步骤如下：

（1）初始化。确定起始节点和目标节点，并将它们分别标记为起始方向（forward）和目标方向（backward）。初始化两个空的开放列表（open list）分别用于存储待扩展的节点。

(2) 设置起始节点的启发式估计值（heuristic value）和初始代价（cost）为0，并将起始节点添加到起始方向的开放列表中。

(3) 设置目标节点的启发式估计值和初始代价为0，并将目标节点添加到目标方向的开放列表中。

(4) 进入主循环。从起始方向和目标方向的开放列表中选择最佳节点进行扩展。

(5) 节点扩展。从起始方向的开放列表中选择具有最佳启发式估计值和代价的节点进行扩展。对于被选中的节点，生成其相邻节点，并计算它们的代价和启发式估计值。将这些相邻节点添加到起始方向的开放列表中，并更新它们的父节点和代价。

(6) 检查相遇。在每次节点扩展后，检查起始方向和目标方向的开放列表中是否存在相同的节点。如果存在相同节点，则搜索过程结束，找到了一条最短路径。

(7) 路径回溯。从相遇节点开始，分别跟踪起始方向和目标方向的父节点，直到到达起始节点和目标节点。这样可以得到起始节点到相遇节点和目标节点到相遇节点的路径。

(8) 合并路径。将起始节点到相遇节点的路径和目标节点到相遇节点的路径合并，即得到最终的最短路径。

(9) 如果起始方向或目标方向的开放列表为空，或者没有相遇节点，则表示无法找到路径，搜索失败。

**4. RRT 算法**

快速扩展随机树（Rapidly-Exploring Random Trees，RRT）由 LaValle 提出，其通过构建一棵树状结构来搜索路径，其核心思想是通过随机采样和快速扩展探索整个状态空间。

以下是 RRT 算法的基本步骤：

(1) 初始化。设定起点$x_{int}$、终点$x_{goal}$和状态采样空间 M。

(2) 采样。在状态空间中随机采样一个节点$x_{rand}$，可以根据特定的采样策略来选择节点。这些节点可以是直接从起点到终点的直线路径上的点，也可以是完全随机的点，但$x_{rand}$不能在障碍物内。

(3) 扩展。如图 4-2 所示，计算$x_{rand}$与搜索树 T 中所有节点之间的距离，得到离得最近的节点$x_{near}$，再从$x_{near}$前进步长（Step Size）走向节点$x_{rand}$，生成一个新的节点$x_{new}$，若$x_{near}$与$x_{near}$的连线 $E_i$ 经过障碍物，重新采样。确保新的边在环境中是可行的，即没有与障碍物相交。这一步骤是算法的关键，通过连续的扩展操作逐渐覆盖整个状态空间。

(4) 迭代。重复步骤 2 和步骤 3，直到找到终点或达到预定的停止条件。通常，可以设置一个最大迭代次数或规定在某个距离阈值内即认为达到终点。

(5) 路径提取。如果 RRT 算法找到了终点，可以从终点向根节点回，提取最优路径。这可以通过选择距离终点最近的节点开始，然后沿着树的边逐步向根节点移动。

RRT 算法的优点在于它的简单性和高效性。由于随机采样和快速扩展的策略，RRT 算法能够在高维连续空间中搜索路径，并且对环境的复杂性和障碍物的分布没有严格要求。然

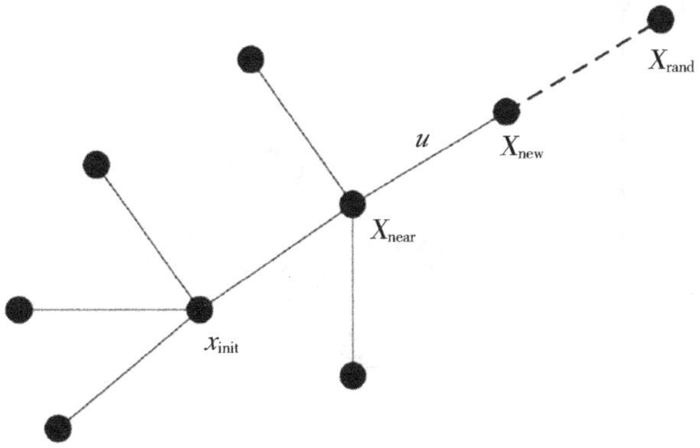


**图 4-2 RRT 扩展流程示意图**

而，由于其随机性质，RRT 算法无法保证找到最优路径，而只能找到一条可行路径。

## 二、局部路径规划算法

局部路径规划是指在机器人实际行驶过程中，根据机器人的实时位置和周围环境信息，生成一条可行的、安全的路径，主要目的是实时生成一条机器人可以遵循的路径，以避免碰撞等意外事件。

**1. DWA 算法**

DWA 算法以一种正确而优雅的方式结合了机器人的动力学，将搜索空间缩小到由速度组成的动态窗口中，并且这个窗口在短时间间隔内可达。在动态窗口内，该方法仅考虑在容许速度内生成一个能够让机器人安全停止的轨迹。在这些速度中，平移速度和旋转速度的组合通过最大化目标函数来选择。目标函数包括测量朝向目标位置的进度、机器人的前进速度以及轨迹上的下一个障碍物的距离。

DWA 算法将机器人的运动控制问题分解为两个部分：轨迹生成和轨迹评估。轨迹生成阶段通过计算机模拟机器人在一段时间内的运动，生成一组可能的轨迹。轨迹评估阶段根据预先定义的评估指标，如轨迹长度、轨迹时间和轨迹安全性等，对生成的轨迹进行评估并选择最优轨迹。

在轨迹生成过程中，假设巡检机器人只有前进速度 $v$ 和旋转角速度 $w$，动态窗口法主要是在速度（$v$，$w$）空间中采样多组速度，并模拟机器人在这些速度下一定时间内的轨迹。模拟机器人的运动轨迹需要分析机器人的运动模型，机器人的运动模型如图 4-3 所示，图中有两个坐标系，一个是机器人的坐标系，另外一个是世界坐标系 $X_w O_w Y_w$，两者之间的夹角为 $\theta$。在一定时间间隔 $\Delta t$ 内，由于 $\Delta t$ 很小，因此可以将机器人 $\Delta t$ 的位移简化为直线运动。则在 $t+1$ 时刻，可得机器人在世界坐标系下的位姿，见式（4-23）：

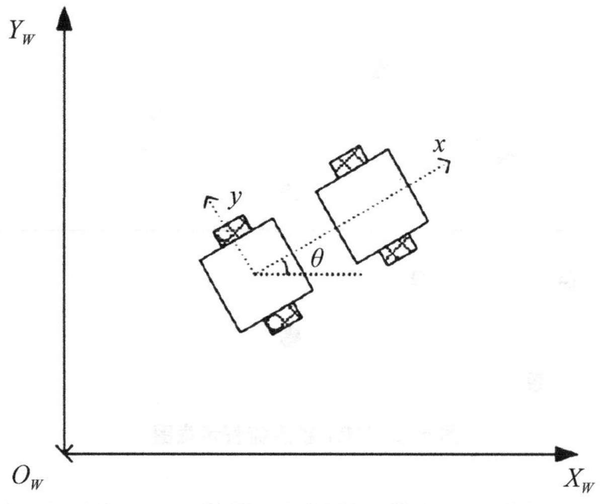


**图 4-3　机器人直线运动模型**

$$\begin{cases} x = x + v\Delta t\cos(\theta_t) \\ y = y + v\Delta t\sin(\theta_t) \\ \theta = \theta_t + w\Delta t \end{cases} \tag{4-23}$$

根据机器人的运动学模型，在速度（$v$，$w$）空间上可以模拟无穷组轨迹，但受限于机器人的运动学特性和基于安全性的考虑，这些轨迹并不完全合理。因此，需要对这些速度状态空间施加约束。速度采样时，巡检机器人的速度主要受如下约束：

（1）速度约束。在机器人运动状态空间中，机器人可以达到的最大速度和最小速度是有限制。用 $V_m$ 表示机器人的容许矢量速度，则可表示为式（4-24）：

$$V_m = \{(v, m) \mid v \in [V_{min}, V_{max}] \wedge w \in [w_{min}, w_{max}]\} \tag{4-24}$$

（2）加减速度约束。机器人的动力扭矩有限，加减速度受到约束。$V_d$ 代表动态窗口中的速度矢量集合，可表示为式（4-25）：

$$V_d = \{(v, m) \mid v \in [V_c - \dot{V}_b\Delta t, V_c - \dot{V}_a\Delta t] \wedge w \in [w_c - \dot{w}_b\Delta t, w_c + \dot{w}_a\Delta t]\} \tag{4-25}$$

式中，$V_c$ 和 $w_c$ 代表机器人实际中的速度和角速度；$\dot{V}_a$ 代表最大加速度；$\dot{V}_b$ 代表最大减速度；$\dot{w}_a$ 代表最大角加速度；$\dot{w}_b$ 代表最大角减速度。

（3）安全性约束。基于安全性考虑，在使用最大减速度减速过程中，不能与碍物发生碰撞。用 $V_a$ 代表安全容许矢量速度，则 $V_a$ 可表示为：

$$V_a = \left\{(v, m) \mid v \leqslant \sqrt{2 \cdot dist(v, w) \cdot \dot{V}_b} \wedge w \leqslant \sqrt{2 \cdot dist(v, w) \cdot \dot{w}_b}\right\} \tag{4-26}$$

式中，$dist(v, w)$ 代表速度（$v$，$w$）对应轨迹上的离障碍物的最近距离。

基于上述 3 种约束，机器人在动态窗口中的限制速度 $V_r$ 为 $V_a$、$V_m$ 和 $V_d$ 的交集，则 $V_r$

可表示为：

$$v_r = v_a \cap v_m \cap v_d \tag{4-27}$$

DWA 算法将机器人的动力学特性融入其中，将搜索空间缩小到在动态约束下可到达的速度范围内，从而更精确地寻找机器人在规划路径时的最优状态。其优点是减少了搜索空间，提高规划效率，还可以保证机器人在规划路径时不会与障碍物碰撞，提高了机器人的安全性。

在轨迹评估过程中，从若干条可行轨迹中，根据评价函数对搜索到的路径进行评估和筛选，选择代价最小且满足约束条件的轨迹作为机器人的最终运动轨迹。评价函数并不是唯一的，可以根据具体任务和机器人的特性进行灵活设计。用 $G(v, w)$ 表示评价函数，则 $G(v, w)$ 可表示为：

$$G(v, w) = \alpha \cdot heading(v, w) + \beta \cdot dist(v, w) + \gamma \cdot velocity(v, w) \tag{4-28}$$

式中，$\alpha$、$\beta$、$\gamma$ 代表归一化后的权重；$heading(v, w)$ 表示轨迹末端方向与目标点之间的角度差；$dist(v, w)$ 表示安全系数函数；$velocity(v, w)$ 表示速度评价子函数。最大化 $G(v, w)$ 即可选出最优化路径。

DWA 算法步骤如下：

①确定机器人当前位置和目标位置，并获取环境地图信息和机器人的运动参数，如最大（小）速度和最大加（减）速度。对每一个采样速度进行向前模拟，得到该采样速度的模拟轨迹。

②在机器人运动状态空间中定义一个动态窗口，窗口大小主要由机器人的最大（小）速度和最大加（减）速度决定。

③在动态窗口内随机生成一组速度和角速度，计算每个速度和角速度对应的轨迹。可以使用运动学模型或者动力学模型来计算轨迹。

④对每个轨迹计算代价函数，代价函数包括轨迹的距离代价、目标代价、安全代价等。其中距离代价反映了轨迹到目标的距离，目标代价反映了轨迹是否朝向目标，安全代价反映了轨迹与障碍物的碰撞风险。

⑤选择代价函数最小的轨迹作为机器人的运动轨迹，并输出对应的速度和角速度。

机器人移动到新的位置，并重复以上步骤进行路径规划。

⑥机器人移动到新的位置，并重复以上步骤进行路径规划。

**2. TEB 算法**

时间弹性带（Time-Elastic Band，TEB）算法是在经典的弹性带（Elastic Band，EB）算法的基础上引入了时间维度，因而允许考虑机器人的动力学约束直接修正轨迹而不是路径。经典 EB 算法将全局位姿转换为 $n$ 个位姿序列 $x_i = (x_i, y_i, \theta_i)^T$ 来表示，其中 $x_i$、$y_i$ 和 $\theta_i$ 代表当前位姿在世界坐标系下的坐标和方向角。位姿序列可用下式进行表示：

$$Q = \{x_i\}_{i=1, 2, \ldots, n} n \in N \tag{4-29}$$

TEB 算法在两个连续的位姿帧之间加入了时间间隔，如图 4-4 所示，生成了 $n-1$ 个时间差 $\Delta T_i$：

$$\tau = \{\Delta T_i\}_{i=1, 2, \ldots, n-1} \tag{4-30}$$

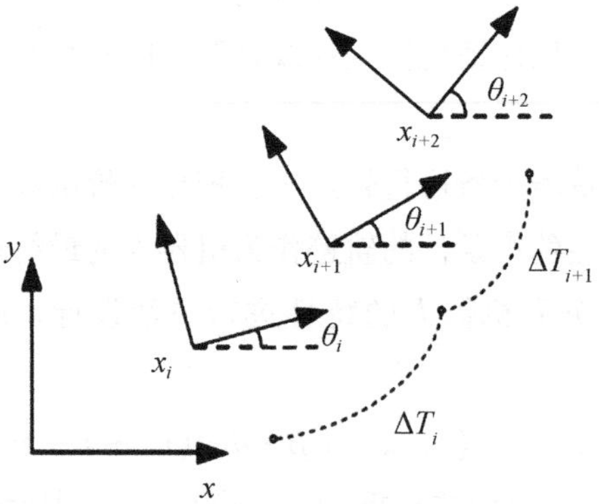


**图 4-4　位姿帧**

每个时间差表示从上一帧位姿到当前帧位姿所用时间，TEB 算法可以表示为位姿序列和时间序列的元组：

$$B :=(Q, \tau) \tag{4-31}$$

TEB 算法主要通过实时优化一个加权多目标函数在位姿和时间间隔方面进行优化：

$$f(B) = \sum_k \gamma_k f_k(B) \tag{4-32}$$

$$B^* = \underset{B}{\operatorname{argmin}} f(B) \tag{4-33}$$

式（4-32）中，$B$ 表示优化前的 TEB 序列元组；$B^*$ 表示优化后的 TEB 序列元组；$f(B)$ 表示目标函数，为各个约束目标函数 $f_k(B)$ 的加权之和。经过优化后即可得到最终的局部路径序列 $B^*$。

TEB 的约束目标函数为：

（1）跟随和避障约束。跟随则为跟随已知的全局路径规划，避障即远离障碍物，跟随和避障约束的惩罚函数为：

$$f_{path} = e_\tau\left(d_{min,j}, -r_{p_{max}}, \varepsilon, S, n\right) \tag{4-34}$$

$$f_{ab} = e_\tau\left(-d_{min,j}, -r_{O_{min}}, \varepsilon, S, n\right) \tag{4-35}$$

式中，$d_{min,j}$ 为位姿序列与全局路径序列或障碍物的最小距离；$r_{p_{max}}$ 为跟随路径目标以位姿序列距离全局路径的最大允许距离的约束；$r_{O_{min}}$ 为避障目标以位姿序列距离障碍物允许的最小距离的约束；$\varepsilon$ 、$s$ 和 $n$ 为常数。

（2）速度和加速度约束。由速度和加速度组成的动力学约束同样可以用上述的惩罚函数表示：

$$f_{v_i} = e_\tau(v_i, v_{max}, \varepsilon, S, n) \tag{4-36}$$

$$f_{w_i} = e_\tau(w_i, \ w_{max}, \ \varepsilon, \ S, \ n) \tag{4-37}$$

式中，$v_i$ 和 $w_i$ 表示相邻位姿帧经过时间间隔计算出来的平均线速度和平均角速度。

（3）非完整运动学约束。差速转向机器人在平面上运动为弧线运动，其约束函数为：

$$f_k(x_i, \ x_{i+1}) = \left\| \left[ \begin{bmatrix} \cos\theta_i \\ \sin\theta_i \\ 0 \end{bmatrix} + \begin{bmatrix} \cos\theta_{i+1} \\ \sin\theta_{i+1} \\ 0 \end{bmatrix} d_i, \ j+1 \right] \right\|^2 \tag{4-38}$$

（4）时间约束。获得机器人最快路径，其目标函数的约束为：

$$f_k = (\sum \Delta T_i)^2 \tag{4-39}$$

TEB 算法通过对以上目标约束函数的优化，在优化过程中更好地平衡跟随和避障两个目标，并生成可行且平滑的路径。如图 4-5 为 TEB 算法流程图。

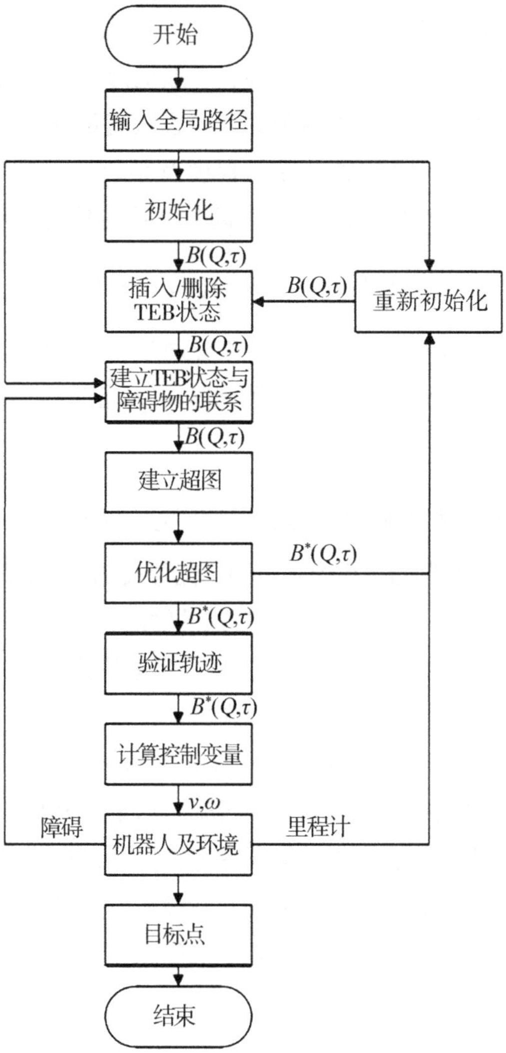


**图 4-5 TEB 算法流程图**

# 第三节　运动控制算法

## 一、PID 算法

PID 控制器是工业控制中常见的反馈回路部件，主要适用于基本上线性且动态特性不随时间变化的系统。PID 控制器把收集到的数据和一个参考值进行比较，然后把这个差别用于计算新的输入值，这个新的输入值的目的是可以让系统的数据达到或者保持在参考值。PID 控制器可以根据历史数据和差别的出现率来调整输入值，使系统更加准确而稳定。

PID 控制器的比例单元 P、积分单元 I 和微分单元 D 分别对应目前误差、过去累计误差及未来误差。若是不知道受控系统的特性，一般认为 PID 控制器是最适用的控制器。调整 PID 控制器的三个参数，可以调整控制系统，设法满足设计需求。控制器的效果可以用控制器对误差的反应快慢、控制器过冲的程度及系统震荡的程度来评估。控制器的输入［误差 $e(t)$］和输出［控制量 $u(t)$］之间的关系在时域中可用公式表示如下：

$$u(t) = K_p e(t) + K_i \int_0^t e(\tau) d\tau + K_d \frac{de(t)}{dt} \tag{4-40}$$

式中，$K_p$、$K_i$、$K_d$ 分别对应比例增益、积分增益和微分增益，是控制器设计过程中需要调整的参数。在实际控制过程中，由于传感器一般对误差做离散采样所以需要得到上式的离散化形式：

$$u(k) = K_p e(k) + K_i \sum_{i=0}^{k} e(i) + K_d [e(k) - e(k-1)] \tag{4-41}$$

上述控制器即位置式控制器。由上式可知，位置式 PID 控制的输出与整个过去的状态有关，用到了误差的累加值；另外，考虑到位置式的输出直接对应对象的输出，因此误动作对系统影响较大。为了提高控制的稳定性和安全性，考虑只输出两次控制的增量，亦即，$\Delta u = u(k) - u(k-1)$ 并在必要时通过逻辑判断限制或禁止本次输出，从而得到公式如下：

$$\Delta u = K_p [e(k) - e(k-1)] + K_i e(k) + K_d [e(k) - 2e(k-1) + e(k-2)] \tag{4-42}$$

以上控制器称为增量式控制器。由上式可知，增量式 PID 的输出只与当前拍和前两拍的误差有关，由于不需做累加，所以计算误差而产生的计算精度问题影响较小；另外，增量式 PID 输出的是控制量增量，如果计算机出现故障，误动作影响较小，而执行机构本身有记忆功能，可仍保持原位，不会严重影响系统的工作。

## 二、模型预测控制（MPC）算法

### （一）模型预测控制的基本原理

1978年，Richalet等提出了模型预测控制算法的三要素：内部（预测）模型、参考轨迹、控制算法；现在一般更清楚地表述为：预测型、滚动优化、反馈控制。通过很多年的发展，模型预测控制算法获得了丰富，已经拥有了多种表现形式，但其核心仍然由基本的三要素构成，这三要素既构成了模型预测控制的基本原理，也说明了该方法的优越性与应用步骤。

在预测控制算法中，首先需要一个描述对象动态行为的基础模型，称为预测模型。这个预测模型应具有输出预测的功能，能在掌握系统历史信息和选定的未来输入之后预测系统的未来输出；要找到能反映系统动态变化的完美模型是很难的，所幸的是在预测控制算法中只强调了模型的预测功能而不在意其结构形式，这样就为模型的建立提供了更多样性的发挥空间。

滚动优化的机制则是借鉴了人类处理不确定性决策问题的一种智能思维模式把它引进控制领域，与传统的基于数学解析的控制理论相比是带有明显的启发式特征。滚动优化的方式意味着预测控制的控制输入不是根据模型和性能指标离线性地一次解出，再予以实施，而是以一种实时在线、反复求解的滚动方式。需要说明的一点是，在控制的每一步，有限参数的优化是基于预测模型和局部优化性能指标开环求解的。

反馈是控制理论的核心思想。通过反馈，控制系统能够排除很多因素的微干扰，从而保持较高的鲁棒性。所有的预测控制算法在进行滚动优化时，都强调了优化的基点应尽量反映真实的系统情况；这意味着在控制的每一步，都要检测系统的实际输出信息。采用这种反馈校正的好处在于：模型只是对动态特性进行了粗略的描述，想依赖于固定模型的预测输出来模拟系统，很难做到与实际完全相符。通过反馈不断采样更新模型参数而进行的滚动优化，能更好地体现出模型预测启发式的优越性。

总之，模型预测控制的基本原理，如图4-6所示，我们可以看出：模型预测控制是一种建立在反馈信息基础上的反复决策过程。在每一个采样时刻，它将系统的当前状态作为初始条件，利用过程的动态模型预测在有限时域内系统的未来输出；再根据性能指标优化预测输出误差；通过求解一个开环最优化问题，得到一个优化控制序列，并将该控制序列的第一个控制量作用于被控对象；在下一个采样时刻，更新测量状态，再次求解开环最优化问题，如此循环往复形成系统级的闭环控制。

### （二）模型预测控制的数学表达

MPC的数学表达随着研究角度的不同，已呈现出多种不同的表达形式；以采用离散

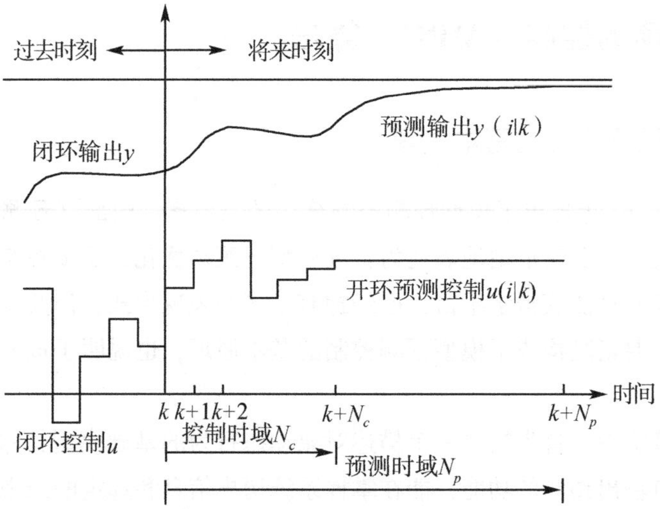


**图 4-6 模型预测控制流程**

时间状态空间方程的非线性预测模型为例，来介绍 MPC 的一般数学表达形式。考虑如下非线性系统

$$x(k+1)=G(x(k), u(k)) \tag{4-43}$$

式中，$x(k)\in R^n$，$u(k)\in R^m$ 分别表示 $k$ 时刻系统的状态和控制输入。$G$：$R^n x\times R^m\rightarrow R^n$，为了不失一般性，假设原点是 $G(.)$ 的平衡点，即 $G(0, 0)=0$。

系统的控制约束和状态约束为：

$$u(k)\in U$$
$$x(k)\in X$$

式中，$U$ 是 $R^m$ 中包含原点的凸紧集，表示所有可允许控制量的集合；$X$ 是 $R^n$ 中包含原点的凸闭集，表示状态约束集。

有限时域模型预测控制的最优化问题为：

Obj.

$$\min_{\pi} J_N(x(k))=\sum_{i=0}^{N-1}W(x(k+i\mid k), u(k+i\mid k))+V(x(k+N\mid k)) \tag{4-44}$$

s. t.

$$x(k+i+1\mid k)=G(x(k+i\mid k), u(k+i\mid k)), i\geqslant 0, x(k\mid k)=x(k) \tag{4-45}$$

$$u(k+i\mid k)\in U, i=0, 1, 2, \cdots, M-1 \tag{4-46}$$

$$u(k+i\mid k)=u(k+m-1\mid k), i=M, \cdots, N-1 \tag{4-47}$$

$$x(k+i\mid k)\in X, i=0, 1, 2, \cdots, N \tag{4-48}$$

$$x(k+N\mid k)\in X_f\subset X \tag{4-49}$$

式中，$J$ 为优化目标函数；$x(k+i\mid k)$ 和 $u(k+i\mid k)$ 分别是在 $k$ 时刻对 $k+i$ 时刻的系统

状态和控制输入变量的预测值，$N$ 为预测时域，$M$ 为控制时域，$\pi = [u(k|k)^T, u(k+1|k)^T, u(k+N-1|k)^T]$ 为待优化的控制输入序列。

式（4-44）中函数 $W(.)$ 一般用来体现系统控制的预定目标，它一般取为如下 2-范数形式：

$$W(x, u) = x^T Q x + u^T R u \tag{4-50}$$

式中，$Q$ 和 $R$ 是正定对称加权矩阵。

式（4-44）中函数 $V(.)$ 是终端惩罚函数，用来惩罚终端时刻 $k+N$ 的状态与设定值（或设定区域）的偏差，$V(.)$ 的一般形式为：

$$V(x(k+N)|k) = x(k+N|k)^T P x(k+N|k) \tag{4-51}$$

式中，$P$ 为终端加权矩阵。

式（4-49）中的 $X_f$ 为终端约束集，即要求控制量在有限时域 $N$ 步内，将系统状态驱动到 $X_f$ 内。

模型预测控制策略是基于当前时刻的系统信息 $x(k)$，利用数学规划的方法找到满足上述公式的最优化问题的最优控制序列 $\pi^* = [u^*(k|k)^T, u^*(k+1|k)^T, \cdots, u^*(k+N-1|k)^T]$ 并将 $\pi^*$ 中的第一个控制量

$$u(k) = u^*(k|k) \tag{4-52}$$

作为 $k$ 时刻的预测控制律作用于实际被控系统。到下一个采样时刻 $k+1$，将根据新的系统信息 $x(k+1)$ 更新最优化问题的初始条件，并重复上述优化执行过程从而实现滚动时域控制。

若预测控制的预测时域和控制时域都是的时，称此时的预测控制为无穷时域模型预测，通常它的目标函数为无限时域二次函数

Obj.

$$\min_{\tilde{\pi}} J_\infty(x(k)) = \sum_{i=0}^{\infty} x^T(x(k+i|k), Qx(k+i|k)) + u^T(k+i|k)Ru(k+i|k) \tag{4-53}$$

s. t.

$$u(k+i|k) \in U \tag{4-54}$$

$$x(k+i|k) \in X, \ i \geqslant 0 \tag{4-55}$$

式中，$Q$ 和 $R$ 是正定对称加权矩阵，$\tilde{\pi} = \{u(k|k), u(k+1|k), \cdots\}$ 为决策变量。

## 三、模糊控制算法

### （一）模糊控制概况

1965 年，美国自动控制理论专家 Zadeh 首次提出了模糊集合理论，为描述和研究模糊

现象提供了有力的数学工具。1974 年英国教授马丹尼首次将模糊集合理论应用于加热器的控制，标志着模糊控制的诞生。随着计算机技术的发展，模糊控制理论在控制领域取得了巨大的成功，使模糊控制理论成为模糊理论最广泛最成熟的应用分支。

从线性控制与非线性控制的角度分类，模糊控制是一种非线性控制：从控制器的智能型来看，模糊控制属于智能控制的范畴。模糊控制是指在控制方法上应用模糊集理论、模糊语言变量及模糊逻辑推理的知识来模拟人的模糊思维方法，用计算机从行为上模仿人的模糊推理和决策过程，实现与操作者相同的控制。该方法用比较简单的数学形式直接将人的判断、思维过程表达出来，将操作人员或专家的经验编程模糊控制规则，然后将来自传感器的实时信号模糊化，将模糊化的信号作为模糊规则的输入，完成模糊推理，将推理后得到的输出量去模糊化后加到执行器上。

模糊控制自问世以来，已取得了广泛的应用，应用领域包括图像识别、自动机理论、语言研究、控制论以及信号处理等方面。在自动控制领域，以模糊集理论为基础发展起来的模糊控制为将人的控制经验及推理过程纳入自动控制提供了一条便捷途径。模糊控制是解决不确定性系统控制的一种有效途径，尤其适用于被控对象没有数学模型或很难建立数学模型或被控对象中的参数变动呈现极强的非线性的情况。

## （二）模糊集合

**1. 论域**

具有某种特定属性的对象的全体，称为集合。所谓论域，指我们所研究的事物的范围或所研究的全部对象。论域中的事物称为元素，其中一部分元素组成的集合称作子集。

**2. 模糊集合定义**

论域 U 中的模糊集 F 用一个在区间［0，1］上的取值的隶属函数来表示。

**3. 隶属函数**

通过隶属函数可以将模糊集合的模糊性作定量描述，故隶属函数在模糊集合中占有十分重要的地位。隶属函数的值域为［0，1］，根据论域为分散或连续的不同情况，隶属度函数的描述也有两种：数值描述方法和函数描述方法。常见的隶属函数有正态分布函数、三角函数、梯形函数、S 型函数、Z 型函数等。不同的隶属函数所描述的模糊集合也不同，同时隶属度函数的形状对模糊控制的性能有很大影响。正确定义隶属函数，是运用模糊集合理论解决模糊控制问题的基础，也是模糊理论中的关键问题。隶属函数一般根据经验或统计确定，也可由经验丰富的专家给出，因此隶属函数的确定又带有主观性。常用的隶属函数确定方法有以下几种：

（1）主观经验法。当论域离散是根据个人主观经验，直接或间接给出元素隶属程度的具体值，由此确定隶属函数，具体有以下几种。

①专家评分法。综合多数专家的评分来确定隶属函数的方法，这种方法广泛应用于经

济与管理的各个领域。

②因素加权综合法。若模糊概念由若干个因素相互作用而成，而每个因素本身又是模糊的，则可以综合各因素的重要程度选择隶属函数。

③二元排序法。通过多个事物之间两两比对来确定某种特征下的顺序，由此来决定这些事物对该特征的隶属函数的大致形状。

（2）模糊统计法。应用了概率统计的基本原理，以调查统计试验结果所得到的经验曲线作为隶属函数曲线，根据曲线找到相应的函数表达式，这种方法一般包含以下四个要素：

①论域 U。

②试验所要处理的论域 U 的固定元素 $u_0$。

③论域 U 中的一个随机运动子集 $A^*$（$A^*$ 为经典集合）。作为模糊集合 $A$ 的弹性边界的反映，可由此得到每次试验中 $u_0$ 是否符合 $A$ 所刻画的模糊概念的一个判决。

④模糊统计试验的特点。在每次的试验中，$u_0$ 是固定的，而 $A^*$ 在随机变动，做 $n$ 次试验，计算 $u_0$ 对 $A$ 的隶属频率为$\frac{u_0 EA^*}{a}$。实验证明，随着 $n$ 的增大，隶属频率呈现出稳定性，频率稳定值称为 $u_0$ 对 $A$ 的隶属度。

## （三）模糊推理

模糊控制信息可通过模糊蕴涵和模糊逻辑的推理规则来获取，根据模糊输入和模糊控制规则，模糊推理来求解模糊关系方程，获得模糊输出，实现拟人决策过程。

最基本的模糊推理形式为：

前提 1 IF $A$ THEN $B$

前提 2 IF $A'$

结论 THEN $B'$

其中，$A$、$A'$ 为论域 U 上的模糊子集，$B$、$B'$ 为论域 V 上的模糊子集。前提 1 称为模糊蕴涵关系，记为 $A \to B$。在实际应用中，一般先针对各条规则进行推理，然后将各个推理结果总合而得到最终推理结果。

模糊逻辑的推理方法还在发展之中，比较典型的模糊推理方法有：Mamdani 方法、Larsen 方法、Takagi-Sugeno 方法。

### 1. Mamdani 型模糊推理算法

Mandani 型模糊推理算法采用极小运算规则定义模糊蕴表达的模糊关系，例如规则 R：if $x$ 为 $A$ then $y$ 为 $B$

表达的模糊关系 R 定义为

$$R_c = A \times B = \int_{X \times Y} \frac{\mu_A(x) \hat{} \mu_B(y)}{(x, y)} \tag{4-56}$$

当 $x$ 为 $A'$ ，且模糊关系的合成运算采用“极大—极小”运算时，模糊推理的结论计算如下：

$$B' = A' \circ R_c = \int_Y \frac{V(\mu_{A'}(x) \hat{} (\mu_A(x) \hat{} \mu_B(y)))}{y} \tag{4-57}$$

**2. Larsen 模糊推理运算**

Larsen 模糊推理算法采用乘积运算作为模糊蕴涵的规则来定义相应的模糊关系。设规则“if $x$ 为 $A$ then $y$ 为 $B$”

表达的模糊关系为 $R_p$ ，则 $R_p$ 的计算如下

$$R_p = A \times B = \int_{X \times Y} \frac{\mu_A(x)\, \mu_B(y)}{(x, y)} \tag{4-58}$$

当 $x$ 为 $A'$，且模糊关系的合成运算采用“极大—极小”运算时，模糊推理的结论计算如下：

$$B' = A' \circ R_c = \int_Y \frac{V(\mu_{A'}(x) \hat{} (\mu_{A}(x)_{x \in X} \cdot \mu_B(y)))}{y} \tag{4-59}$$

**3. Takagi-Sugeno 型模糊推理**

Takagi-Sugeno 型模糊推理将去模糊化也结合到模糊推理中，其输出为精确量。这是由 Takagi-Sugeno 型模糊规则的形式所决定的，在 Sugeno 型模糊规则的后件部分将输出量表示为输入量的线性组合，如果输出变量隶属度为常值函数，则为零阶系统。零阶 Sugeno 型模糊推理规则具有如下形式：

If $x$ 为 $A$ 并且 $y$ 为 $B$ then $z=k$

其中 $A$、$B$ 为前项条件中的模糊集，$k$ 为后项结论中所准确定义的常数。而一阶 Sugeno 型模糊推理规则的形式如下：

If $x$ 为 $A$ 并且 $y$ 为 $B$ then $z = p * x + q * y + r$

其中 $A$、$B$ 为前项条件中的模糊集，$p$、$q$、$r$ 均为确定的常数。对于一个由 $n$ 条规则组成的 Sugeno 型模糊推理系统，设每条规则具有下面的形式：

$z_i$ ：if $x$ 为 $A_i$ 并且 $y$ 为 $B_i$ then $z = z_i(i = 1, 2, \cdots, n)$

则系统总的输出用下式计算：

$$y = \frac{\sum_{i=1}^{n} \mu_{A_i}(x)\, \mu_{B_i}(y)\, z_i}{\sum_{i=1}^{n} \mu_{A_i}(x)\, \mu_{B_i}(y)} \tag{4-60}$$

# 第四节　SLAM 算法

同步定位与地图构建（Simultaneous Localization and Mapping，SLAM）是在未知环境中，通过机器人自身的感知系统，同时进行自主定位和地图构建的技术。其基本思想是机器人通过自身的传感器获取环境的信息进行自主定位，建立机器人所处环境的地图。SLAM 系统需要实时地处理机器人传感器提供的大量数据，并根据数据更新机器人在环境中的位置和地图。

现如今的 SLAM 方案可以根据使用的传感器种类来简单地分为两种：激光雷达 SLAM 和视觉 SLAM。视觉 SLAM 可获取大量纹理信息，但计算量大，受硬件设备性能影响。激光雷达 SLAM 获取数据精确，但信息不全面，需要结合惯性传感器。激光 SLAM 发展较早，应用得较为成熟，视觉 SLAM 在 2006 年作为一个新的分支被提出，发展到现在也逐渐被开发应用。现如今部分成熟的 SLAM 算法其输入传感器和输出地图如表 4-1 所示。

**表 4-1　SLAM 主流算法输入传感器及输出**

| SLAM 算法 | 输入传感器 | 输出地图类型 |
|---|---|---|
| Gmapping | 激光雷达、里程计 | 2D 栅格地图 |
| Hector | 激光雷达、IMU | 2D 栅格地图 |
| Cartographer | 激光雷达、里程计、IMU | 2D/3D 栅格地图、点云地图 |
| ORB_ SLAM2 | 摄像头、IMU | 3D 稠密地图、相机轨迹 |
| RGBD_ SLAM2 | RGB-D 相机 | 3D 稠密地图、相机轨迹 |
| RTAB-Map | RGBD 相机、激光雷达、IMU、里程计 | 2D/3D 栅格地图、3D 稠密地图 |

不同的 SLAM 算法，实现的具体细节会有所不同，但一般都包含前端和后端。

前端：从传感器中获取原始数据，并将这些数据与已有地图进行关联，从而确定机器人轨迹的过程。

数据采集：通过传感器获取机器人周围环境的数据，如激光点云数据、图像数据等。

数据时空同步：将从不同传感器或不同时间戳接收到的数据进行同步，以便后续配准。

特征提取：从采集的数据中提取用于建图的特征点，如关键点、特征描述等。

数据融合：将不同传感器获取的数据融合起来，提高建图的准确性和稳定性。

数据关联：将当前帧的特征与之前的地图，或者其他帧之间的特征进行匹配，以确定机器人的运动轨迹。

运动估计：通过数据关联得到机器人的运动轨迹，可以是平移、旋转等运动。

前端的质量对 SLAM 系统的准确性及稳定性有着至关重要的影响，因此前端的算法设计和实现需要精心制定，以确保系统的可靠性和实用性。

后端：根据前端获取的运动轨迹和地图信息，对机器人的状态、地图和传感器误差等进行估计和优化的过程。

非线性优化：通过非线性最小二乘法等，对机器人姿态和地图进行优化，使得机器人的位置和地图更加准确。

回环检测：识别机器人经过的相似位置，避免累积误差的产生。可以有效降低机器人的定位误差，提高 SLAM 算法的精度和鲁棒性。

后端优化的关键，是对整个系统的运动轨迹和地图进行全局优化，以消除积累误差和提高定位的准确性。

## 一、激光 SLAM 算法

### （一）Gmapping 算法

下面将从原理分析展开讲解 Gmapping 算法。

用 RBPF 粒子滤波器来求解 SLAM 问题，也有人基于 RBPF 来研究构建栅格地图（Grid map）的 SLAM 算法，它就是 Gmapping 算法。Gmapping 是一种基于粒子滤波的算法。不过在 Gmapping 算法中，对 RBPF 的建议分布（Proposal distribution）和重采样进行了改进。下面首先介绍 RBPF 的滤波过程，然后介绍对 RBPF 建议分布和重采样的改进，最后介绍如何使用改进的 RBPF 滤波。

**1. RBPF 的滤波过程**

其实 RBPF 的思想就是将 SLAM 中的定位和建图问题分开来处理，如式（4-61）所示。也就是先利用 $P(x_{1:t} \mid z_{1:t}, u_{1:t-1})$ 估计出机器人的轨迹 $x$，然后在轨迹 $x$ 已知的情况下可很容易估计出地图 $m$。

$$P(x_{1:t} \mid z_{1:t}, u_{1:t-1}) = P(m \mid x_{1:t}, z_{1:t}) \cdot P(x_{1:t} \mid z_{1:t}, u_{1:t-1}) \tag{4-61}$$

在给定机器人位姿的情况下，利用 $P(m \mid x_{1:t}, z_{1:t})$ 进行建图很简单。所以，RBPF 讨论的重点其实就是 $P(x_{1:t} \mid z_{1:t}, u_{1:t-1})$ 定位问题的具体求解过程，一种流行的数字滤波算法是 SIR（Sampling importance resampling）滤波器。下面就来介绍基于 SIR 的 RBPF 滤波过程。

（1）采样。新的粒子点集 $\{x_t^{(i)}\}$ 由上个时刻粒子点集 $\{x_{t-1}^{(i)}\}$ 在建议分布 $\pi$ 里采样得到。通常把机器人的概率运动模型作为建议分布 $\pi$，这样新的粒子点集 $\{x_t^{(i)}\}$ 的生成过程就可以表示成 $x_t^{(i)} \sim P(x_t \mid x_{t-1}^{(i)}, u_{t-1})$。

（2）重要性权重。上面只是介绍了生成当前时刻粒子点集 $\{x_t^{(i)}\}$ 的过程，考虑整个运动过程，机器人每条可能的轨迹都可以用一个粒子点 $x_{1:t}^{(i)}$ 表示，那么每条轨迹对应粒子点 $x_{1:t}^{(i)}$ 的重要性权重可以定义成式（4-62）所示的形式。其中分子是目标分布，分母是建议分布，重要性权重反映了建议分布与目标分布的差异性。

$$w_t^{(i)} = \frac{P(x_{1:t}^{(i)} \mid z_{1:t}, u_{1:t-1})}{\pi(x_{1:t}^{(i)} \mid z_{1:t}, u_{1:t-1})} \tag{4-62}$$

（3）重采样。新生成的粒子点需要利用重要性权重进行替换，这就是重采样。由于粒子点总量不变，当权重较小的粒子点被删除后，权重大的粒子点需要进行复制以保持粒子点总量不变。经过重采样后粒子点的权重都变成一样，接着进行下一轮的采样和重采样。

（4）地图估计。在每条轨迹对应粒子点 $x_{1:t}^{(i)}$ 的条件下，都可以计算出一幅地图，然后将每个轨迹计算出的地图整合就得到最终的地图 $m$。

从式（4-62）中可以发现一个明显的问题，不管当前获取到的观测 $z_t$ 是否有效，都要算一遍整个轨迹对应的权重。随着时间的推移，轨迹将变得很长，这样每次还是计算整个轨迹对应的权重，计算量将越来越大。可以将式（4-62）进行适当变形，推导出权重递归计算方法，如式（4-63）所示。其实就是用贝叶斯准则和全概率公式将分子展开，用全概率公式将分母展开，然后利用贝叶斯网络中的条件独立性进一步化简，最后就得到了权重的递归计算形式。

$$\begin{aligned} w_t^{(i)} &= \frac{P(x_{1:t}^{(i)} \mid z_{1:t}, u_{1:t-1})}{\pi(x_{1:t}^{(i)} \mid z_{1:t}, u_{1:t-1})} \\ &= \frac{P(z_t \mid x_{1:t}^{(i)}, z_{1:t-1})\, P(x_{1:t}^{(i)} \mid z_{1:t-1}, u_{1:t-1})\, P(z_t \mid z_{1:t-1}, u_{1:t-1})}{\pi(x_t^{(i)} \mid x_{1:t-1}^{(i)}, z_{1:t}, u_{1:t-1})\, \pi(x_{1:t-1}^{(i)} \mid z_{1:t-1}, u_{1:t-2})} \\ &= \frac{P(z_t \mid x_{1:t}^{(i)}, z_{1:t-1})\, P(x_t^{(i)} \mid x_{t-1}^{(i)}, u_{t-1})\, P(x_{1:t-1}^{(i)} \mid z_{1:t-1}, u_{1:t-2})\, \eta}{\pi(x_t^{(i)} \mid x_{1:t-1}^{(i)}, z_{1:t}, u_{1:t-1})\, \pi(x_{1:t-1}^{(i)} \mid z_{1:t-1}, u_{1:t-2})} \end{aligned} \tag{4-63}$$

式中，$\eta = 1/P(z_t \mid z_{1:t-1}, u_{1:t-1})$。

值得注意的是，式（4-62）中的建议分布 $\pi$ 以及利用权重重采样的策略还是一个开放话题。其实，Gmapping 算法主要就是对该 RBPF 的建议分布和重采样策略进行了改进，下面就具体讨论这两个改进。

**2. RBPF 的建议分布改进**

式（4-63）中建议分布 $\pi$ 最直观的形式就是采用运动模型来计算，那么当前时刻粒子点集 $\{x_t^{(i)}\}$ 的生成及对应权重的计算方式就变为式（4-65）所示形式。

$$x_t^{(i)} \sim P(x_t \mid x_{t-1}^{(i)}, u_{t-1}) \tag{4-64}$$

$$w_t^{(i)} \propto \frac{P(z_t \mid m_{t-1}^{(i)}, x_t^{(i)})P(x_t^{(i)} \mid x_{t-1}^{(i)}, u_{t-1})}{P(x_t^{(i)} \mid x_{t-1}^{(i)}, u_{t-1})} \cdot w_{t-1}^{(i)}$$

$$= P(z_t \mid m_{t-1}^{(i)}, x_t^{(i)}) \cdot w_{t-1}^{(i)} \tag{4-65}$$

通过直接采用运动模型作为建议分布，显然有问题。当观测数据可靠性比较低时（即观测分布的区间 $L^{(i)}$ 比较大），利用运动模型 $x_t^{(i)} \sim P(x_t \mid x_{t-1}^{(i)}, u_{t-1})$ 采样生成的新粒子落在区间 $L^{(i)}$ 内的数量比较多；而当观测数据可靠性比较高时（即观测分布的区间 $L^{(i)}$ 比较小），利用运动模型 $x_t^{(i)} \sim P(x_t \mid x_{t-1}^{(i)}, u_{t-1})$ 采用生成的新粒子落在区间 $L^{(i)}$ 内的数量比较少。由于粒子滤波是采用有限个粒子点近似表示连续空间的分布情况，因此观测分布的区间 $L^{(i)}$ 内粒子点较少时，会降低观测更新过程的精度。

也就是说观测更新过程可以分 2 种情况来处理，当观测可靠性低时，采用默认运动模型生成新粒子点集 $\{x_t^{(i)}\}$ 及对应权重；当观测可靠性高时，就直接从观测分区间 $L^{(i)}$ 内采样，并将采样点集 $\{x_k\}$ 的分布近似为高斯分布，利用点集 $\{x_k\}$ 可以计算出该高斯分布的参数 $\mu_t^{(i)}$ 和 $\sum_t^{(i)}$ ，最后采用该高斯分布 $x_t^{(i)} \sim N(\mu_t^{(i)}, \sum_t^{(i)})$ 采样生成新粒子点集 $\{x_t^{(i)}\}$ 及对应权重。

判断观测更新过程采用哪种方式很简单，首先利用运动模型推算出粒子点的新位姿 $x_t'^{(i)}$ ，然后在 $x_t'^{(i)}$ 附近区域搜索，计算观测 $z_t$ 与已有地图 $m_{t-1}^{(i)}$ 的匹配度，当搜索区域存在 $\widehat{x_t^{(i)}}$ 使得匹配度很高时，就可以认为观测可靠性高，具体过程如式（4-66）所示。

$$x_t'^{(i)} = x_{t-1}^{(i)} \oplus u_{t-1} \tag{4-66}$$

$$\widehat{x_t^{(i)}} = arg_x^{max} P(x \mid m_{t-1}^{(i)}, z_t, x_t'^{(i)}) \tag{4-67}$$

下面就具体讨论观测可靠性高的情况。观测分布的区间 $L^{(i)}$ 的范围可以定义为 $L^{(i)} = \{x \mid p(z_t \mid m_{t-1}^{(i)}, x) > \varepsilon\}$ ，搜索出的匹配度最高的位姿点 $\widehat{x_t^{(i)}}$ 其实就是区间 $L^{(i)}$ 概率峰值区域。以 $\widehat{x_t^{(i)}}$ 为中心、以 $\Delta$ 为半径的区域内随机采固定数量的 $K$ 个点 $\{x_k\}$ ，其中每个点的采样如式（4-68）所示。

$$x_k \sim \{x_j \mid || x_j - \widehat{x^{(i)}} || < \Delta\} \tag{4-68}$$

将采样点集 $\{x_k\}$ 的分布近似为高斯分布，并将运动和观测信息都考虑进来，就可以通过点集 $\{x_k\}$ 计算该高斯分布的参数 $\mu_t^{(i)}$ 和 $\sum_t^{(i)}$ ，如式（4-69）所示。

$$\mu_t^{(i)} = \frac{1}{\eta^{(i)}} \sum_{j=1}^{K} x_j \cdot P(z_t \mid m_{t-1}^{(i)}, x_j) P(x_j \mid x_{t-1}^{(i)}, u_{t-1}) \tag{4-69}$$

$$\sum\nolimits_t^{(i)} = \frac{1}{\eta^{(i)}} \sum_{j=1}^{K} (x_j - \mu_t^{(i)})(x_j - \mu_t^{(i)})^T \cdot P(z_t \mid m_{t-1}^{(i)}, x_j) P(x_j \mid x_{t-1}^{(i)}, u_{t-1}) \tag{4-70}$$

$$\eta^{(i)} = \sum_{j=1}^{K} P(z_t \mid m_{t-1}^{(i)}, x_j) P(x_j \mid x_{t-1}^{(i)}, u_{t-1}) \tag{4-71}$$

**3. RBPF 的重采样改进**

生成新的粒子点集 $\{x_t^{(i)}\}$ 及对应权重后，就可以进行重采样了。如果每更新一次粒集 $\{x_t^{(i)}\}$ ，都要利用权重进行重采样，则当粒子点权重在更新过程中变化不是特别大，或者由于噪声使得某些坏粒子点比好粒子点的权重还要大时，此时执行重采样就会导致好粒子点的丢失。所以在执行重采样前，必须确保其有效性，改进的重采样策略通过式（4-72）所示参数来衡量有效性。其中$\tilde{w}^{(i)}$是粒子的归一化权重，当建议分布与目标分布之间的近似度高时，各个粒子点的权重都很相近；而当建议分布与目标分布之间的近似度低时，粒子点的权重差异较大。也就是说可以用某个阈值来判断参数$N_{eff}$的有效性，当$N_{eff}$小于阈值时就执行重采样，否则跳过重采样。

$$N_{eff}=\frac{1}{\sum_{i=1}^{N}(\widetilde{w}^{(i)})^{2}} \tag{4-72}$$

## （二）Cartographer 算法

Gmapping 代码实现相对简洁，非常适合初学者入门学习。但是 Gmapping 属于基于滤波方法的 SLAM 系统，无法构建大规模的地图，而基于优化的方法可以。基于优化的方法实现的激光 SLAM 算法也有很多，比如 Hector、Karto、Cartographer 等。而 Cartographer 是其中获好评最多的算法，Cartographer 算法的提出时间较新，开发团队来自谷歌公司，代码的工程稳定性较高，是少有的兼具建图和重定位功能的算法。所以，下面将从原理分析讲解 Cartographer 算法。

其实基于优化方法的激光 SLAM 已经不是一个新研究领域了，谷歌的 Cartographer 算法主要是在提高建图精度和提高后端优化效率方面做了创新。当然 Cartographer 算法在工程应用上的创新也很有价值，Carographer 算法最初是为谷歌的背包设计的建图算法。谷歌的背包是一个搭载了水平单线激光雷达、垂直单线激光雷达和 IMU 的装置，用户只要背上背包行走就能将环境地图扫描出来。由于背包是背在人身上的，最开 Cartographer 算法是只支持激光雷达和 IMU 建图的，后来为适应移动机器人的需求，将轮式里程计、GPS、环境已知信标也加入算法。也就说、Cartographer 算法是一个多传感器融合建图算法。

### 1. 局部建图

局部建图就是利用传感器扫描数据构建局部地图的过程。如果在机器人位姿准确的情况下把观测到的路标直接添加进地图。由于从机器人运动预测模型得到的机器人位姿存在误差，所以需要先用观测数据对这个预测位姿进行进一步更新，以更新后的机器人位姿为基准来将对应的观测加入地图。用观测数据对这个预测位姿进行进一步更新，主要有下面几种方法：Scan-to-scan matching、Scan-to-map matching、Pixel-accurate scan matching。

最简单的更新方法就是 Scan-to-scan matching 方法。由于机器人相邻两个位姿对应的雷达扫描轮廓存在较大的关联性，在预测位姿附近范围内将当前雷达数据与前一帧雷达数据进行匹配，以匹配位姿为机器人位姿的更新量。但是，单帧雷达数据包含的信息太少了，直接用相邻两帧雷达数据进行匹配更新会引入较大误差，并且雷达数据更新很快，这将导致机器人位姿的误差快速累积。

而 Scan-to-map matching 方法则不同，其采用当前帧雷达数据与已构建出的地图进行匹配。由于已构建出的地图信息量相对丰富、稳定，因此并不会导致机器人位姿误差累积过快的问题。

而 Pixel-accurate scan matching 方法，其匹配窗口内的搜索粒度更精细，这样能得到精度更高的位姿，缺点是计算代价太大，后面将讲到的 Cartographer 闭环检测采用的就是这种方法。

**2. 闭环检测**

在局部建图过程中，使用了 Scan-to-map matching 方法进行位姿 $\xi$ 的局部优化。而闭环检测中，搜索匹配的窗口 $W$ 更大，位姿 $\xi$ 计算精度要求更高，所以需要采用计算效率与精度更高的搜索匹配算法。首先来看一下回环检测问题的数学表达，如式（4-73）所示。公式中的 $M_{nearest}$ 函数值其实就是雷达数据点 $T_{\xi} \cdot h_k$ 覆盖的栅格所对应的概率取值，当搜索结果 $\xi$ 就是当前帧雷达位姿真实位姿时，当前帧雷达轮廓与地图匹配度很高，即每个 $M_{nearest}$ 函数值都较大，那么整个求和结果也就最大。

$$\xi^* =_{\xi \in w}^{argmax} \sum_{K=1}^{K} M_{nearest}(T_{\xi} \cdot h_k) \tag{4-73}$$

针对式（4-73）所示的求最值问题，最简单的方法就是在窗口 $W$ 内暴力搜索。假设所选窗口 $W$ 大小为 10m×10m，搜索步长为 $\Delta x = \Delta y = 1cm$，同时方向角搜索范围为 30°，搜索步长为 $\Delta\theta = 1°$，那么总的搜索步数为 $10^3 \times 10^3 \times 30 = 3 \times 10^7$ 步。每步搜索都要计算式（4-73）所示的匹配得分，如式（4-74）所示。

$$score \leftarrow \sum_{k=1}^{k} M_{nearest}(T_{\xi_0+\Delta\xi} \cdot h_k)\text{，其中 } \Delta\xi = \begin{bmatrix} j_x \cdot \Delta x \\ j_y \cdot \Delta y \\ j_\theta \cdot \Delta\theta \end{bmatrix} \tag{4-74}$$

可以发现，每步搜索都要计算 $K$ 维数据的求和运算，而整个搜索过程的计算量为 $10^3 \times 10^3 \times 30 \times K = 3 \times 10^7 \times K$。虽然暴力搜索匹配可以避免陷入局部最值的问题，但是计算量太大，根本没法在机器人中做到实时计算。这种暴力搜索，就是所谓的 Pixel-accurate scan matching 方法。

采用暴力搜索来做闭环检测显然行不通，因此谷歌在 Cartographer 中采用分支定界（Branch-and-bound）法来提高闭环检测过程的搜索匹配效率。分支定界法简单点理解，就是先以低分辨率的地图来进行匹配，然后逐步提高分辨率

现在来考虑在不同分辨率地图中，其搜索窗口 $W$ 的策略。为了讨论方便，这里举一个简单例子，假设所选取的窗口 $W$=16cm×16cm。先以 $r$=8cm 分辨率最低的地图开始搜索，这时候窗口 $W$ 可以按照分辨率分成 4 个区域，也就是 4 个可能得解，用式（4-

74）计算每个区域的匹配得分。选出得分最高的那个区域，将该区域作为新的搜索窗口，并在 $r=4$cm 分辨率的地图上开始搜索，同样将窗口按照分辨率划分成 4 个区域，用式（4-74）计算每个区域的匹配得分。不断重复上面的细分搜索过程，直到搜索分辨率达到最高分辨率为止。

**3. 全局建图**

闭环检测是在程序后台持续运行的，传感器每输入一帧雷达数据，都要对其进行闭环检测。当闭环检测中匹配得分超过设定阈值就判定闭环，此时将闭环约束加入整个建图约束中，并对全局位姿约束进行一次全局优化，这样就能得出全局建图结果，下面详细介绍全局优化过程。

在 Cartographer 中采用的是稀疏位姿图来做全局优化，稀疏位姿图的约束关系。所有雷达扫描帧对应的机器人全局位姿 $\Xi^s=\{\xi_j^s\}$，$j=1, 2, \cdots, n$ 和所有局部子图对应的全局位姿 $\Xi^m=\{\xi_i^m\}$，$i=1, 2, \cdots, m$，通过 Scan-to-map matching 产生的局部位姿 $\xi_{ij}$ 进行关联，数学表达如式（4-75）所示。

$$\underset{\Xi^m,\ \Xi^s}{argmin}\ \frac{1}{2}\sum_{ij}\rho\left(E^2\left(\xi_i^m,\ \xi_j^s;\ \sum\nolimits_{ij},\ \xi_{ij}\right)\right) \tag{4-75}$$

式中，$E^2(\xi_i^m,\ \xi_j^s;\ \sum_{ij},\ \xi_{ij})=e(\xi_i^m,\ \xi_j^s;\ \xi_{ij})^T\sum_{ij}^{-1}e(\xi_i^m,\ \xi_j^s;\ \xi_{ij})$；$e(\xi_i^m,\ \xi_j^s;\ \xi_{ij})=\xi_{ij}-\begin{bmatrix} R_{\xi_i^m}^{-1}\cdot[t_{\xi_i^m}-t_{\xi_j^s}] \\ \xi_{i;\theta}^m-\xi_{j;\theta}^s \end{bmatrix}$。

式（4-75）中，$j$ 是雷达扫描帧的序号；$i$ 是子图的序号。而雷达扫描数据在局部子图中还具有局部位姿，比如 $\xi_{ij}$ 表示序号为 $j$ 的雷达扫描帧在序号为 $i$ 的局部子图中的局部位姿，该局部位姿通过 Scan-to-map matching 方法确定。而损失函数 $\rho$ 用于惩罚那些过大的误差项，比如 Huber 损失函数。可以看出，式（4-75）所示的问题其实是一个非线性最小二乘问题，Cartographer 同样采用了自家的 Ceres 非线性优化工具来求解该问题。

当检测到闭环时，对整个位姿图中的所有位姿量进行全局优化，那么 $\Xi^m$ 和 $\Xi^s$ 中的所有位姿量都会得到修正，每个位姿上对应的地图点也相应得到修正，这就是全局建图。

## 二、视觉 SLAM 算法

### （一）ORB-SLAM2 算法

ORB-SLAM2 算法是特征点法的典型代表。因此在下面的分析中，首先介绍特征点选的基本原理。

我们知道 SLAM 就是求解运动物体的位姿和环境中路标点（也就是环境地图点）的问

题。当相机从不同的角度拍摄同一个物体时可以得到不同的图像，而这些图像中具有很多相同的信息，这就构成了共视关系。一幅图像由很多像素点组成，那么如何利用每帧图像中像素点所包含的信息表示这种共视关系，并利用该共视关系计出相机位姿和环境地图点呢？

可能大家会最先想到特征点法。下面对特征点法中的特征提取、特征匹配和模型构建展开讨论。

**1. 特征提取**

特征点是图像的区域结构信息，在图像处理领域应用很广。因为图像中采集到的单像素点往往受各种噪声干扰，所以并不稳定。当考虑图像的一个区域时，虽然区域上的单个像素点都受噪声干扰，但是由多个像素点组成的区域结构信息稳定很多。那么按照某种算法对图像的区域进行特征提取，则提取出来的特征点就包含了区域结构信息，这也是特征点具有良好稳定性的原因。特征提取算法种类非常丰富，比如从纹理、灰度统计、频谱、小波变换等信息中提取，体重 SIFT、SURF 和 ORB 是工程中最常用的几种特征点。

**2. 特征匹配**

特征匹配是解决特征点法 SLAM 中数据关联问题的关键，也就是找出那些在不同视角拍摄到的图像中都出现过的特征点。假设相机在两个不同的视角拍摄到两幅图像，其特征匹配如图 4-7 所示。先从图像 A 中提取得到 $\{P_A^1, P_A^2, P_A^3\}$ 这些 ORB 特征点，再从图像 B 中提取得到 $\{P_B^1, P_B^2, P_B^3, P_B^4\}$ 这些 ORB 特征点。那么特征匹配过程就是要找出 $A = \{P_A^1, P_A^2, P_A^3\}$ 与 $B = \{P_B^1, P_B^2, P_B^3, P_B^4\}$ 这两个集合中各个点的对应关系。

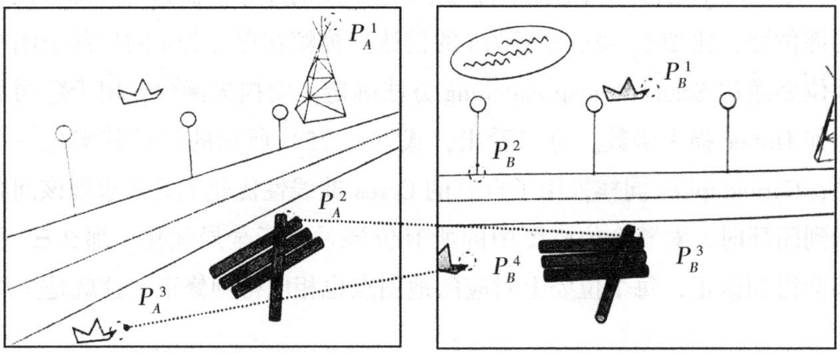


**图 4-7　特征匹配**

最简单的方法就是将 A 集合中的每个点都与 B 集合中的点匹配一遍，取匹配度最高的那个点为配对点。ORB 特征点的匹配度由两个特征点描述子的海明距离计算，海明距离越小匹配度越高。比如，$P_A^1$ 依次与 $P_B^1$、$P_B^2$、$P_B^3$、$P_B^4$ 计算匹配度，发现 $P_A^2$ 与 $P_B^3$ 配对成功；同理，用 $P_A^3$ 依次与 $P_B^1$、$P_B^2$、$P_B^3$、$P_B^4$ 计算匹配度，发现 $P_A^3$ 所 $P_B^4$ 配对成功。这种匹配方法也叫暴力匹配，显然在特征点数量很大时，暴力匹配的工作效率十分低下。在实际工程中，一般使用K最近邻匹配（K Nearest Neighbor，KNN）、快速近似最近邻匹配（Fast Library for Approximate Nearest Neighbors，FLANN）等更智能的匹配算法。

## （二）LSD-SLAM 算法

对于特征点法来说，首先对给定的两帧图像分别进行特征提取和特征匹配，然后根据不同的已知条件构建相应模型求解相机位姿和地图云点。对于直接法来说，不进行特征提取和特征匹配，直接用图像像素建立数据关联，通过最小化光度误差构建相应模型来求解相机位姿和地图云点。

假如 $k-1$ 帧图像中的像素点 $p_{k-1}$ 与第 $k$ 帧图像中的像素点 $p_k$ 通过特征匹配建立了关联，即环境中的同一个三维点 $P$ 投影到第 $k-1$ 帧图像和第 $k$ 帧图像分别得到像素点 $p_{k-1}$ 与 $p_k$ 。假设 $P$ 在第 $k-1$ 帧相机坐标系 $O_{k-1}$ 的坐标为 $p_{k-1}$ ，而 $P$ 在第 $k$ 帧相机坐标系 $O_k$ 的坐标为 $P_k$ 。那么环境点 $P_{k-1}$ 与像素点 $p_{k-1}$ 的投影关系，如式（4-76）所示。而像素点 $p_{k-1}$ 到环境点 $P_{k-1}$ 的反投影关系，如式（4-77）所示。

$$p_{k-1}=\pi(P_{k-1})=\frac{1}{z_{k-1}}K\cdot P_{k-1} \tag{4-76}$$

$$P_{k-1}=\pi^{-1}(p_{k-1}) \tag{4-77}$$

而坐标系 $O_{k-1}$ 中的点 $P_{k-1}$ 的坐标值，通过（$R$，$t$）可以变换为坐标系 $O_k$ 中的点 $P_k$ 的坐标值，而点 $P_k$ 重投影回第 $k$ 帧图像得到像素点 $p_k'$ ，如式（4-78）和式（4-79）所示。

$$P_k=T\cdot P_{k-1}，\text{其中 } T=\begin{bmatrix} R & t \\ 0 & 1 \end{bmatrix} \tag{4-78}$$

$$p_k'=\pi(P_k)=\frac{1}{z_k}K\cdot P_k \tag{4-79}$$

如果相机位姿变换（$R$，$t$）不存在误差且相机投影过程不存在噪声干扰，那么重投影得到的像素点 $p_k'$ 与实际观测得到的像素点 $p_k$ 在像素坐标上应该重合。正是由于相机位姿变（$R$，$t$）误差和相机投影过程噪声干扰的存在，因此使得重投影像素点 $p_k'$ 与实际观测像素点 $p_k$ 并不重合，两者之间像素坐标的相差距离就是所谓的重投影误差，如式（4-80）所示。

$$e=p_k-p_k' \tag{4-80}$$

## （三）SVO 算法

### 1. 基于稀疏模型的图像配准

系统先基于稀疏模型的图像配准对当前输入新图像帧（new image）和旧图像（last frame）进行配准，其实就是将前一帧图像中已经提取出的特征点（SVO 中以 FAST 角点为特征）重新投影到当前帧，然后用最小化光度误差来求相机位姿变换，如式（4-81）所示。其实就是把直接法中普通的像素点换成特征点来重投影，光度误差函数 $\delta I(T, u)$ 和直接法中是一样的。而 $\bar{\mathfrak{R}}$ 是 u 的取值域，表示前一帧图像中的特征点经过重投影后在当前帧图像中仍可见的特征点。

$$T_{k,k-1} = argmin \iint_{\bar{\mathfrak{R}}} \rho\left[\delta I(T, u)\right] du = argmin \frac{1}{2} \sum_{i \in \bar{\mathfrak{R}}} \| \delta I(T_{k,k-1}, u_i) \|^2 \quad (4-81)$$

其中：

$$\delta I(T, u) = I_k[\pi(T \cdot \pi^{-1}(u, d_u))] - I_k[u] \quad (4-82)$$

$$\bar{\mathfrak{R}} = \{u \mid u \in \bar{\mathfrak{R}}_{k-1} \wedge \pi(T \cdot \pi^{-1}(u, d_u)) \in \Omega_k\} \quad (4-83)$$

**2. 特征配准**

经过上一步已经求出了相机位姿变换量，将这个粗略的相机位姿变换量当成已知条件、很容易将地图中存储的历史关键帧中与当前帧共视的特征点重投影到当前帧，即将地图云点投影到当前帧。因为当前帧的位姿是一个粗略值，所以投影回当前帧的特征点与该特征点在图像的真实位置可能会不符合，那么利用最小化光度误差来修正重投影回当前帧的特征点在图像中的位置，就是特征配准。

由于计算参考帧与当前帧重投影特征点之间的光度误差时，参与计算的是特征附近区域块的像素。而参考帧与当前帧一般相隔较远会发生形变，因此在计算光度误差时需要在参考帧的特征块前面乘以一个仿射矩阵 $A$ 进行修正，如式（4-84）所示。

$$u_i' = argmin \frac{1}{2} \| I_k[u_i' - A_i \cdot I_r[u_i]] \|^2 \quad (4-84)$$

**3. 位姿结构优化**

经过上面两步已经求出了当前相机的粗略位姿，并对地图云点重投影得到的特征点进行了位置修正。那么就可以利用这个相机粗略位姿和修正后的特征点作为初值，最小化地图云点重投影到当前帧的误差对相机位姿和地图云点进行优化，即位姿结构优化。

基于稀疏模型的图像配准和特征配准采用了直接法的思想，都是最小化光度误差。而位姿结构优化采用了特征点法的思想，最小化重投影误差，如果仅对相机位姿进行优化，即 motion-only BA，如果仅对地图云点进行优化，即 structure-only BA，如式（4-85）和式（4-86）所示。其中地图云点 ${}_w p_i$ 的左下标 $w$ 表示地图云点坐标为世界坐标系下的取值。

$$T_{k,w} = argmin \frac{1}{2} \sum_i \| u_i - \pi(T_{k,w}, {}_w p_i) \|^2 \quad (4-85)$$

$$\{{}_w p_i\} = argmin \frac{1}{2} \sum_i \| u_i - \pi(T_{k,w}, {}_w p_i) \|^2 \quad (4-86)$$

# 第五章　巡检机器人软件集成开发技术

巡检机器人软件集成开发基于成熟的机器操作系统进行，本章主要介绍 ROS 概述，包括 ROS 是什么，ROS 的发展历程，ROS1 与 ROS2 的区别；ROS2 的核心概念，包括工作空间与功能包，节点，话题和服务，参数和动作；巡检机器人运动学基础，包括机器人运动学概述，机器人的正逆运动学，机器人 TF 转换；基于 ROS2 的巡检机器人导航实现，包括基于 ROS2 的巡检机器人导航概述，Cartographer 地图构建和 Nav2 自主导航。

## 第一节　ROS 概述

20 世纪 60 年代，世界上第一台工业机器人在美国诞生，开创了工业化的新纪元。随后的 20 世纪 70—80 年代，计算机技术的迅猛发展为机器人技术注入了强大动力，使其不仅局限于制造业，更扩展至医疗、服务业等多个领域。进入 21 世纪后，随着人工智能、传感器技术和材料科学的飞速进步，现代机器人展现出前所未有的智能、灵活性和多功能性。伴随着机器人硬件设备的日益丰富，机器人系统变得越发复杂，机器人的发展面临以下几个问题：一是机器人软件开发的高复杂性和高成本需要一个开放的软件平台，研究人员和开发者可以共享代码、工具和算法，减少重复劳动，加速机器人应用程序的开发和部署；二是传统的机器人软件开发方式往往封闭且缺乏灵活性，亟须一个系统来提高机器人系统的模块化和可重用性；三是随着机器人技术的快速发展，需要一个为研究人员和开发者提供共享、学习和创新的平台，以推动机器人技术的发展和应用。正是在这样的背景下，机器人操作系统（Robot Operating System，ROS）应运而生。

### 一、ROS 是什么

ROS 是一个专门为机器人项目设计的开源元操作系统（Meta-operating system），它不是真正意义上的操作系统，而是运行在其他操作系统如 Linux 之上的一组软件库和工具集。

其主要功能是提供类似于操作系统的服务，包括硬件抽象、底层设备控制、常用功能的实现、消息传递等。此外，它还提供了相关的工具和库，用于获取、编译、编辑代码以及在多个计算机之间运行程序完成分布式计算。ROS 的运行架构是一种使用 ROS 通信模块实现模块间 P2P 的松耦合的网络连接的处理架构，它执行若干种类型的通信，包括基于服务的同步 RPC（远程过程调用）通信、基于 Topic 的异步数据流通信以及用于数据存储的参数服务。

ROS 起源于 2007 年，是斯坦福大学人工智能实验室与机器人技术公司 Willow Garage 合作的项目，该项目最初是为了开发一个灵活的软件框架，以支持机器人研究和开发。2008 年之后，主要由 Willow Garage 公司进行 ROS 的推广和维护工作。2010 年，Willow Garage 公司正式发布了开源的 ROS 框架，这一框架很快在机器人研究领域引起了广泛的关注和使用（图 5-1）。

**图 5-1　基于 ROS 的 TurtleBot**

ROS 作为一个元操作系统，为了解决机器人发展过程中面临的机器人硬件设备的日益丰富，机器人系统变得越发复杂的问题，它的设计目标包括以下几点：

模块化和通用性。ROS 鼓励模块化的设计，这意味着整个系统被分解为小的、可管理的部分（称为包或节点）。这种设计使得用户可以轻松地替换系统中的特定组件而不影响整体功能，从而促进了代码的重用和共享。

易于使用和灵活性。提供了一组丰富的工具和库，旨在帮助机器人开发者在不牺牲功能性的前提下快速实现和测试新的机器人设计。ROS 的工具链支持多种编程语言和平台，从而增加了其适用性和灵活性。

可扩展性和分布式处理。ROS 的核心设计优点之一是其能够支持大规模分布式处理和消息传输。它允许多个节点在不同的计算设备上运行，并通过发布/订阅消息系统进行交互，这是处理大量数据和复杂机器人应用的关键。

社区与开源。ROS 的一个重要目标是建立和维护一个活跃、开放的社区，这样用户可以共享工具、算法和经验。开源许可促进了广泛的协作和创新，使开发人员能够改进现有技术并推动机器人技术的快速发展。

ROS 同时具有以下特点：

节点系统。在 ROS 中，代码模块被称为“节点”，这些节点通过一个名为 ROS master 的名称服务相互发现，并通过话题（Topics）、服务（Services）和参数（Parameters）进行通信。这种结构有助于系统的高度模块化和灵活配置。

多语言支持。ROS 官方支持 C++和 Python，这使得开发者可以根据自己的偏好或项目需求选择合适的编程语言。此外，ROS2 中支持多种编程语言，如 C++、Python 和 Java。这一特性使得开发人员可以根据自己的熟悉程度和项目需求选择合适的编程语言，提高了开发效率和便捷性。

工具和库的丰富性。ROS 提供了众多的工具和库来支持机器人的开发和运行，包括但不限于仿真平台（如 Gazebo）、可视化工具（如 RViz 和 rqt）和各种算法包（如导航和映射）。这些工具都是为了降低开发的复杂度并提高生产效率。

社区支持。ROS 拥有一个非常活跃的社区，社区成员包括学术界、工业界和爱好者。社区成员不断贡献代码、技术文档以及教程，使得新手更容易上手，并在需要帮助时得到支持。

标准化的通信协议。ROS 使用一种标凑化的消息传递系统，能够确保不同组件或节点间高效、可靠的数据交换。这个系统支持了复杂数据结构的序列化和反序列化，有助于不同模块之间的无缝信息交流。

通过这些设计目标和特点，ROS 为研究人员和开发者提供了一个功能强大、非常灵活并且支持广泛协作的平台，极大地推动了现代机器人技术的研究和发展。

## 二、ROS 的发展历程

2007 年，ROS 诞生于斯坦福大学人工智能机器人（STAIR）项目，其硬件原型可追溯至 Eric Berger 和 Keenan Wyrobek 合作开发的个人机器人（Personal Robotics，PR1）项目。

2007—2013 年，Willow Garage 开始开发 PR2 机器人作为 PR1 的后续产品，并开发 ROS 作为运行它的软件。该时期中，来自二十多个机构的团体为 ROS 作出了贡献，包括核心软件以及与 ROS 一起形成更大软件生态系统的越来越多的软件包。2008 年 12 月，Willow Garage 研发的 PR2 实现了两天内连续导航，不久之后，ROS 的早期版本（0.4 Mango Tango）发布。2012 年 4 月 Willow Garage 创建了开源机器人基金会（OSRF），第一个运行 ROS 的商业机器人 Baxter 在明尼苏达州圣保罗举办的第一届 ROSCon 上发布。2013 年 2 月，OSRF 成为 ROS 的主要软件维护者，ROS 已经发布了 7 个主要版本（一直到 ROS Groovy）。

自 OSRF 接管 ROS 的主要开发以来，每年都会发布一个新版本，自 2012 年以来，

ROSCon 每年都会举办。2014 年 9 月 1 日，NASA 在国际空间站上宣布了第一个在太空中运行 ROS 的机器人：Robotnaut 2。2018 年 9 月微软将 ROS 核心移植到 Windows。

ROS2 在 ROSCon 2014 上宣布，2015 年 2 月首次提交到 ROS2 repository，随后于 2015 年 8 月发布 alpha 版本。ROS2 的第一个发行版 Ardent Apalone 于 2017 年 12 月 8 日发布，开创了下一代 ROS 的新时代。

截至 2024 年，ROS 已经发布了多个版本，如表 5-1 所示。

**表 5-1　ROS 所有发布版本相关信息**

| 发行版本 | 发布日期 | 停止支持日期 |
|---|---|---|
| ROS NoeticNinjemys | 2020-05-23 | 2025-05 |
| ROS MelodicMorenia | 2018-05-23 | 2023-06 |
| ROS Lunar Loggerhead | 2017-05-23 | 2019-05 |
| ROS Kinetic Kame | 2016-05-23 | 2021-04 |
| ROS Jade Turtle | 2015-05-23 | 2017-05 |
| ROS Indigo Igloo | 2014-07-22 | 2019-04 |
| ROS Hydro Medusa | 2013-09-04 | 2015-05 |
| ROS Groovy Galapagos | 2012-12-31 | 2014-07 |
| ROS Fuerte Turtle | 2012-04-23 | — |
| ROS Electric Emys | 2011-08-30 | — |
| ROS Diamondback | 2011-03-02 | — |
| ROS C Turtle | 2010-08-02 | — |
| ROS Box Turtle | 2010-03-02 | — |

截至 2024 年，ROS2 已经发布了多个版本，如表 5-2 所示。Humble Hawksbill 为第一个 ROS2 长期支持版本。

**表 5-2　ROS2 所有发布版本相关信息**

| 发行版本 | 发布日期 | 停止支持日期 |
|---|---|---|
| Iron Irwini | 2023-05-23 | 2024-11 |
| Humble Hawksbill | 2022-05-23 | 2027-05 |
| Galactic Geochelone | 2021-05-23 | 2022-12 |
| Foxy Fitzroy | 2020-06-05 | 2023-06 |
| Eloquent Elusor | 2019-11-22 | 2020-11 |
| Dashing Diademata | 2019-05-31 | 2021-05 |

（续表）

| 发行版本 | 发布日期 | 停止支持日期 |
|---|---|---|
| Crystal Clemmys | 2018-12-14 | 2019-12 |
| Bouncy Bolson | 2018-07-02 | 2019-07 |
| Ardent Apalone | 2017-12-08 | 2018-12 |

## 三、ROS1 与 ROS2 的区别

2023 年 ROS 年度报告显示，2023 年全年 ROS 功能包下载次数为 550 365 601 次，ROS 服务器上仍托管了 24 069 个不同的 ROS 功能包。单从数据来看，ROS1 依旧受到广大用户欢迎，为何还要进行大的版本迭代？

ROS1 与 ROS2 是机器人操作系统（Robot Operating System）的两个主要版本，它们在设计目标、系统架构、功能特性和应用环境等方面存在一些显著的不同。

**1. 设计目标不同**

ROS1 最初的设计目标是为了开发一款 PR2 家庭服务机器人，它强调单一机器人、机载工作站级计算资源、良好的网络连接以及主要应用学术研究等特点。ROS1 通过提供一套完整的软件框架，将机器人软件的各个部分有机地连接起来，使得开发者能够更容易地构建、模拟、部署和调试复杂的机器人系统。

而 ROS2 则在 ROS1 的基础上进行了全面的改进和升级，其设计目标更加宏伟，旨在满足各种各样机器人应用的需求。ROS2 怀揣变革智能机器人时代的历史使命，它支持多机器人系统、分布式计算和实时性要求更高的应用场景。ROS2 通过引入新的通信机制、中间件层、消息传递方式和安全性措施，使得机器人系统更加健壮、灵活和可扩展。

**2. 系统架构不同**

ROS1 采用了分层系统架构，其核心组件和层级设计旨在支持复杂的机器人系统。ROS1 系统架构的主要层级包括节点（Node）、话题（Topic）、服务（Service）和参数服务器（Parameter Server）等核心组件。节点层（Node Layer）是 ROS1 系统的最上层，由多个节点（Node）组成，节点是 ROS1 中的基本执行单元，每个节点执行特定的任务，节点可以是机器人上的一个传感器、一个执行器或一个算法模块等。消息传递层（Message Passing Layer）负责在节点之间进行消息传递，主要使用发布者-订阅者（Publisher-Subscriber）模型。节点可以发布消息到特定的主题（Topic），其他节点通过订阅相应主题来接收消息。服务调用层（Service Call Layer）负责处理节点之间的服务调用，使用客户端-服务器（Client-Server）模型。节点可以提供服务（Service），其他节点可以请求并接收服务的响应。

ROS2 在系统架构上进行了重大的改进和创新。首先，ROS2 取消了 ROS1 中的主节点（Master Node）概念，采用了基于分布式架构的设计。分布式系统架构，旨在支持更加灵活、可扩展的机器人系统，特别是在多计算机和多进程环境中。在 ROS2 中，每个节点都可以独立地运行和通信，无须依赖中心化的主节点进行协调和管理。这种设计使 ROS2 更加健壮和可扩展，因为即使某个节点出现故障或网络断开，整个系统仍然可以保持运行和通信。

其次，ROS2 引入了 DDS（Data Distribution Service）作为中间件层，用于实现节点之间的通信。DDS 是一种用于实时系统数据分发的标准协议，它提供了高效的序列化、传输和发现机制。通过 DDS 中间件层，ROS2 可以实现跨平台、跨语言的通信，并且支持多种通信方式和传输协议。比如发布-订阅通信：节点可以发布消息到主题（Topic），其他节点通过数据读取器（DataReader）订阅相同的主题来接收消息，这种方式使节点之间的通信更加灵活和高效。服务调用：ROS2 同样支持服务调用，使用客户端-服务器模型，节点可以提供服务（Service），其他节点可以请求并接收服务的响应。多种通信方式使 ROS2 更加灵活和可配置，可以满足不同应用场景的需求。

**3. 功能特性不同**

（1）实时性方面。ROS1 在设计之初并没有将实时性能作为核心考虑因素。它主要关注于功能性和灵活性，而非实时性能。ROS1 使用的消息传递机制（RMP）基于 TCP/IP 网络通信，这在实时性能方面存在一些限制。ROS1 的消息传递机制没有提供硬实时保证，即无法保证消息的传递和处理在严格的实时要求下完成。

ROS2 在设计之初将实时性能作为一个重要的考虑因素。它提供了更强大的实时性能功能，以满足实时控制和通信的需求。ROS2 使用 Data Distribution Service（DDS）作为消息传递协议，而 DDS 提供了实时性能保证的机制。DDS 支持 Quality of Service（QoS）配置，可以根据应用程序的实时性需求进行调整，包括消息传递的可靠性、优先级和时间约束等。ROS2 还提供了实时性能测试工具和性能分析工具，用于评估和优化实时控制和通信的性能。需要注意的是，ROS2 的实时性能取决于所使用的 DDS 实现和配置。不同的 DDS 实现可能在实时性能方面有所差异。一些常用的 DDS 实现，如 RTI Connext DDS 和 eProsima Fast DDS，提供了高度可配置的实时性能选项，以满足不同应用场景的需求。

总体而言，与 ROS1 相比，ROS2 在实时性能方面提供了更多的功能和保证机制。ROS2 使用 DDS 提供实时性能保证，并支持 QoS 配置和性能分析工具，使其更适合于实时控制和通信应用。然而，实时性能的具体表现取决于所选择的 DDS 实现和配置。

（2）安全性方面。ROS1 没有加密机制和安全性不高的问题一直存在。ROS1 在设计之初并没有将安全性作为核心考虑因素。它主要关注于功能性和性能，而没有提供内置的安全性机制。ROS1 在网络通信方面使用的是简单的 TCP/IP 协议，没有内置的加密和身份验证机制。在 ROS1 中，安全性主要依赖于底层操作系统和网络安全措施，例如防火墙和虚拟专用网络（VPN）等。

ROS2 支持更高级别的安全性，如 TLS 加密和身份验证机制。ROS2 在设计之初将安全性作为一个重要的考虑因素。它提供了更强大的安全性功能，以满足现代分布式系统的安全需求。ROS2 使用 Data Distribution Service（DDS）作为消息传递协议，而 DDS 提供了内置的安全性机制。在 ROS2 中，可以使用 Transport Layer Security（TLS）来加密通信，并使用 X. 509 证书进行身份验证。ROS2 还提供了访问控制机制，可以限制对主题和服务的访问权限。ROS2 的安全性还包括对数据完整性和可靠性的保护。

总体而言，与 ROS1 相比，ROS2 在安全性方面提供了更多的功能和保护机制。ROS2 使用 DDS 提供内置的安全性机制，包括加密、身份验证和访问控制。这使得 ROS2 更适合于在安全性要求较高的环境中使用，例如在工业控制系统和机器人应用中。

（3）跨平台支持方面。ROS1 的跨平台支持方面，ROS1 最初是为 Linux 操作系统设计和开发的，因此在 Linux 上具有最好的支持。ROS1 也可以在其他操作系统上运行，如 macOS 和 Windows，但对于这些非 Linux 平台，ROS1 的支持相对较少。在非 Linux 平台上，ROS1 的安装和配置可能相对复杂，并且某些功能可能不完全支持或存在一些限制。

ROS2 的跨平台支持方面，ROS2 是为更广泛的平台支持而设计的，具有更好的跨平台兼容性。ROS2 可以在多个操作系统上运行，包括 Linux、macOS、Windows 和嵌入式操作系统（如 FreeRTOS、QNX 等）。ROS2 在不同平台上提供了一致的安装和配置过程，使在跨平台环境中使用 ROS2 更加简单和可靠。ROS2 的官方文档和支持也更加注重跨平台问题，并提供了特定平台的指南和建议。需要注意的是，虽然 ROS2 在跨平台支持方面更加强大和全面，但仍然可能存在一些特定平台上的限制或问题。比如，ROS2 第一个长期支持版本 Humble Hawksbill 仅支持 Ubuntu 22. 04 以上系统。因此在使用 ROS2 时，建议参考官方文档和社区支持，以了解特定平台的支持程度和可能的限制。

总体而言，ROS1 在跨平台支持方面相对较弱，主要支持 Linux 平台。而 ROS2 在跨平台支持方面更加强大，可以在多个操作系统和嵌入式平台上运行，并提供了一致的安装和配置过程。

（4）编程语言支持方面。ROS1 支持多种编程语言，包括 C++、Python 和 Lisp。C++ 是 ROS1 的主要编程语言，它提供了最全面和最强大的功能支持。ROS1 使用 C++ 编写的节点可以直接调用 ROS1 的核心库和功能。Python 是 ROS1 中受欢迎的脚本语言，它提供了简单易用的接口和快速的开发速度。ROS1 的核心库和功能也提供了 Python 的绑定。Lisp 是 ROS1 中的一种支持语言，尽管它的使用相对较少。ROS1 提供了 Lisp 的绑定和一些库，用于在 Lisp 中编写 ROS1 节点。

ROS2 支持多种编程语言，包括 C++、Python、Java 和 C#。C++ 是 ROS2 的主要编程语言，它提供了最全面和最强大的功能支持。ROS2 使用 C++ 编写的节点可以直接调用 ROS2 的核心库和功能。Python 是 ROS2 中受欢迎的脚本语言，它提供了简单易用的接口和快速的开发速度。ROS2 的核心库和功能也提供了 Python 的绑定。Java 和 C# 是 ROS2 新增的编程语言支持。它们提供了在 ROS2 中开发跨平台应用程序的选项，使得开发者可以使用这些常用的编程语言来构建 ROS2 节点和应用程序。

C++语言标准方面，ROS1 使用 C++ 03 标准，而 ROS2 则升级到 C++ 11 标准，并部分使用 C++ 14 功能。这使得 ROS2 在 C++编程方面更加灵活和强大，可以充分利用现代 C++语言的特性和优势。

总体而言，ROS1 主要支持 C++ 和 Python，而 ROS2 支持更多的编程语言，包括 C++、Python、Java 和 C#。这使得 ROS2 更加灵活，可以满足不同开发者的偏好和需求。无论是使用 ROS1 还是 ROS2，开发者都可以选择最适合自己的编程语言来构建节点和应用程序。

（5）消息传递协议方面。ROS1 和 ROS2 在消息传递协议上有很大的区别。这些协议决定了在 ROS 系统中如何进行消息的传递和通信。ROS1 使用的是 ROS 消息传递协议（RMP）。RMP 是一种简单的协议，它基于 TCP/IP 网络通信，并使用 XML-RPC 和 TCPROS 进行消息的传递。RMP 的设计目标是简单易用，适用于小型的机器人系统和局域网环境。

ROS2 使用的是 Data Distribution Service（DDS）作为消息传递协议。DDS 是一种更复杂和强大的协议，它提供了高度可配置的、分布式的、实时的消息传递机制。DDS 支持多播和安全性，并且具有更好的可靠性和性能。DDS 使用专门的中间件来管理消息传递，它提供了更灵活的通信模型，可以适应更广泛的应用场景。ROS2 使用 DDS 作为默认的消息传递协议，这使得 ROS 系统更加灵活和可靠。

（6）工具链方面。ROS1 使用 Catkin 构建系统，而 ROS2 使用 Ament 构建系统。ROS1 使用 Catkin 作为其构建系统。Catkin 是一个基于 CMake 的构建系统，用于构建 ROS1 软件包。Catkin 提供了一组命令行工具，用于创建、编译和管理 ROS1 软件包。这些工具包括 catkin_ create_ pkg 、catkin_ make 、catkin_ tools 等。Catkin 使用 CMakeLists. txt 文件来描述软件包的构建过程和依赖关系。开发者可以通过编辑 CMakeLists. txt 文件来配置软件包的构建选项。ROS1 还提供了一些其他的工具，如 rosbuild、rosmake 等，用于旧版的 ROS1 软件包的构建和管理。

ROS2 使用 Ament 作为其构建系统。Ament 是一个基于 CMake 和 Python 的构建系统，用于构建 ROS2 软件包。Ament 提供了一组命令行工具，用于创建、编译和管理 ROS2 软件包。这些工具包括 ament_ create 、ament_ build 、ament_ tools 等。Ament 使用 CMakeLists. txt 和 package. xml 文件来描述软件包的构建过程和依赖关系。开发者可以通过编辑这些文件来配置软件包的构建选项和依赖关系。ROS2 的构建系统还支持跨平台开发，可以在不同的操作系统上构建和运行 ROS2 软件包。ROS2 的工具链还包括一些其他的工具，如 colcon、ros2cli 等，用于构建和管理 ROS2 软件包。

（7）包管理方面。ROS1 使用 Rosdep，而 ROS2 使用 Ament。ROS1 使用的包管理器是 Rosdep。Rosdep 是一个用于管理 ROS1 软件包依赖关系的工具。Rosdep 通过解析软件包的依赖关系，并安装所需的系统依赖项，使得 ROS1 软件包能够在系统中正确运行。Rosdep 使用一个名为 rosdep. yaml 的配置文件来指定软件包的依赖关系和所需的系统依赖项。开发者可以使用 rosdep install 命令来安装软件包的依赖项。

ROS2 使用的包管理器是 Ament。Ament 是一个用于管理 ROS2 软件包的构建和依赖关系的工具。Ament 使用 CMakeLists. txt 和 package. xml 文件来描述软件包的构建过程和依赖关系。在 package. xml 文件中，开发者可以列出软件包的依赖项，包括其他 ROS2 软件包和系统依赖项。Ament 提供了一组命令行工具，如 ament build 、ament install 等，用于构建和安装 ROS2 软件包及其依赖项。Ament 还支持跨平台开发，可以在不同的操作系统上构建和运行 ROS2 软件包。

**4. 应用环境不同**

ROS1 主要应用于学术研究、教育和原型开发等领域，特别是在移动机器人、无人机和自动驾驶汽车等领域得到了广泛的应用。ROS1 的简单易用和丰富的生态系统使得它成为机器人研究和开发的理想工具之一。

而 ROS2 则更加适用于工业、商业和大规模部署等应用场景。ROS2 的分布式架构、实时性和安全性等特性使得它更加适合需要高性能、高可靠性和高安全性的机器人系统。此外，ROS2 还支持更多的操作系统平台和编程语言，使得它更加灵活和可扩展，可以满足不同应用场景的需求。

综上所述，ROS2 相对于 ROS1 来说，在设计目标、系统架构、功能特性和应用环境等方面都有了很大的改进。这些改进使得 ROS2 更适合于现代机器人应用的需求。然而，由于 ROS1 有大量现有的代码库和社区支持，因此在选择使用哪个版本时，需要权衡各自的优劣和实际需求。如果已经在使用 ROS1 并且没有特别的需求，那么继续使用 ROS1 可能是一个合理的选择。但对于新项目或对实时性、安全性等有更高要求的项目，ROS2 可能是更好的选择。无论选择哪个版本，ROS 都是一个强大而受欢迎的机器人软件框架，为机器人开发提供了丰富的工具和功能，推动了机器人技术的发展。

# 第二节　ROS2 核心概念

## 一、工作空间与功能包

**1. 工作空间**

在 ROS2 中，工作空间（workspace）是一个用于组织、构建及管理全部或部分 ROS2

软件项目的文件夹结构。一个工作空间包含了你在开发中所需要的 ROS2 功能包（packages），以及相关的构建和配置文件。工作空间允许开发者在隔离的环境中编辑、编译和运行 ROS2 应用程序。通常，一个工作空间包含以下几个关键部分：

Src：源代码目录，用于存放功能包（Packages）的源代码。每个功能包都是 ROS2 中的一个软件模块，包含实现特定功能的代码、配置文件和依赖关系。

Build：构建目录，用于存放编译过程中生成的中间文件和临时文件。当你使用 ROS2 的构建工具（如 colcon）对工作空间进行构建时，它会自动在这个目录下生成所需的文件和目录。

Install：安装目录，用于存放构建完成后生成的可执行文件、库文件和其他二进制文件。这些文件可以被其他 ROS2 节点或应用程序使用。

Log：日志目录，用于存放 ROS2 节点在运行过程中产生的日志文件。这些文件可以帮助开发者调试和排查问题。

一个完整的工作空间如表 5-3 所示。

**表 5-3　完整的工作空间**

```
WorkSpace --- 自定义的工作空间。
        | --- build：存储中间文件的目录，该目录下会为每一个功能包创建一个单独子目录。
        | --- install：安装目录，该目录下会为每一个功能包创建一个单独子目录。
        | --- log：日志目录，用于存储日志文件。
        | ---src：用于存储功能包源码的目录。
            | -- C++功能包
                | -- package.xml：包信息，比如：包名、版本、作者、依赖项。
                | -- CMakeLists.txt：配置编译规则，比如源文件、依赖项、目标文件。
                | --src：C++源文件目录。
                | -- include：头文件目录。
                | -- msg：消息接口文件目录。
                | --srv：服务接口文件目录。
                | -- action：动作接口文件目录。
            | -- Python 功能包
                | -- package.xml：包信息，比如：包名、版本、作者、依赖项。
                | -- setup.py：与 C++功能包的 CMakeLists.txt 类似。
                | --setup.cfg：功能包基本配置文件。
                | -- resource：资源目录。
                | -- test：存储测试相关文件。
                | --功能包同名目录：Python 源文件目录。
```

创建工作空间命令较为简单，只需使用系统命令创建工作空间目录，然后运用初始化命令即可完成对工作目录的创建。通常，可使用下面的命令来创建一个新的工作空间：

```
$ mkdir  -p  ~/dev_ws/src    //创建工作空间目录和源代码目录
$ cd  ~/dev_ws               //转到工作空间
$ colcon build               //构建工作空间，初次构建时用于初始化
```

编译过程中，工作空间根目录 /dev_ ws 下会自动生成 build、install 文件夹及其中的文件。

这里使用了 colcon 作为构建工具，它是 ROS2 的推荐构建工具，支持多种语言和构建系统。colcon build 的其他有用参数：

packages-up-to：构建您想要的包，以及它的所有依赖项，但不是整个工作区（节省时间）。

symlink-install：节省您在每次调整 Python 脚本时都必须重新构建的时间。

event-handlers console_ direct+：显示构建时的控制台输出（可以在 log 目录中找到）。

**2. 功能包（Package）**

在 ROS2 中，功能包是组织代码和配置文件的基本单元。每个功能包都包含一组相关的代码、配置文件和依赖关系，用于实现特定的功能或任务。功能包之间可以通过 ROS2 的消息传递机制进行通信和协作。一个功能包通常包含以下几个关键文件：

package. xml：这个文件提供了关于功能包的描述信息，包括功能包的名称、版本、作者、依赖关系等。

CMakeLists. txt（对于 C++功能包）：这个文件用于定义功能包的构建规则，包括源文件、头文件、库文件等的位置和依赖关系。

setup. py（对于 Python 功能包）：这个文件用于定义 Python 功能包的构建和安装规则。

src：这个目录用于存放功能包的源代码文件。

include（对于 C++功能包）：这个目录用于存放 C++的头文件。

可以通过 ROS 仓库直接安装方式获取功能包，该方式安装指令为：

```
$ sudo apt-get install ros-<version>-package_ name
```

其中，<version>对应已安装的 ROS 版本，package_ name 即想要安装的功能包。

也可以通过手动创建方式新建功能包。创建一个新的功能包需使用 ROS2 提供的命令行工具：

```
$ ros2 pkg create <package-name> --build-type {cmake, ament_ cmake, ament_
python} - dependencies <依赖名字>
```

在创建功能包时，你需要指定功能包的名称、构建类型（如 C++或 Python）以及依赖关系等信息。创建完成后，你可以在功能包的源代码目录下编写实现所需功能的代码和配置文件。

在 ROS2 中，工作空间和功能包是相互关联的。一个工作空间可以包含多个功能包，而每个功能包通常都位于工作空间的 src 目录下。通过组织和管理这些功能包，可以构建出复杂且功能强大的ROS2应用程序和系统。

## 二、节点

节点（Nodes）是ROS2中的一个核心概念。节点是ROS图（ROS Graph，指的是ROS系统中的节点网络以及它们之间通信的连接。ROS图是ROS系统内部通信结构的可视化表示，它展示了系统中的节点、消息、主题、服务以及它们之间的连接关系）中的参与者，每个节点负责执行一个单独的、模块化的功能。例如，一个节点负责控制车轮的转动，一个节点负责从激光雷达获取数据，一个节点负责处理激光雷达的数据（图5-2）。

ROS2中节点关键特点包括：封装性，每个节点通常负责一种功能，这样可以使系统更加模块化，便于管理和更新；独立运行，节点可以独立运行，这意味着它们可以在不同的计算机或者处理器上独立执行，增强了系统的灵活性和可扩展性；通信机制，节点之间通过定义良好的接口进行通信，这些接口包括话题（Topics）、服务（Services）和动作（Actions）。话题用于发布/订阅机制，服务用于请求/响应交互，而动作则适用于需要长时间运行的交互任务；多语言支持，ROS2支持多种编程语言，包括C++、Python等，开发者可以根据需要选择合适的语言来实现节点。

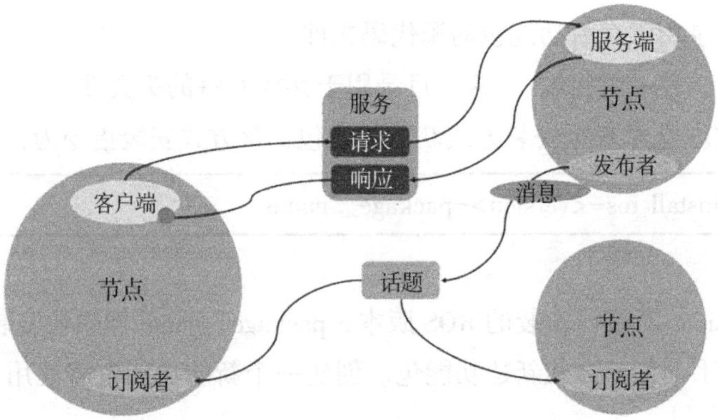


**图5-2　ROS2节点中的计算图**

ROS2中的节点和进程是不同的概念。在ROS2中，节点作为一个新的抽象的实体运行，而不是直接对应一个进程或线程。为了协调和调度节点的运作，ROS2引入了节点执行器（Node Executor）的概念。节点执行器支持单线程、多线程和静态单线程等多种模式，可以根据需要选择适当的执行器来管理节点的回调函数和线程资源。

ROS2可通过命令行界面（Command-Line Interface，CLI）控制节点，实现对ROS2相关模块信息的获取设置等操作。

**1. 启动/运行节点**

在 ROS2 中，要启动一个节点，通常使用 ros2 run 指令，后跟节点的名称和包名。例如，如果要启动名为 simple_ publisher 的节点，其所在的包名为 my_ package，则可以使用以下指令：

```
$ ros2  run  <my_ package>  <simple_ publisher>
```

**2. 查看节点列表**

在 ROS2 中，要查看当前活动的节点列表，可以使用 ros2 node list 命令。这个命令会显示当前 ROS2 系统中所有运行中的节点的名称。这对于调试和监控 ROS2 应用程序中节点的状态非常有用。

```
$ ros2  node  list
```

执行这个命令后，将看到一个节点名称的列表，每个节点名称都代表了当前活跃的一个节点。这可以帮助理解哪些节点正在运行以及如何相互作用。

**3. 查看节点信息**

在 ROS2 中，可以使用 ros2 node info 命令来查看特定节点的详细信息，包括节点的订阅话题、发布话题、提供的服务等。以下是使用 ros2 node info 命令的示例：

```
$ ros2  node  info  /your_ node_ name
```

“/your_ node_ name”为想要查看信息的节点名称。执行该命令后，将显示有关该节点的详细信息，包括节点名称、话题订阅、话题发布、服务提供、服务调用等。通过查看节点信息，可以更好地了解节点之间的通信关系和功能。

**4. 重映射节点名称**

在 ROS2 中，可以使用参数重映射（remapping）机制将默认节点属性（如节点名称、主题名称、服务名称等）重新分配给自定义值，从而在运行时将节点等名称映射到另一个名称。这在需要动态更改节点名称以满足特定需求的情况下非常有用。

```
$ ros2 run turtlesim turtlesim_ node --ros-args --remap __node: =my_ turtle
```

上述命令会启动一个名为 turtlesim_ node 的节点，但是将其节点名称重映射为 my_ turtle，而不是默认的节点名称。

## 三、话题和服务

**1. 消息（Message）**

在看话题与服务之前，首先了解一下什么是消息。消息（Message）是节点之间通信的基本单位，ROS2 中的节点之间是通过发送和接收消息来进行通信的。每一个消息都是一个严格定义的数据结构，用于封装和传递信息，它可以包含各种类型的数据，如整型、浮点型、布尔型、数组等。此外，ROS2 还支持更复杂的嵌套结构和数组，类似于 C 语言中的结构体（structs）。

在 ROS2 中，消息的类型是由消息类型定义文件（.msg 文件）来指定的。这些文件使用一种特定的语法来描述消息的结构和字段。通过定义消息类型，ROS2 可以确保在节点之间传递数据时的一致性和可预测性。

**2. 话题（Topic）**

在 ROS2 中，话题（Topics）是一种非常重要的通信机制，允许节点（Nodes）之间进行消息传递。每个话题都有一个唯一的名称，用来标识不同节点可以订阅（Subscribe）或发布（Publish）的消息类型。

话题通信是一种基于发布-订阅模型的通信方式，它允许节点之间通过定义良好的接口（即话题）匿名地交换消息。这种通信方式支持分散和解耦的节点架构，使得各个节点能够独立于其他节点运行，仅通过订阅和发布消息与系统的其他部分交互。

发布者（Publisher）：发布者是 ROS2 节点的一部分，负责定期或根据需要将消息发送到特定的话题。发布者需指定其发布的消息类型，以确保话题中的数据结构一致性。

订阅者（Subscriber）：订阅者同样是 ROS2 节点的一部分，负责监听特定话题上的消息。当有新消息发布到这个话题时，订阅者可以接收这些消息并进行处理。

话题通信的关键特点有三点：匿名性，发布者和订阅者通过话题进行通信，而不需要彼此了解对方的存在，这种设计减少了系统各部分之间的依赖关系，增加了系统的灵活性和可扩展性；解耦性，节点只需关心消息的内容和话题名称，不需要关心消息的来源或目的地。这使得开发者可以轻松添加或修改节点而不影响其他节点；灵活性，一个话题可以有多个发布者和订阅者。这种多对多的通信模式使得信息可以广泛传播，且可以由多个节点独立处理。

话题通信的一般流程为：

（1）定义消息类型。消息类型是预定义的数据结构，用来保证发布者和订阅者之间数据的一致性。ROS2 支持多种标准消息类型，通常在一个 .msg 文件中定义。例如，使用 std_ msgs/msg/String。

（2）创建发布者（Publisher）。发布者通过指定话题名称和消息类型创建，负责生成并发送消息。以 Python 为例创建一个‘talker’节点，并创建‘chatter’话题，发布消息类型为‘String’，代码如下所示：

```
importrclpy
from std_ msgs. msg import String

rclpy. init ()
node =rclpy. create_ node ('talker')
publisher =node. create_ publisher (String, 'chatter', 10)    # 10 是 QoS 大小

msg =String ()
msg. data = " Hello ROS2"
publisher. publish (msg)
rclpy. spin (node)
```

（3）创建订阅者（Subscriber）。订阅者同样指定话题名称和消息类型，并定义一个回调函数来处理接收到的消息。如下代码所示，订阅者订阅‘chatter’话题，并定义了回调函数‘callback（）’来打印接收到的消息。

```
importr clpy
from std_ msgs. msg import String

def callback (msg):
```

```
    print (f" Received: {msg. data} " )


rclpy. init ()
node =rclpy. create_ node ('listener')
subscription =node. create_ subscription (String,'chatter', callback, 10)


rclpy. spin (node)
```

**3. 服务（Service）**

服务是 ROS 图中节点的另一种通信方式。服务通信方式是一种基于请求/响应模型的通信机制，而不是主题的发布者-订阅者模型。它允许一个节点（客户端）向另一个节点（服务端）发送请求，并接收其响应。这种通信方式在 ROS2 中非常常用，特别是在需要

同步处理或需要立即响应的场景中（图 5-3）。

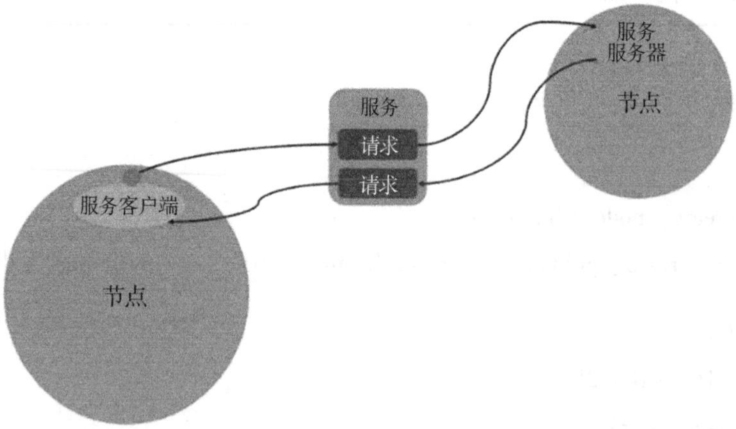


**图 5-3　ROS2 中服务通信**

服务通信中一些基本概念：

服务（Service）：服务由一个服务名和两个消息类型（请求消息和响应消息）组成。请求消息由客户端（Client）发送到服务端（Server），服务端处理请求并返回响应消息。

服务端（Server）：服务端创建一个服务，并定义如何处理接收到的请求。它监听来自客户端的请求，处理这些请求，并发送相应的响应。

客户端（Client）：客户端通过服务名称和预期的请求/响应消息类型发起服务调用。它发送请求消息并等待响应，以完成一些需要特定答复或操作的任务。

服务通信具有以下特点：同步性，服务通信是同步的，即客户端在发送请求后会等待服务端的响应；可靠性，由于服务通信是同步的，因此它可以确保请求和响应之间的可靠性；可维护性，由于服务通信是基于请求/响应模型的，因此它可以使系统更容易地维护和扩展。

假设有一个服务名为“compute_ area”的服务，用于计算形状的面积。服务通信的一般流程为：

（1）定义服务接口消息。消息类型通常在 . srv 文件中定义，包含请求和响应部分。例如，请求部分可能包含形状的尺寸，响应部分包含计算后的面积。

（2）服务端实现（Client）。服务端需要实现处理请求并生成响应的逻辑。这通常涉及编写一个回调函数，该函数在接收到请求时被调用，并生成相应的响应。如下代码所示，以 Python 为例，服务端定义了如何处理面积计算请求。

```
importrclpy
fromexample_ interfaces. srv import ComputeArea

defhandle_ compute_ area (request):
```

```
    print (" Computing area for dimensions:", request.dimensions)
    area =compute_area_logic (request.dimensions)
    returnComputeArea.Response (area=area)
rclpy.init ()
node =rclpy.create_node ('area_server')
service =node.create_service (ComputeArea, 'compute_area', handle_compute_area)
rclpy.spin (node)
```

（3）客户端实现（Subscriber）。客户端需要实现发送请求并接收响应的逻辑。这通常涉及创建一个服务客户端对象，并调用其方法来发送请求和接收响应。如下代码所示，客户端发送请求并处理响应。

```
importrclpy
from example_interfaces.srv import ComputeArea

rclpy.init ()
node =rclpy.create_node ('area_client')
client =node.create_client (ComputeArea, 'compute_area')
req =ComputeArea.Request (dimensions= [20, 30] )    # 假设是矩形

while notclient.wait_for_service (timeout_sec=1.0):
    print ('service not available, waiting again...')
future =client.call_async (req)
rclpy.spin_until_future_complete (node, future)

try:
    response =future.result ()
    print (f" Area: {response.area} " )
except Exception as e:
    print ('Service call failed %r' % (e,) )
```

## 四、参数和动作

### 1. 参数通信（Param）

ROS2 中，参数通信是指节点使用的一种机制，用于配置和存储运行时可以更改的参数。这些参数可以是简单的数值、布尔值、字符串，也可以是更复杂的数据结构，如数组或字典。参数主要用于调整节点的行为或配置设置，而无需重新编译代码。的参数与单个节点相关联。参数的生存期与节点的生存期相关联（尽管节点可以实现某种持久性以在重新启动后重新加载值）。

每个参数都包含以下三个核心部分：键（Key）、值（Value）、描述符（Descriptor）。键（Key）一般为字符串类型，是参数名称的唯一标识。在节点内部或参数服务器中，键用于访问和识别特定的参数。值（Value）是参数的具体数据内容，支持多种数据类型，包括整数、浮点数、布尔值、字符串，以及复杂数据结构（如数组和字典）。描述符（Descriptor）为字符串类型，是可选的参数描述符，用于提供关于参数的额外信息，例如参数的说明、值的范围、数据类型以及其他约束条件。

参数通信具有以下特点：动态配置，节点的参数可以在运行时通过命令行工具、编程接口或图形界面动态修改，这提供了极大的灵活性；层级和命名空间，参数按节点组织，在命名空间中可以有层次结构，这有助于管理大型系统中的参数设置；参数服务器，在ROS2 中，每个节点都可以拥有自己的参数服务器，这是一个用于存储参数值的内部容器，其他节点可以查询或修改这些参数。

参数通信的一般实现流程为：

（1）声明参数。在节点初始化时声明参数，可以设置参数的名称、类型和默认值。

```
importrclpy
from rclpy. node import Node


classMyNode (Node):
    def__init__ (self):
        super () . __init__ ('my_ node')
        #声明一个名为'my_ parameter'的参数，初始值为42
        self. declare_ parameter ('my_ parameter', 42)
rclpy. init ()
node =MyNode ()
rclpy. spin (node)
```

（2）获取和设置参数。节点可以通过编程接口读取自己或其他节点的参数，也可以更新参数值。

```
current_ value = node. get_ parameter ('my_ parameter') . get_ parameter_ value (). in-
teger_ value
print (f" Current Value: {current_ value} " )    # 输出当前参数值
node. set_ parameters ( [rcl_ interfaces. msg. Parameter (name='my_ parameter',
value=rcl_ interfaces. msg. ParameterValue (integer_ value=55) ) ] )
```

（3）参数回调。当参数值改变时，可以触发回调函数，这允许节点响应参数的变化。

```
def parameter_ callback (params):
    for param in params:
      print (f" Parameter {param. name} has changed to {param. value} " )
    returnSetParametersResult (successful=True)
node. add_ on_ set_ parameters_ callback (parameter_ callback)
```

**2. 动作通信（Action）**

ROS2 中，动作通信是一种高级通信模式，用于执行长时间运行的任务或目标导向的操作。它允许节点发送目标（Goal）并接收反馈（Feedback）和结果（Result），从而实现更复杂的行为。如图 5-4 所示为动作通信的一般流程，该图中动作（Action）是由动作名称、目标消息、反馈消息和结果消息组成。动作服务器（Action Server）负责接收来自动

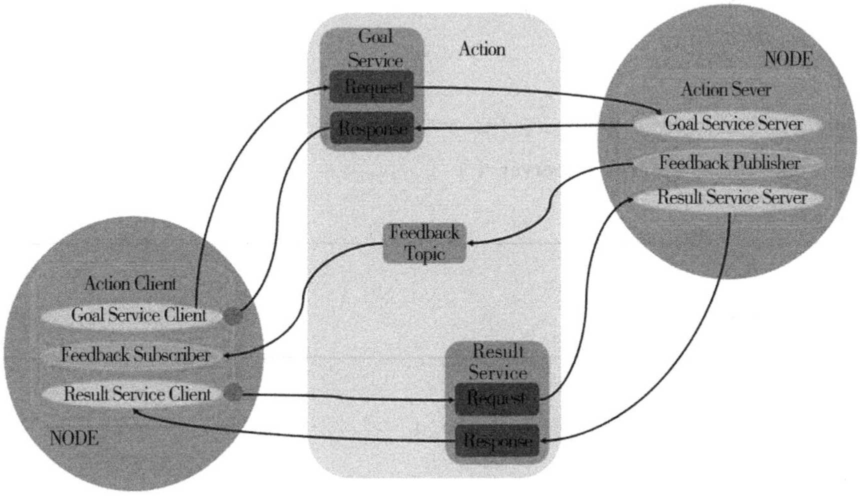


图 5-4　动作通信的一般流程

作客户端的动作目标，并根据目标执行相应的任务。它会周期性地向客户端发送反馈，以便通知任务的进展。动作客户端（Action Client）负责发送动作目标到服务器，并接收来自服务器的反馈和结果。它可以监视任务的进度并采取适当的行动。

假设有一个动作名为“follow_ path”的动作，用于机器人跟随给定的路径。动作服务器和客户端的实现流程如下：

（1）定义动作消息类型。这通常在 . action 文件中定义，包含目标、反馈和结果部分。

（2）创建动作服务器。

```
importrclpy
from example_ interfaces. action import FollowPath

classFollowPathServer:
    def __init__ (self):
        self._ action_ server = ActionServer (node, FollowPath, 'follow_ path', self. execute_ call-
back)
    defexecute_ callback (self, goal_ handle):
            #执行路径跟随任务，并周期性地发送反馈
            while notself. is_ goal_ reached ():
            feedback_ msg = FollowPath. Feedback ()
            #填充反馈消息
            goal_ handle. publish_ feedback (feedback_ msg)
        #当任务完成时，发送最终结果
        result_ msg = FollowPath. Result ()
        goal_ handle. succeed (result_ msg)


rclpy. init ()
node =rclpy. create_ node ('follow_ path_ server')
follow_ path_ server = FollowPathServer ()
rclpy. spin (node)
```

（3）创建动作客户端。

```
importrclpy
fromexample_ interfaces. action import FollowPath

rclpy. init ()
```

```
    node =rclpy.create_node('follow_path_client')

client =ActionClient(node, FollowPath, 'follow_path')
goal_msg = FollowPath.Goal()
#填充目标消息
future =client.send_goal_async(goal_msg)
rclpy.spin_until_future_complete(node, future)

try:
    response =future.result()
    if response:
        print(" Path following completed successfully!" )
except Exception as e:
    print(f" Failed to follow path: {e} " )
```

通过这种方式，动作服务器执行路径跟随任务，并周期性地向客户端发送反馈，直到任务完成。客户端发送目标并接收执行结果，实现了复杂任务的协调和执行。

# 第三节 巡检机器人运动学基础

## 一、机器人运动学概述

### 1. 移动机器人运动学的定义

移动机器人运动学是研究移动机器人在空间中位置、速度和加速度等运动参数随时间变化的规律的科学。它主要关注于机器人的运动规律、运动性能以及运动与控制系统之间的关系。通过运动学模型，我们可以预测机器人的运动轨迹，分析机器人的运动性能，并为机器人的控制系统设计提供理论依据。

具体来说，移动机器人运动学的研究内容主要包括以下几个方面：

位姿描述：位姿是描述机器人在空间中的位置和姿态的统称。对于移动机器人而言，位姿通常包括机器人在二维或三维空间中的坐标位置以及机器人的朝向。运动学需要研究如何准确、高效地描述机器人的位姿，并建立相应的位姿表示方法。

运动模型：运动模型是描述机器人运动规律的数学模型。通过运动模型，我们可以预测机器人在给定控制输入下的运动轨迹和位姿变化。运动模型的建立需要考虑机器人的运动学约束、环境障碍物以及路径的平滑性等因素。

运动控制：运动控制是移动机器人运动学的核心。它主要研究如何根据预设的轨迹和期望的位姿，设计合适的控制算法，使机器人能够按照期望的运动轨迹运动，并达到预期的位姿。运动控制的目标是实现机器人的精确控制，提高机器人的运动性能和稳定性。

**2. 研究移动机器人运动学的意义**

研究移动机器人运动学对于推动机器人技术的发展和应用具有重要意义。具体来说，其意义主要体现在以下几个方面：

理论基础：移动机器人运动学为机器人技术的发展提供了坚实的理论基础。通过对机器人运动规律的研究，我们可以深入理解机器人的运动性能和控制机制，为机器人的设计、优化和应用提供理论依据。

精确控制：运动学模型可以预测机器人的运动轨迹和位姿变化，为机器人的精确控制提供了可能。通过设计合适的控制算法，我们可以使机器人按照期望的运动轨迹运动，实现精确的导航、定位和操作等任务。这对于提高机器人的工作效率和准确性具有重要意义。

环境适应：移动机器人通常需要在复杂多变的环境中工作。通过运动学的研究，我们可以使机器人具备更好的环境适应能力。例如，通过运动规划算法，机器人可以自主规划出避开障碍物的最优路径；通过运动学模型，机器人可以预测自身与障碍物之间的距离和相对位置关系，从而实现更加智能的避障行为。

拓展应用：随着移动机器人技术的不断发展，其在各个领域的应用也在不断拓展。例如，在农业领域，移动机器人可以用于播种、施肥、除草等农业生产活动；在医疗领域，移动机器人可以用于辅助手术、运送药品和物资等任务。这些应用都需要依赖于运动学的研究和支撑。

**3. ROS 坐标系常用坐标**

为了描述机器人、传感器和环境之间位置和姿态关系，我们引入了坐标系，首先我们了解一下三维坐标轴朝向及三维坐标轴旋转的定义。

三维坐标轴朝向定义：把右手放在原点的位置，使大拇指、食指和中指互成直角，大拇指指向为 $Z$ 轴的正方向，食指指向为 $X$ 轴的正方向，中指所指的方向是 $Y$ 轴的正方向，如图 5-5 所示。

三维坐标轴旋转定义：对于一个三维空间里面的旋转，可以分解成绕着坐标轴的旋转。旋转的方向使用右手法则定义，用右手握住坐标轴，大拇指的方向朝着坐标轴朝向的正方向，四指环绕的方向定义沿着这个坐标轴旋转的正方向，如图 5-6 所示。绕 $Z$ 轴旋转，称为航向角，使用 yaw 表示；绕 $X$ 轴旋转，称为横滚角，使用 roll 表示；绕 $Y$ 轴旋转，称为俯仰角，使用 pitch 表示。

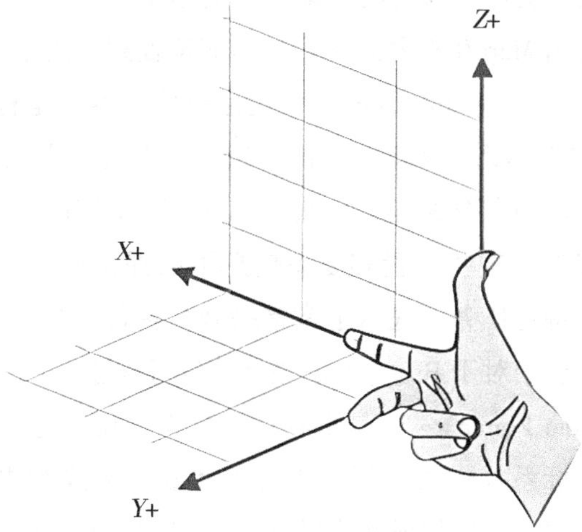


图 5-5　三维坐标轴朝向示意图

特别的，移动机器人的运动通常是在二维平面中，即 X-Y 平面，也就是 X 轴和 Y 轴组成的平面。在这个平面中，用来描述小车转弯的角就是绕 Z 轴的旋转，也就是经常说的航向角。Z 轴朝上，所以按照右手法则可以知道小车向左转为正，右转为负。

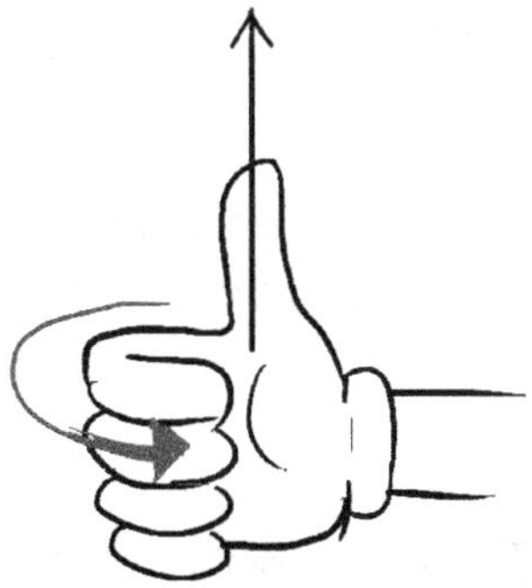

图 5-6　绕坐标轴旋转方向示意图

在 ROS 中，定义了许多坐标系，常用的坐标系包括以下几种：

World 坐标系（World Frame）：这是真实物理世界的坐标系，也常被称为世界坐标系。通常用于描述机器人或物体在一个全局参考框架中的位置和姿态，是一个惯性参考系。World 坐标系可以作为整个系统的绝对参考点，以便准确定位机器人、传感器或其他物体。机器人的位置和方向在这个坐标系中通常用三维坐标（$x$，$y$，$z$）和欧拉角（roll，pitch，yaw）或四元数来描述。

Map 坐标系（Map Frame）：Map 坐标系是一种特别用于地图相关任务的坐标系，它是相对于 World 坐标系的一个子集，专门用来处理地图和定位数据。Map 坐标系主要用于描述机器人在地图上的位置，这种地图可以是静态的或动态更新的。例如，在使用 SLAM 技术时，Map 坐标系会显示机器人随时间在地图上的移动。也常用于路径规划和导航任务。机器人的导航系统会使用 Map 坐标系来确定从当前位置到目的地的最佳路线。

Base_ link 坐标系（Base_ link Frame）：这是机器人本体坐标系，通常用来描述机器人的底盘或底部链接的坐标系。Base_ link 坐标系位于机器人的底部（通常是底盘）中心，是机器人运动和定位的主要参考点。Base_ link 坐标系用于描述机器人各部分相对于机器人本体的位置和姿态，这些位置和姿态信息可以提供机器人当前的状态，有助于导航、障碍物避让和执行特定任务。底盘上常常搭载各种传感器，如激光雷达、摄像头等，这些传感器的数据通常会相对于 Base_ link 坐标系进行描述。

Odom 坐标系（Odom Frame）：这是里程计坐标系，用于追踪机器人在起始位置相对运动的坐标系。这个坐标系提供关于机器人位置和姿态的连续更新，通常基于里程计数据，有时也结合其他传感器数据如惯性测量单元（IMU）。Odom 坐标系的原点就是机器人上电时所处的位置。因此，当机器人在 Map 坐标系原点启动时，在建图时 Odom 坐标系和 Map 坐标系是重合的。但随着时间的推移，由于传感器噪声和累计误差的影响，Odom 坐标系可能会与真实位置产生偏差。

Base_ laser 坐标系（Base_ laser Frame）：如果机器人配备了激光雷达传感器，该坐标系通常用来描述激光传感器（如激光雷达）相对于机器人底盘（Base_ link）的位置和朝向。这个坐标系是相对于机器人底盘的，并且通常与 Base_ link 坐标系有固定的变换关系。

在 ROS 中，各个坐标系之间的关系和转换通常通过 TF（Transform）库进行管理。TF 库提供了广播和监听坐标变换信息的功能，使得不同坐标系之间的位置和姿态信息可以方便地进行转换和传递。

**4. 移动机器人位姿的描述**

移动机器人在运动中通常被看作是一个刚体，刚体在空间中位置和姿态统称为位姿。机器人运动学描述的是位姿、速度、加速度以及构成机构的物体位姿的高阶导数。为了更好地对移动机器人进行运动学建模，首先了解机器人位姿的描述。

（1）移动机器人的位置表示。通常，移动机器人的位置可以通过一个或多个坐标系的坐标来表示。在二维平面内，一个点的位置可以通过 $x$ 和 $y$ 坐标来描述；在三维空间中，一个点的位置需要三个坐标，如 $x$、$y$ 和 $z$。

在实际应用中，移动机器人的位置可以通过各种传感器（如 GPS、激光雷达、视觉传感器等）来测量和确定。当涉及机器人的全局位置时，通常使用全局坐标系来描述。全局坐标系是一个固定的参考系，用于在整个环境中定位机器人。

（2）移动机器人的示姿态表示。机器人的姿态描述了其自身坐标系相对于某个参考坐标系（如全局坐标系）的方向。在二维平面内，姿态通常由一个角度来表示，例如航向角（heading angle）或偏航角（yaw angle），它描述了机器人朝向与全局坐标系 $X$ 轴之间的夹角。在三维空间中，姿态的表示更为复杂，通常使用旋转矩阵、欧拉角或四元数等数学工具来描述。这些工具能够精确地表示机器人自身坐标系与参考坐标系之间的旋转关系。

在移动机器人系统中，姿态信息可以通过 IMU（惯性测量单元）等传感器来获取。IMU 能够测量机器人的加速度、角速度和磁场等信息，并通过算法解算出机器人的姿态。

**5. 移动机器人运动学模型构建**

机器人运动学是研究机器人如何根据给定的控制参数和系统参数（统称为运动参数）来实现在物理空间中行为的理论。在更深的层次上，运动学可以看作是两个空间之间的映射关系，其中一个空间是控制参数和系统参数的集合，另一个空间则是机器人在物理世界中的行为表现。即我们在对机器人控制时，通过机器人运动学模型来分析机器人的行为。

描述机器人的运动的最小变量的数目我们称为自由度。比如一个轮式机器人（平面中的运动），它可以横向运动，也可以纵向运动，还可以围绕自己的垂直轴旋转。因此，它有三种运动方式，那么描述它的运动至少有 3 个参数，这就是我们所说的自由度。再比如说一个空间中的物体，它可以沿 $X$、$Y$、$Z$ 三个方向运动，也可以绕 $X$、$Y$、$Z$ 三个轴旋转，因此，描述该物体的运动至少需要 6 个参数，即 6 个自由度。我们以轮式机器人平面中运动为例进行介绍（图 5–7）。

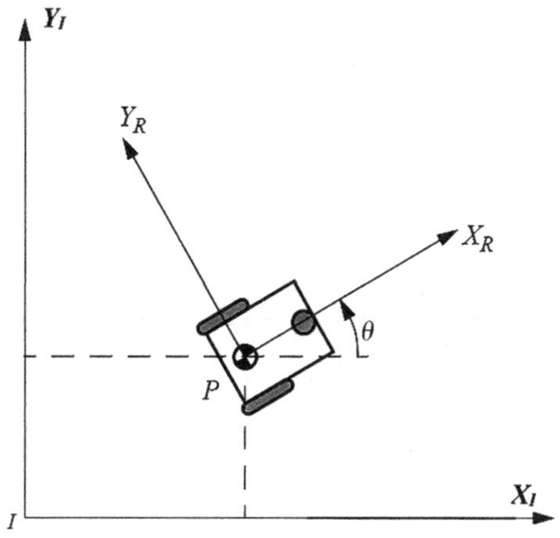


图 5–7 轮式机器人平面中运动

在世界坐标系 $I$ 中，我们可以描述移动机器人（刚体）的位置信息：$[x, y, \theta]^T$，该位置信息包含直线位置（$x$，$y$），以及角度位置 $\theta$，其中 $x$ 为移动机器人沿 $I$ 坐标系 $X_I$ 轴的位移；$y$ 为移动机器人沿 $I$ 坐标系 $Y_I$ 轴的位移；$\theta$ 为移动机器人旋转的角度。

在局部坐标系 $R$ 中，我们可以描述移动机器人（刚体）的瞬时状态 $[u, v, r]^T$，其中 $u$ 为坐标系 $R$ 中沿前进方向（正向）速度（有时也称纵向速度）；$v$ 为坐标系 $R$ 中沿垂直于（正向）移动方向的移动速度（有时也称横向速度）；$r$ 为角速度。

移动机器人运动学模型即将移动机器人的位置信息与瞬时状态信息建立联系。我们首先对位置信息进行求导：

$$d\begin{bmatrix} x \\ y \\ \theta \end{bmatrix}/dt = \begin{bmatrix} \frac{dx}{dt} \\ \frac{dy}{dt} \\ \frac{d\theta}{dt} \end{bmatrix} = \begin{bmatrix} \dot{x} \\ \dot{y} \\ \dot{\theta} \end{bmatrix} \tag{5-1}$$

从某种意义上说，上式中 $x$ 为 $I$ 坐标系下沿 $X_I$ 轴移动机器人的“瞬时位置”，$y$ 、$\theta$ 为沿 $Y_I$ 、$Z_I$ 轴的“瞬时位置”。“瞬时位置”无法获得，在某一时刻的“瞬时位置”可以用沿该方向瞬时速度的矢量和来表示。

我们可以利用余弦定理分别计算 $[u, v, r]^T$ 沿 $I$ 坐标系 $X_I$ 、$Y_I$ 轴的瞬时速度。

纵向速度 $u$ 沿 $I$ 坐标系 $X_I$ 轴的瞬时速度为 $u \cdot \cos\theta$ ，沿 $Y_I$ 轴的瞬时速度为 $u \cdot \sin\theta$ 。横向速度 $v$ 沿 $I$ 坐标系 $X_I$ 轴的瞬时速度为 $-v \cdot \sin\theta$ ，沿 $Y_I$ 轴的瞬时速度为 $v \cdot \cos\theta$ 。$Z_I$ 轴上：$\dot{\theta} = r$ 。

由此，我们重新整理可得：

$$\begin{cases} \dot{x} = u \cdot \cos\theta - v \cdot \sin\theta \\ \dot{y} = u \cdot \sin\theta + v \cdot \cos\theta \\ \dot{\theta} = r \end{cases} \tag{5-2}$$

联立式（5-1）与式（5-2）可得：

$$d\begin{bmatrix} x \\ y \\ \theta \end{bmatrix}/dt = \begin{bmatrix} \frac{dx}{dt} \\ \frac{dy}{dt} \\ \frac{d\theta}{dt} \end{bmatrix} = \begin{bmatrix} \dot{x} \\ \dot{y} \\ \dot{\theta} \end{bmatrix} = \begin{bmatrix} u \cdot \cos\theta - v \cdot \sin\theta \\ u \cdot \sin\theta + v \cdot \cos\theta \\ r \end{bmatrix} \tag{5-3}$$

将式（5-3）换一种形式：

$$\begin{bmatrix} \dot{x} \\ \dot{y} \\ \dot{\theta} \end{bmatrix} = \begin{bmatrix} u \cdot \cos\theta - v \cdot \sin\theta \\ u \cdot \sin\theta + v \cdot \cos\theta \\ r \end{bmatrix} = \begin{bmatrix} \cos\theta & -\sin\theta & 0 \\ \sin\theta & \cos\theta & 0 \\ 0 & 0 & 1 \end{bmatrix} \begin{bmatrix} u \\ v \\ r \end{bmatrix} \tag{5-4}$$

式（5-4）即为机器人运动学方程。

## 二、机器人的正逆运动学

在机器人学中，正运动学和逆运动学是分析和设计机器人运动的两个核心概念。

位置信息与瞬时变量间可通过机器人运动学方程相互映射式（5-4）。当输入为瞬时变量（即输入为速度），想得到在该输入下机器人是如何运动的（广义坐标导数），我们称为机器人正微分运动学（正运动学）。将式（5-4）进行如下所示简化，并用式（5-6）表示：

$$\begin{bmatrix} \dot{x} \\ \dot{y} \\ \dot{\theta} \end{bmatrix} = \begin{bmatrix} \cos\theta & -\sin\theta & 0 \\ \sin\theta & \cos\theta & 0 \\ 0 & 0 & 1 \end{bmatrix} \begin{bmatrix} u \\ v \\ r \end{bmatrix} \tag{5-5}$$

$$\dot{\eta} = J(\theta) \cdot \xi \tag{5-6}$$

机器人正微分运动学（正运动学）即我们所说的机器人运动学式（5-6）。

逆运动学（Inverse Kinematics，IK）是正运动学的逆过程，它涉及根据机器人末端执行器的期望位置和姿态来计算达到该位置和姿态所需的各关节角度或轮子的转速。逆运动学在路径规划和自动导航中尤其重要，因为它帮助确定机器人或机器人的手臂必须如何移动才能到达目标位置。具体如式（5-7）所示。

对于移动机器人，逆运动学解决了如下问题：给定机器人需要到达的目标位置和方向，计算出驱动每个轮子所需的速度和转向。例如，在全向轮机器人中，逆运动学会涉及计算各个轮子的速度向量，使机器人能够沿预定路径移动，同时可能还需要考虑机器人的速度、加速度和其他动态约束。

$$\xi = J^{-1}(\theta) \cdot \dot{\eta} \tag{5-7}$$

## 三、机器人 TF 转换

在 ROS 中定义了许多坐标系，上文中有所介绍，包括 World 坐标系（World Frame）、Map 坐标系（Map Frame）、Base_ link 坐标系（Base_ link Frame）、Odom 坐标系（Odom Frame）、Base_ laser 坐标系（Base_ laser Frame）等。ROS 中，为了实现不同坐标系之间变换，便引入了 TF（Transform）库。

**1. TF2 简介**

TF 是一个让用户随时间跟踪多个参考系的功能包，它使用一种树型数据结构，根据时间缓冲并维护多个参考系之间的坐标变换关系，可以帮助用户在任意时间，将点、向量等数据的坐标，在两个参考系中完成坐标变换。在 ROS2 中 TF 库已升级为 TF2。

TF2 库的核心功能包括管理坐标变换、实时更新和查询提供时间旅行功能。

（1）管理坐标变换（Managing Coordinate Transforms）。TF2 的主要功能是帮助开发者在机器人系统中管理多个参考坐标系之间的空间关系。这些坐标系可能与机器人的不同物理部件（例如摄像头、激光雷达等）相关联，或者与环境中的不同区域相关联（例如起

始点、目标点)。TF2 提供的 API 可以简化为以下操作:

①定义坐标变换。开发者可以定义一个坐标系相对于另一个坐标系的位置与姿态(即旋转和平移),这种关系称为“变换”(transform)。

②组合变换。如果 A 相对于 B 的变换和 B 相对于 C 的变换已知,TF2 可以计算 A 相对于 C 的变换。

③逆变换。如果 A 相对于 B 的变换已知,TF2 可以计算 B 相对于 A 的变换。

(2)实时更新和查询(Real-time Updates and Queries)。ROS2 环境中的物理世界是动态的,机器人或环境中的物体可能会移动。因此,坐标变换可能随着时间而发生变化。TF2 支持实时监测和更新这些变换,确保机器人可以根据最新的空间信息做出反应。变换广播器(Broadcasters)用于周期性地发送最新的变换信息;变换监听器(Listeners)在需要的时候查询最新或特定时间点的坐标变换。这两个组件使得机器人能够实时接收和处理关于其自身和环境的空间位置信息。

(3)时间旅行功能(Time Travel Capabilities)。在动态环境中处理传感器数据时,数据的时间戳非常重要,因为传感器读取的数据可能是过去某一时间点的数据。TF2 的“时间旅行”功能允许开发者查询在某一特定时间点,一个坐标系相对于另一个坐标系的变换。这对于同步来自不同源(具有不同延迟)的数据是非常有用的。例如,考虑一个机器人的摄像头和激光扫描器,激光扫描器的数据用于构建地图,而摄像头的数据用于对象识别。由于设备的处理速度和传输延迟的差异,收集的数据可能不是同一时间点的。使用 TF2 的时间旅行功能,可以查询两个设备在相同时间点的相对位置和姿态,从而准确地融合数据。

**2. TF2 广播与监听器**

使用 TF2 功能包时,最重要的就两个步骤:广播 TF 变换与监听 TF 变换。下面,我们以 ROS2 文档中给的案例分别介绍 TF2 广播器与 TF2 监听器。

(1)TF 2 广播器(Python)。

```
from geometry_ msgs. msg importTransformStamped
import rclpy
from rclpy. node import Node
from tf2_ ros import TransformBroadcaster
importtf_ transformations
from turtlesim. msg import Pose

classFramePublisher (Node):
    def__init__ (self):
        super () . __init__ ('turtle_ tf2_ frame_ publisher')
        # Declare and acquire 'turtlename'parameter
```

```
        self. declare_ parameter ('turtlename', 'turtle')
        self. turtlename = self. get_ parameter (
            'turtlename') . get_ parameter_ value () . string_ value
        # Initialize the transform broadcaster
        self. br =TransformBroadcaster (self)
        # Subscribe to aturtle {1} {2} /pose topic and call handle_ turtle_ pose
        # callback function on each message
        self. subscription = self. create_ subscription (
            Pose,
            f'/ {self. turtlename} /pose',
            self. handle_ turtle_ pose,
            1)
        self. subscription
    defhandle_ turtle_ pose (self, msg):
        t =TransformStamped ()
        # Read message content and assign it to
        # correspondingtf variables
        t. header. stamp = self. get_ clock () . now () . to_ msg ()
        t. header. frame_ id = 'world'
        t. child_ frame_ id = self. turtlename
        # Turtle only exists in 2D, thus we get x and y translation
        # coordinates from the message and set the z coordinate to 0
        t. transform. translation. x = msg. x
        t. transform. translation. y = msg. y
        t. transform. translation. z = 0. 0
        # For the same reason, turtle can only rotate around one axis
        # and this why we set rotation in x and y to 0 and obtain
        # rotation in z axis from the message
        q =tf_ transformations. quaternion_ from_ euler (0, 0, msg. theta)
        t. transform. rotation. x = q [0]
        t. transform. rotation. y = q [1]
        t. transform. rotation. z = q [2]
        t. transform. rotation. w = q [3]
```

```
        # Send the transformation
        self. br. sendTransform (t)

defmain ():
    rclpy. init ()
    node =FramePublisher ()
    try:
        rclpy. spin (node)
    except KeyboardInterrupt:
        pass
    rclpy. shutdown ()
```

上述代码中，创建了一个 TransformStamped 对象并为其提供：通过调用 self. get_ clock () . now () 来标记当前时间，提供给正在发布的转换作为转换发送的时间戳；设置正在创建的链接的父坐标的名称，在本例中为 world；设置我们正在创建的链接的子坐标的名称，本例中是 turtle 本身的名称。

```
t =TransformStamped ()


# Read message content and assign it to
# correspondingtf variables
t. header. stamp = self. get_ clock () . now () . to_ msg ()
t. header. frame_ id = 'world'
t. child_ frame_ id = self. turtlename
```

本例中 Turtle 运行仅在二维平面中，仅能够平移（msg. x）和旋转（msg. y）。首先将平移运动从二维平面运动数据转换到三维空间中。

```
t. transform. translation. x = msg. x
t. transform. translation. y = msg. y
t. transform. translation. z = 0. 0
```

本例中 Turtle 的旋转仅能绕垂直于 Turtle 的轴旋转，因此可将绕 $x$、$y$ 轴的旋转设置为 0。并将欧拉角转换为四元数（$q$）。

```
q =tf_ transformations. quaternion_ from_ euler (0, 0, msg. theta)
t. transform. rotation. x = q [0]
t. transform. rotation. y = q [1]
t. transform. rotation. z = q [2]
t. transform. rotation. w = q [3]
```

最后利用 sendTransform 方法进行广播。

```
self. br. sendTransform (t)
```

（2）TF 2 监听器（Python）。

```
import math
from geometry_ msgs. msg import Twist
import rclpy
from rclpy. node import Node
from tf2_ ros importTransformException
from tf2_ ros. buffer import Buffer
from tf2_ ros. transform_ listener import TransformListener
from turtlesim. srv import Spawn

class FrameListener (Node):
    def __init__ (self):
        super () . __init__ ('turtle_ tf2_ frame_ listener')

        # Declare and acquire 'target_ frame' parameter
        self. declare_ parameter ('target_ frame', 'turtle1')
        self. target_ frame = self. get_ parameter (
        'target_ frame') . get_ parameter_ value () . string_ value

        self. tf_ buffer = Buffer ()
        self. tf_ listener = TransformListener (self. tf_ buffer, self)

        # Create a client to spawn a turtle
```

```
        self. spawner = self. create_ client (Spawn, 'spawn')
        # Boolean values to store the information
        #if the service for spawning turtle is available
        self. turtle_ spawning_ service_ ready = False
        #if the turtle was successfully spawned
        self. turtle_ spawned = False

        # Create turtle2 velocity publisher
        self. publisher = self. create_ publisher (Twist, 'turtle2/cmd_ vel', 1)

        # Call on_ timer function every second
        self. timer = self. create_ timer (1. 0, self. on_ timer)

    defon_ timer (self):
        # Store frame names in variables that will be used to
        # compute transformations
        from_ frame_ rel = self. target_ frame
        to_ frame_ rel = 'turtle2'

        ifself. turtle_ spawning_ service_ ready:
            ifself. turtle_ spawned:
                # Look up for the transformation betweentarget_ frame and turtle2 frames
                # and send velocity commands for turtle2 to reachtarget_ frame
                try:
                    now =rclpy. time. Time ()
                    trans =self. tf_ buffer. lookup_ transform (
                        to_ frame_ rel,
                        from_ frame_ rel,
                        now)
                exceptTransformException as ex:
                  self. get_ logger () . info (
                    f'Could not transform {to_ frame_ rel} to {from_ frame_ rel}:
{ex}')
                    return
```

```
                msg =Twist ( )
                scale_ rotation_ rate = 1. 0
                msg. angular. z = scale_ rotation_ rate * math. atan2 (
                  trans. transform. translation. y,
                  trans. transform. translation. x)

                scale_ forward_ speed = 0. 5
                msg. linear. x = scale_ forward_ speed * math. sqrt (
                trans. transform. translation. x ** 2 +
                trans. transform. translation. y ** 2)
                self. publisher. publish (msg)
            else:
                ifself. result. done ( ):
                self. get_ logger ( ) . info (
                f'Successfully spawned {self. result. result ( ) . name}')
                self. turtle_ spawned = True
                else:
                self. get_ logger ( ) . info ('Spawn is not finished')
        else:
            if self. spawner. service_ is_ ready ( ):
                # Initialize request with turtle name and coordinates
                # Note that x, y and theta are defined as floats inturtlesim/srv/Spawn
                request =Spawn. Request ( )
                request. name = 'turtle2'
                request. x = float (4)
                request. y = float (2)
                request. theta = float (0)
                # Call request
                self. result = self. spawner. call_ async (request)
                self. turtle_ spawning_ service_ ready = True
            else:
                # Check if the service is ready
                self. get_ logger ( ) . info ('Service is not ready')
```

```
defmain ( ):
    rclpy. init ( )
    node =Frame Listener ( )
    try:
      rclpy. spin (node)
      except KeyboardInterrupt:
        pass
    rclpy. shutdown ( )
```

本例中，创建了一个 TransformListener 对象，负责接收 TF2 转换。

```
self. tf_ listener = TransformListener (self. tf_ buffer, self)
```

通过 lookup_ transform 方法查询目标坐标、源坐标、想要转换的时间等特定信息的转换。其中，rclpy. time. Time ( ) 提供最新的转换。

```
now =rclpy. time. Time ( )
trans =self. tf_ buffer. lookup_ transform (
    to_ frame_ rel,
    from_ frame_ rel,
    now)
```

**3. TF2 坐标转换**

激光雷达是移动机器人较为常用的传感器，移动机器人主体的坐标系一般记作“base_ link”，激光雷达坐标一般记作“base_ laser”。在机器人运行过程中，激光雷达可以采集到距离前方障碍物的数据，这些数据当然是以激光雷达为原点的测量值，也就是“base_link”参考系下的测量值。若直接使用激光雷达获取的数据让机器人完成避障，因激光雷达与机器人的中心不重合，则始终存在一个激光雷达与机器人中心的偏差值，因此需将激光雷达获取的数据转换到机器人主体的坐标系下。

参考系之间的坐标变换并不复杂，但是在复杂的系统中，存在的参考系可能有很多个，如果我们都通过自己计算的方式进行变换，那么在代码中很不好维护，而且代码量也会随着参考系增加。此时，可利用 ROS2 中提供的 tf2 包实现。

如图 5-8 所示，激光雷达坐标系“base_ laser”与移动机器人主体坐标系“base_ link”间的偏移量为横向偏移 10cm，纵向偏移 20cm。两个坐标系间的转换可通过 TF2 中“static_ transform_ publisher”来实现。

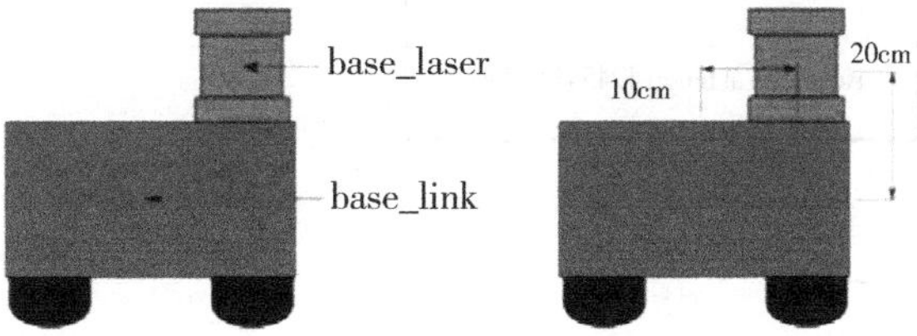


**图 5-8 TF2 坐标转换示意图**

```
launch_ ros. actions. Node (
            package='tf2_ ros',
            executable='static_ transform_ publisher',
            name='base_ to_ laser',
            arguments= ['0. 1 ', '0', '0. 2','0', '0','0','base_ link,'base_ laser'],)
```

通过 launch_ ros. actions. Node 使用来初始化一个 ROS 节点，用于在机器人的坐标转换系统中发布一个固定的坐标变换。Arguments 参数中第一个参数代表沿 $x$ 轴的平移距离，这里偏移量为 0. 1m；第二个参数代表沿有 $y$ 轴的平移距离，这里为 0；第三个参数代表沿 $z$ 轴的平移距离，这里偏移量为 0. 2m；接下来的三个参数（0，0，0）依次代表围绕 $x$，$y$，$z$ 轴的旋转角度（欧拉角），本例中无旋转；最后两个参数 base_ link 和 base_ laser 分别指定父坐标系和子坐标系的名称。这样就实现了机器人与激光雷达之间的坐标转换。

**4. TF2 工具**

TF2 提供了一些工具可以帮助开发者查看 TF2 在幕后的工作。

（1）view_ frames 工具。view_ frames 用于展示 tf2 通过 ROS 广播的所有坐标系以及他们之间的相互关系。首先运行 ROS2 官方提供了海龟的例子，并运行键盘控制海龟运动节点，然后使用 view_ frames 工具查看各坐标系间的关系。

```
$ ros2 launch turtle_ tf2_ py turtle_ tf2_ demo. launch. py
$ ros2 runturtlesim turtle_ teleop_ key
$ ros2 run tf2_ rosview_ frames
```

运行上述指令后，我们会得到一个“frames. pdf”的文件。查看该文件会得到如下所示的关系图（图 5-9）。

在这个图上，可以看到 tf2 广播的三个坐标系：世界坐标系，turtle1 坐标系和 turtle2 坐标系，并且世界坐标系是 turtle1 和 turtle2 坐标系的父级。view_ frames 还报告一些诊断

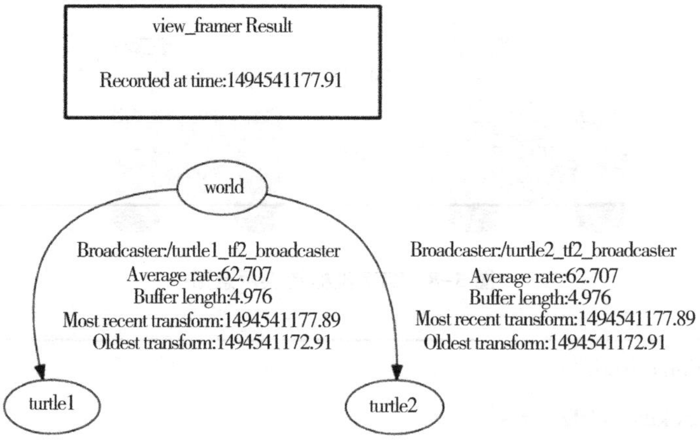


**图 5-9 TF 树**

信息，这些信息有关何时接收到最旧和最新的坐标系转换，以及将 tf2 帧发布到 tf2 进行调试的速度。

（2）tf_ echo 工具。tf_ echo 报告通过 ROS 广播的任何两个坐标系之间的转换关系。使用方法为：

```
$ ros2 run tf2_ ros tf2_ echo [reference_ frame] [target_ frame]
```

比如，若想看 turtle2 坐标系相对于 turtle1 坐标系的变换是怎样的，可使用如下指令：

```
$ ros2 run tf2_ ros tf2_ echo turtle1 turtle2
```

利用键盘通过“turtle_ teleop_ key”节点控制海龟移动和旋转，在运行 tf2_ echo 终端中可看到如下信息：

```
At time 1627593730. 462274746
- Translation：[-0. 480，-0. 000，0. 000]
- Rotation：in Quaternion [0. 000，0. 000，0. 623，0. 782]
At time 1627593731. 396492689
- Translation：[-2. 025，0. 057，0. 000]
- Rotation：in Quaternion [0. 000，0. 000，0. 695，0. 719]
At time 1627593732. 328864740
- Translation：[-1. 795，0. 263，0. 000]
- Rotation：in Quaternion [0. 000，0. 000，0. 227，0. 974]
At time 1627593733. 278496274
```

```
- Translation: [-1.088, -0.039, 0.000]
- Rotation: in Quaternion [0.000, 0.000, -0.419, 0.908]
At time 1627593734.272919150
- Translation: [-0.799, -0.804, 0.000]
- Rotation: in Quaternion [0.000, 0.000, -0.653, 0.758]
At time 1627593735.229122841
- Translation: [-1.786, -1.277, 0.000]
- Rotation: in Quaternion [0.000, 0.000, -0.294, 0.956]
```

# 第四节　基于 ROS2 的巡检机器人导航实现

## 一、基于 ROS2 的巡检机器人导航概述

移动机器人的自主导航技术是指机器人能够在未知环境中自主感知和理解环境，并能根据环境信息选择适当的行动路径的能力。ROS2 中提供了相应的功能包可实现机器人建图和自主导航。

Cartographer 算法是 ROS2 中常用的一套基于图优化的激光 SLAM 算法，它能够同时支持 2D 和 3D 激光 SLAM，并可以跨平台使用。该算法在多种传感器配置下表现优异，如 Lidar（激光雷达）、IMU（惯性测量单元）、Odometry（里程计）、GPS（全球定位系统）等。Cartographer 算法主要分为两个部分，第一个部分称为 Local SLAM，该部分通过一帧帧的 Laser Scan 建立并维护一系列的 Submap。当再有新的 Laser Scan 中会通过 Ceres Scan Matching 的方法将其插入到子图中的最佳位置。但是 submap 会产生误差累积的问题，因此，算法的第二个部分，称为 Global SLAM 的部分，就是通过 Loop Closure 来进行闭环检测，来消除累积误差。

Navigation 2 是 ROS2 中的一种导航堆栈，用于实现移动机器人的导航和路径规划。它是 ROS1 中 navigation 堆栈的后继者，专为 ROS2 设计，并提供了一系列先进的功能来支持机器人的导航和自主移动。Nav2 主要由局部代价地图（Local Costmap）、全局代价地图（Global Costmap）、全局路径规划器（Global Planner）、局部路径规划器（Local Planner）、控制器（Controller）组成，Nav2 通过整合这些组件，并结合 ROS2 的分布式通信机制，为移动机器人提供了一个高效、可靠的自主导航系统。

本节将介绍如何使用 Cartographer 建图以及 Navigation 2 导航。

## 二、Cartographer 地图构建

### 1. Cartographer 安装

Cartographer 的安装分为二进制安装和源码安装。

（1）二进制安装（一键安装）。

```
$ sudo apt-get install ros-<distro>-cartographer *
```

安装指令中<distro>对应已安装 ROS 的版本。

（2）源码安装。

① 将源码克隆到工作空间 src 目录下。

```
$ git clone https://ghproxy.com/https://github.com/ros2/cartographer.git -b ros2
$ git clone https://ghproxy.com/https://github.com/ros2/cartographer_ros.git -b ros2
```

② 使用 rosdepc 进行依赖的安装，使用下面的一键安装命令，选择一键配置 rosdep 即可。

```
$ wget http://fishros.com/install -O fishros && . fishros
```

安装依赖项：

```
$ rosdepc install -r --from-paths src --ignore-src --rosdistro $ROS_DISTRO -y
```

③ 编译 Cartographer 包。

```
$ colcon build --packages-up-to cartographer_ros
```

④ 测试是否安装成功。

```
$ ros2 pkg list | grep cartographer
```

若输出中可看到 cartographer_ ros、cartographer_ ros_ msgs 表示已经安装成功。

### 2. Cartographer 参数配置

Cartographer 提供了很多可以配置的参数，大大提高了使用的灵活性。这里我们以 2D

建图定位为例对参数进行配置。

（1）创建 Cartographer 应用功能包。在自己的工作空间 src 目录下创建功能包，并在功能包目录下创建 config、map 文件夹。

```
$ cd src
$ ros2 pkg create myRobot_ cartographer
$ cd myRobot_ cartographer && mkdir config map
```

（2）添加 Cartographer 配置文件。

① 前端参数配置。主要配置“src/cartographer/configuration_ files/trajectory_ builder_ 2d. lua”文件中参数。

```
TRAJECTORY_ BUILDER_ 2D = {
    use_ imu_ data = true,        --是否使用 imu
    min_ range = 0. ,             --雷达距离配置
    max_ range = 30. ,
    min_ z = -0. 8,               --雷达高度配置，将高度数据转换成 2D
    max_ z = 2. ,
    missing_ data_ ray_ length = 5. ,         --超出 max_ range 将以此长度进行 free
插入
    num_ accumulated_ range_ data = 1,    --将一帧雷达数据分成几个 ros 发出来
    voxel_ filter_ size = 0. 025,           --体素滤波，使远处和近处的点云权重
一致
    adaptive_ voxel_ filter = {
      max_ length = 0. 5,          --最大边长 0. 5
      min_ num_ points = 200,     --大于此数据，则减小体素滤波器的大小
      max_ range = 50. ,           --大于 max_ range 的值被移除
    },
      loop_ closure_ adaptive_ voxel_ filter = {     --闭环的体素滤波器，同上
      max_ length = 0. 9,
      min_ num_ points = 100,
      max_ range = 50. ,
    },
    --如果无 IMU 或 odom 的情况下，如无此项前端效果较差
```

```
--使用该项，IMU 和 Odom 的效果将会变得很弱
use_ online_ correlative_ scan_ matching = false,
real_ time_ correlative_ scan_ matcher = {       --开启 online 后使用，分配搜索窗口的参数
  linear_ search_ window = 0.1,                 --线窗口
  angular_ search_ window = math.rad (20.),     --角度窗口
  translation_ delta_ cost_ weight = 1e-1,      --这两个为平移和旋转的比例
  rotation_ delta_ cost_ weight = 1e-1,
   },
  -- ceres 优化的参数配置
ceres_ scan_ matcher = {
  occupied_ space_ weight = 1.,             --数据源的权重
  translation_ weight = 10.,
  rotation_ weight = 40.,
  ceres_ solver_ options = {                --谷歌开发的最小二乘库 ceres Solver 配置
    use_ nonmonotonic_ steps = false,     --是否使用非单调的方法
    max_ num_ iterations = 20,            --迭代次数
    num_ threads = 1,                     --使用线程数
  },
},
  --运动过滤器，避免静止的时候插入 scans
motion_ filter = {
    max_ time_ seconds = 5.,                   --过滤的时间、距离、角度
    max_ distance_ meters = 0.2,
    max_ angle_ radians = math.rad (1.),
},
  imu_ gravity_ time_ constant = 10.,
pose_ extrapolator = {
  use_ imu_ based = false,
  constant_ velocity = {
    imu_ gravity_ time_ constant = 10.,
  pose_ queue_ duration = 0.001,
      },
```

```
imu_ based = {
pose_ queue_ duration = 5. ,
gravity_ constant = 9. 806,
pose_ translation_ weight = 1. ,
pose_ rotation_ weight = 1. ,
imu_ acceleration_ weight = 1. ,
imu_ rotation_ weight = 1. ,
odometry_ translation_ weight = 1. ,
odometry_ rotation_ weight = 1. ,
solver_ options = {
use_ nonmonotonic_ steps = false;
max_ num_ iterations = 10;
num_ threads = 1;
        },
      },
    },
  submaps = {
num_ range_ data = 90, --submaps 插入的数量
    grid_ options_ 2d = {--子图的形式
      grid_ type = " PROBABILITY_ GRID",
      resolution = 0. 05,
    },
range_ data_ inserter = {--概率模型插入
    range_ data_ inserter_ type = " PROBABILITY_ GRID_ INSERTER_ 2D",
    probability_ grid_ range_ data_ inserter = {
      insert_ free_ space = true, --插入 free 空间, 没击中
      hit_ probability = 0. 55, --hit 和 miss 的概率
      miss_ probability = 0. 49,
  },
tsdf_ range_ data_ inserter = {--除了 2D 概率模型, 还可以进行 TSDF 模式插入,
没有使用。
  truncation_ distance = 0. 3,
  maximum_ weight = 10. ,
```

```
    update_ free_ space = false,
    normal_ estimation_ options = {
      num_ normal_ samples = 4,
      sample_ radius = 0.5,
    },
      project_ sdf_ distance_ to_ scan_ normal = true,
      update_ weight_ range_ exponent = 0,
      update_ weight_ angle_ scan_ normal_ to_ ray_ kernel_ bandwidth = 0.5,
      update_ weight_ distance_ cell_ to_ hit_ kernel_ bandwidth = 0.5,
        },
      },
    },
  }
```

② 后端参数配置。主要配置“src/cartographer/configuration_ files/pose_ graph. lua”文件。

```
--Fastcsm 的最低分数，高于此分数才进行优化
constraint_ builder. min_ score = 0.65
--全局定位最小分数，低于此分数则认为目前全局定位不准确
constraint_ builder. global_ localization_ min_ score = 0.7
```

③ Cartographer _ ROS 参数配置。复制“src/cartographer_ ros/cartographer_ ros/configuration_ files/backpack_ 2d. lua”。到新建的功能包 myRobot_ cartographer 目录下的 config 文件夹中，修改名称为“cartographer _ 2d. lua”，并进行以下修改（具体数值根据实际机器人数据修改）：

```
include " map_ builder. lua"
include " trajectory_ builder. lua"

options = {
  map_ builder = MAP_ BUILDER,
  trajectory_ builder = TRAJECTORY_ BUILDER,
  map_ frame = " map",
  tracking_ frame = " base_ link",
```

```
  --base_ link 改为 odom，发布 map 到 odom 之间的位姿态
  published_ frame = " odom",
  odom_ frame = " odom",
  -- true 改为 false，不用提供里程计数据
  provide_ odom_ frame = false,
  -- false 改为 true，仅发布 2D 位姿
  publish_ frame_ projected_ to_ 2d = true,
  -- false 改为 true，使用里程计数据
  use_ odometry = true,
  use_ nav_ sat = false,
  use_ landmarks = false,
  -- 0 改为 1，使用一个雷达
  num_ laser_ scans = 1,
  -- 1 改为 0，不使用多波雷达
  num_ multi_ echo_ laser_ scans = 0,
  -- 10 改为 1，1/1=1 等于不分割
  num_ subdivisions_ per_ laser_ scan = 1,
  num_ point_ clouds = 0,
  lookup_ transform_ timeout_ sec = 0. 2,
  submap_ publish_ period_ sec = 0. 3,
  pose_ publish_ period_ sec = 5e-3,
  trajectory_ publish_ period_ sec = 30e-3,
  rangefinder_ sampling_ ratio = 1. ,
  odometry_ sampling_ ratio = 1. ,
  fixed_ frame_ pose_ sampling_ ratio = 1. ,
  imu_ sampling_ ratio = 1. ,
  landmarks_ sampling_ ratio = 1. ,
}

-- false 改为 true，启动 2D SLAM
MAP_ BUILDER. use_ trajectory_ builder_ 2d = true

-- 0 改成 0. 10，比机器人半径小的都忽略
```

```
TRAJECTORY_ BUILDER_ 2D. min_ range = 0. 10
-- 30 改成 3. 5，限制在雷达最大扫描范围内，越小一般越精确些
TRAJECTORY_ BUILDER_ 2D. max_ range = 3. 5
-- 5 改成 3，传感器数据超出有效范围最大值
TRAJECTORY_ BUILDER_ 2D. missing_ data_ ray_ length = 3.
-- true 改成 false，不使用 IMU 数据，大家可以开启，然后对比下效果
TRAJECTORY_ BUILDER_ 2D. use_ imu_ data = false
-- false 改成 true，使用实时回环检测来进行前端的扫描匹配
TRAJECTORY_ BUILDER_ 2D. use_ online_ correlative_ scan_ matching = true
-- 1. 0 改成 0. 1，提高对运动的敏感度
TRAJECTORY_ BUILDER_ 2D. motion_ filter. max_ angle_ radians =math. rad (0. 1)

-- 0. 55 改成 0. 65，Fast csm 的最低分数，高于此分数才进行优化
POSE_ GRAPH. constraint_ builder. min_ score = 0. 65
--0. 6 改成 0. 7，全局定位最小分数，低于此分数则认为目前全局定位不准确
POSE_ GRAPH. constraint_ builder. global_ localization_ min_ score = 0. 7


--设置 0 可关闭全局 SLAM
--POSE_ GRAPH. optimize_ every_ n_ nodes = 0

return options
```

参数配置完成后，编译后即可使用 Carotgrapher 建图。

**3. Map_ server 地图保存**

建图完成后，使用 nav2_ map_ server 的工具对新建地图进行保存。

(1) nav2_ map_ server 工具安装。使用 apt 指令安装自己 ROS 版本（<distro>）对应的 nav2_ map_ server。

```
$ sudo apt install ros-<distro>-nav2-map-server
```

(2) 地图保存。进入 myRobot_ cartographer 功能包下的 map 文件夹，使用如下指令进行地图保存，保存地图名称为“mybot_ map”。

```
$ cd myRobot_ cartographer/map
$ ros2 run nav2_ map_ server map_ saver_ cli -t map -f mybot_ map
```

上述指令运行成功后，在 map 文件夹中会生成 mybot_ map. pgm 及 mybot_ map. yaml 两个文件。

## 三、Nav2 自主导航

### 1. Navigation2 安装

Navigation2 的安装分为二进制安装和源码安装。

（1）二进制安装（一键安装）。

```
$ sudo apt-get install ros-<distro>-nav2-*
```

安装指令中<distro>对应已安装 ROS 的版本。

（2）源码安装。

① 将源码克隆到工作空间 src 目录下。

```
$ git clone https://ghproxy.com/https://github.com/ros-planning/navigation2.git -b <distro>
```

② 使用 rosdepc 进行依赖的安装，使用下面的一键安装命令，选择一键配置 rosdep 即可。

```
$ wget http://fishros.com/install -O fishros && . fishros
```

安装依赖项：

```
$ rosdepc install -r --from-paths src --ignore-src --rosdistro $ROS_DISTRO -y
```

③ 编译 Navigation2 包。

```
$ colcon build --packages-up-to navigation2
```

④ 测试是否安装成功。

```
$ ros2 pkg list | grep navigation2
```

若输出中可看到 navigation2 表示已经安装成功。

**2. Navigation2 配置**

（1）在工作空间 src 目录下创建功能包，在创建的 my_ robot_ navigation2 功能包下创建 maps、param、config 文件夹。

```
$ ros2 pkg create my_ robot_ navigation2 --dependencies nav2_ bringup
$ cd my_ robot_ navigation2
$ mkdir maps param config
```

（2）复制 Cartographer 生成的地图文件到 maps 目录下。

（3）在 param 目录下新建 myrobot_ nav2. yaml 文件，并将 Nav2 提供的参数模板“src/navigation2/nav2_ bringup/bringup/params/nav2_ params. yaml”中的内容复制到该文件中。

（4）配置参数。在全局代价地图和局部代价地图配置用，默认的机器人半径是 0. 22，可根据机器人实际尺寸配置。这里我们将机器人的半径配置为 0. 12。

```
local_ costmap:
  local_ costmap:
    ros __ parameters:
      robot_ radius: 0. 12

global_ costmap:
  global_ costmap:
    ros __ parameters:
      robot_ radius: 0. 12
```

为了防止机器人发生碰撞，一般我们会给代价地图添加一个碰撞层（inflation_ layer），可在 local_ costmap 和 global_ costmap 配置中进行如下配置：

```
global_ costmap:
  global_ costmap:
    ros __ parameters:
      plugins: [" static_ layer", " obstacle_ layer", " inflation_ layer" ]
      inflation_ layer:
        plugin: " nav2_ costmap_ 2d:: InflationLayer"
        cost_ scaling_ factor: 3. 0
        inflation_ radius: 0. 55
```

配置 frame_ id 和话题。配置文件中默认全局的坐标系：map；默认里程计坐标系：odom；默认雷达话题：scan；默认机器人基坐标系：base_ link；默认地图话题：map。若实际与默认不符可在配置文件中进行修改。

配置完成后，对 my_ robot_ navigation2 功能包进行编译，便可使用 Nav2 导航功能。

# 参考文献


安明庆，2019. GPS－RTK 技术在数字化地形测量中的应用［J］. 西部资源（5）：150－151.

蔡小萌，2022. 基于边缘智能的机器人视觉系统的设计与实现［D］. 武汉：华中科技大学.

曹景军，2021. 基于深度学习的双孢菇采摘机器人视觉系统研究［D］. 北京：中国农业科学院.

柴晴峰，2021. 融合惯性测量单元与近超声的智能手机多源室内定位技术研究［D］. 杭州：浙江大学.

陈佳坪，王妍玮，谭庆吉，等，2021. 种植园巡检机器人结构设计［J］. 现代农业研究，27（1）：119－122.

陈俊丞，2022. 基于 ROS 的智能草莓采摘机器人设计［D］. 南充：西华师范大学.

陈晴，2021. 面向建筑设施的履带式机器人自动化巡检关键技术研究［D］. 杭州：浙江大学.

陈声震，2021. MEMS 惯性测量技术研究与工程应用［D］. 宜昌：三峡大学.

陈翔宇，2023. 针对户外准动态场景下的移动机器人自主导航算法研究［D］. 济南：山东大学.

陈向阳，2020. 面向混合场景的多传感器融合 SLAM 和导航算法研究［D］. 成都：电子科技大学.

陈哲涵，黎学臻，2023. 面向物流机器人的云边协同智能视觉传感器研究与应用［J］. 物流技术与应用，28（12）：154－158.

戴沁妍，2022. 基于深度学习的双目图像超分辨算法研究［D］. 上海：华东师范大学.

付瑶，2023. 激光雷达、IMU 联合标定及实时点云建图方法研究［D］. 北京：北京建筑大学.

郭超凡，2022. 农业机器人自主导航系统研究［D］. 太原：中北大学.

郭欣，孙侨，张燕，2023. 基于 IMU 和 Kinect 的人体下肢动作捕捉算法的研究

[J]. 控制工程，30（1）：169-176.
郭英虎，2023. 室内移动机器人自动导航关键技术研究［D］. 南京：南京邮电大学.
韩亚辉，2022. 林草巡检机器人的视觉检测系统研究［D］. 哈尔滨：东北林业大学.
韩瑀，2019. 基于 GPS 与惯导组合技术的车辆偏移量测试方法研究［C］//中国惯性技术学会. 惯性技术与智能导航学术研讨会论文集. 天津航海仪器研究所：7.
郝丽婷，杨兴雨，王贺龙，等，2019. 基于双目立体视觉的远距离目标实时三维点云成像技术［J］. 激光杂志，40（12）：14-18.
郝宇，张亿，黄磊，等，［2024-05-24］. 基于改进图优化的移动机器人二维激光 SLAM 算法研究［J/OL］. 激光与光电子学进展，1-13.http：//kns.cnki.net/kcms/detail/31.1690.TN. 20240517.1421.004.html.
何杰，朴继军，朱玲瑞，等，2019. 先进微陀螺器件及微惯性测量单元最新研究进展［J］. 压电与声光，41（3）：410-415.
侯梦婷，王雪梅，单斌，等，2023. GNSS 辅助 MIMU 初始对准技术研究进展［J］. 传感器世界，29（2）：1-9.
华英杰，王艳，纪志成，2020. 基于无轨导航的室内机器人路径规划及实现［J］. 扬州大学学报（自然科学版），23（6）：34-38.
黄勇军，李昕蔚，吴江波，等，2022. 新型微光机电系统惯性测量技术研究进展［J］. 导航定位与授时，9（3）：1-13.
贾畅，2022. 激光扫描双目立体视觉成像系统设计与目标测量［D］. 天津：天津理工大学.
姜海勇，姜文光，邢雅周，等，2021. 果园巡检机器人长臂抖动抑制方法［J］. 农业工程学报，37（17）：12-20.
蒋春，2022. 面向离散型制造智能工厂的边缘计算关键技术研究［D］. 广州：华南理工大学.
孔琳洁，2023. 建筑设施巡检机器人自主导航算法与应用研究［J］. 科技风（20）：1-3.
黎华平，2021. 基于可见光通信的植物工厂巡检机器人定位导航关键技术研究［D］. 广州：暨南大学.
李春波，王琢，刘佳鑫，等，2021. 面向林业特种需求的巡检机器人研究［J］. 林业和草原机械，2（3）：1-8，27.
李昊，2021. 基于双目图像识别的架空线路净距裕度研究［D］. 重庆：重庆大学.
李虎，2023. 无驱动 MEMS 陀螺仪解调技术研究［D］. 西安：西安工业大学.
李少波，刘意杨，2022. 基于改进深度强化学习的动态移动机器人协同计算卸载［J］. 计算机应用研究，39（7）：2087-2090，2103.

李雪峰，李涛，邱权，等，2022. 果园移动机器人自主导航研究进展［J］. 中国农机化学报，43（5）：156-164.

李旬，李宏，高志勇，等，2024. 基于 MEMS 的惯性测量组合设计与实现［J］. 自动化与仪表，39（2）：126-129.

李玉成，2022. 基于因子图的多源融合导航算法研究与实现［D］. 成都：电子科技大学.

李钰琛，2023. 基于 ROS 的辐射巡检机器人导航和控制系统集成［D］. 西安：西安石油大学.

李忠玉，孙睿，卢洪友，2022. 基于模糊控制的小型农场巡检机器人系统开发与设计［J］. 现代电子技术，45（8）：174-180.

李卓峰，2023. 基于惯性测量单元的手势/手部状态识别与书写识别研究［D］. 长春：吉林大学.

梁润生，2014. GPS 实时动态载波相位差分技术在农村集体土地确权测量中的应用［J］. 现代物业（上旬刊），13（5）：48-49.

林士琪，2023. 动态场景下基于多粒度模型的物体级 SLAM 方法研究［D］. 合肥：中国科学技术大学.

林鑫，2022. 面向自动驾驶的 3D 激光雷达与惯性测量单元外参标定技术研究［D］. 武汉：华中科技大学.

刘庆宇，2018. 室内电力巡检机器人系统设计与实现［D］. 成都：电子科技大学.

刘勇，2020. 果蔬大棚巡检机器人移动平台的设计及关键技术研究［D］. 南昌：江西农业大学.

鲁锦涛，2021. 基于三维激光的变电站巡检机器人关键技术研究［D］. 南京：东南大学.

路成龙，肖昀，孙勇，2024. 双目成像技术在特种设备检验中的应用［J］. 起重运输机械（6）：71-76.

罗丽琴，2022. 多目标约束下的云机器人协同任务卸载策略研究［D］. 长沙：湖南大学.

罗茗楠，2023. 基于传感器融合的室内 SLAM 技术研究［D］. 重庆：重庆理工大学.

罗婷婷，2015. 关于伪距差分和载波相位差分的精度比较研究［J］. 科技视界（14）：303.

马驰，2023. 基于机器视觉的农业机械避障导航算法研究［J］. 南方农机，54（11）：57-60.

孟博，2023. 基于国产化边缘计算设备的警用机器人视频结构化应用［J］. 中国安全防范技术与应用（4）：68-73.

秦增适，2022. 面向智能巡检机器人的计算卸载策略研究［D］. 西安：西安工业大学.

任丽敏，2023. 惯性传感器地面弱力测量系统热控技术研究［D］. 北京：中国科学院大学.

荣寒潇，2022. 室内复杂环境下视觉 SLAM 关键技术研究［D］. 哈尔滨：哈尔滨工程大学.

史孝杰，王树城，刘惠敏，等，2024. 林果采摘机器人研究现状与展望［J］. 农业装备与车辆工程，62（6）：1-7.

思荣轩，2023. 基于深度强化学习的移动机器人协同导航方法研究［D］. 西安：西安理工大学.

孙淳，2021. 面向工业场景的巡检机器人导航与目标检测算法研究［D］. 上海：华东师范大学.

孙俊凯，2023. 轮腿式星表探测机器人运动规划与控制算法研究［D］. 长春：吉林大学.

陶汉卿，黄莺，蔡煊，等，2022. 基于北斗卫星导航系统、惯性测量单元和轨道电子地图的有轨电车车载组合定位技术［J］. 城市轨道交通研究，25（3）：191-195.

陶培胜，周自荣，金剑，等，2024. 采用边缘计算思维解决件烟集中组垛精准采码问题［J］. 自动化应用，65（6）：66-69.

万志鹏，2021. 基于 UWB/IMU 融合的室内定位算法研究［D］. 重庆：重庆邮电大学.

汪喆，2023. 智能巡检机器人关键技术与应用方案［J］. 城市轨道交通研究（S1）：102-105.

汪志刚，2021. 室内移动机器人视觉惯性组合定位研究［D］. 南昌：南昌大学.

王铖，路骁虎，王佳馨，2024. 5G+边缘计算技术在工业互联网云边协同场景中的部署［J］. 通信企业管理（2）：60-62.

王大伟，王卓，王鹏，等，2020. 基于边缘计算的云原生机器人系统［J］. 智能科学与技术学报，2（3）：275-283.

王瀚，李杰，雷文彬，等，2020. 基于 MEMS 传感器的弹载数字惯性测量组合设计［J］. 电子设计工程，28（12）：167-171.

王诗瑶，李秋洁，朱泓逸，2024. 面向果园车辆自主导航算法的仿真测试平台设计［J］. 中国农机化学报，45（4）：132-140.

王鑫，李伟，曾子铭，等，2020. 热像仪-RGB 相机-IMU 传感器的空间联合标定方法［J］. 仪器仪表学报，41（11）：216-225.

王哲，2019. 智能边缘计算的发展现状和前景展望［J］. 人工智能（5）：18-25.

王哲，2022. 复杂室内环境下基于视觉和惯性信息融合的位姿测量关键技术研究［D］. 北京：北京科技大学 .
王贞源，2022. 室外巡检机器人关键技术研究与交互平台实现［D］. 广州：华南理工大学 .
王志刚，王海涛，佘琪，等，2020. 机器人 4.0：边缘计算支撑下的持续学习和时空智能［J］. 计算机研究与发展，57（9）：1854-1863.
王志豪，2023. 多传感器融合的消毒机器人自主导航系统研究与设计［D］. 桂林：桂林电子科技大学 .
卫严，2022. 基于双目相机的实时拼接成像系统实现［D］. 西安：西安电子科技大学.
魏晓凯，2022. 弹载半捷联惯性基组合导航系统关键技术研究［D］. 太原：中北大学.
谢天一，2022. 旋转式惯性导航及重力测量技术研究［D］. 长沙：国防科技大学 .
谢悦，2022. 基于 MEC 的巡检机器人计算迁移算法研究［D］. 西安：西安工业大学 .
熊李艳，舒垚淞，曾辉，等，2023. 基于深度强化学习的机器人导航算法研究［J］. 华东交通大学学报，40（1）：67-74.
熊子聪，2023. 苹果四臂采摘机器人执行部件设计与试验［D］. 南宁：广西大学 .
徐斌，杨东勇，2023. 基于边缘计算的移动机器人视觉 SLAM 方法［J］. 高技术通讯，33（9）：1000-1008.
徐文武，2020. 基于 MEMS 惯性测量单元的多功能稳定平台关键技术研究［D］. 太原：中北大学 .
许彩，廖世康，2023. 重力/惯性匹配导航空间分辨率同步技术［J］. 光学与光电技术，21（4）：138-144.
许艳博，李毅，崔醒宇，等，2021. GPS-RTK 与网络 RTK 技术的差异及协同作业［J］. 北京测绘，35（11）：1423-1427.
许哲铃，2024. 农业机器人关键技术研究现状及发展趋势［J］. 南方农机，55（8）：41-43.
薛连莉，翟峻仪，葛悦涛，2021. 2020 年国外惯性技术发展与回顾［J］. 导航定位与授时，8（3）：59-67.
严一峰，2020. 室外清扫机器人导航算法研究［D］. 北京：北京邮电大学 .
杨明川，2023. 基于柔性压力传感阵列和惯性传感单元的网球运动智能监测系统［D］. 太原：中北大学 .
杨瑞霖，2023. 基于 KubeEdge 的多机器人联合感知与导航应用研究［D］. 北京：北京化工大学 .
杨益娜，2021. 基于压力传感器和惯性测量单元的步态评估技术研究与实现［D］. 北京：北京邮电大学.

杨宇晨，2023. AGV 路径导航中视觉检测的边缘计算［D］. 上海：上海电机学院.

姚舜一，2022. 面向多样动态环境的强化学习机器人导航算法研究［D］. 合肥：中国科学技术大学.

叶旭辉，2019. 高压线路沿地线越障巡检机器人视觉系统关键技术研究［D］. 武汉：武汉大学.

雍晟晖，2021. 激光扫描式大空间测量场动态测量定位技术研究［D］. 西安：西安理工大学.

余吉雅，2023. 基于边缘深度神经网络的草莓采摘机器人视觉系统设计与抓取仿真［D］. 杭州：浙江理工大学.

余英建，2021. 基于像机与惯性测量单元融合的摄像测量关键技术研究［D］. 长沙：国防科技大学.

袁光福，于潮，王伟超，等，2024. 基于 RTK 定位无人机的光电经纬仪姿态角测量精度检测方法［J］. 激光与光电子学进展，61（5）：242-247.

袁鹏，2022. 双孢菇采摘机器人研发及关键技术研究［D］. 北京：北京林业大学.

张慧，2022. 基于 5G 网络的云化移动机器人部署方式研究［J］. 无线互联科技，19（23）：1-3.

张锦贤，刘志雄，谢新就，等，［2024-05-24］. 基于改进 SLAM 算法的六足机器人运动轨迹规划［J/OL］. 计算机测量与控制，1-8. http：//kns.cnki.net/kcms/detail/11.4762.TP.20240508.1148.009.html.

张康迪，2022. 基于机器视觉的施肥施药机器人的研究与开发［D］. 银川：北方民族大学.

张琳，2023. 面向移动边缘计算的无人机动态部署研究［D］. 西安：西安工业大学.

张翔淼，2022. 复杂环境下农业机器人视觉导航技术研究［D］. 天津：天津理工大学.

张彧，檀祖冰，曹东璞，等，［2024-05-17］. 基于视觉和惯性测量单元的里程计关键技术研究综述［J/OL］. 机械工程学报，1-19. http：//kns. cnki. net/kcms/detail/11. 2187. th. 20240509. 0851. 010. html.

张振，张华良，邓永胜，等，2022. 融合改进 A＊算法与 DWA 算法的机器人实时路径规划［J］. 无线电工程，52（11）：1984-1993.

张振乾，李世超，李晨阳，等，2021. 基于双目视觉的香蕉园巡检机器人导航路径提取方法［J］. 农业工程学报，37（21）：9-15.

章梦娜，2019. 基于多源感知的智能巡检机器人系统的设计与实现［D］. 杭州：浙江工业大学.

赵峰，2012. RTKGPS 定位技术在驾驶员道路考试中的应用［J］. 现代电子技术，35（15）：37-39.
赵苗苗，2022. 基于惯性测量与改进神经网络预测的舰船升沉计算方法研究［D］. 南京：东南大学.
赵剡，吴发林，刘杨，2016. 高精度卫星导航技术［M］. 北京：航空航天大学出版社.
郑魁松，2022. 复杂动态环境下室内运输机器人导航系统关键技术的研究与实现［D］. 合肥：中国科学技术大学.
郑严，2022. 移动机器人激光雷达 SLAM 自主导航算法仿真研究［D］. 哈尔滨：哈尔滨商业大学.
钟钜斌，2016. 基于多种导航技术混合的 AGV 系统设计［D］. 杭州：浙江大学.
周沐春，2022. 边缘计算模式下安防机器人节能方法研究［D］. 苏州：苏州科技大学.
周振宇，陈亚鹏，潘超，等，2020. 面向智能电力巡检的高可靠低时延移动边缘计算技术［J］. 高电压技术，46（6）：1895-1902.
朱信忠，［2022-04-01］. 基于云-边-端多智能体架构的机器人集群系统关键技术及产业化［Z］. 北京市，北京极智嘉科技股份有限公司.